空间信息获取与处理前沿技术丛书

太赫兹雷达目标微动特征提取技术

杨琪　王宏强　游鹏　曾旸　邓彬　著

U0287495

科学出版社

北　京

内 容 简 介

本书系统阐述太赫兹雷达目标微动特征提取的最新研究成果。全书共 9 章，内容包括太赫兹雷达目标微动特征提取研究的背景及意义、微动特征规律、微多普勒解模糊、微动目标参数估计及微动目标成像，形成从特征规律到解决方案再到实验验证的一整套理论框架，对带有微动部件或复杂微动的非合作目标探测、成像及识别具有一定的指导意义。

本书可以作为高等院校信息与通信工程专业研究生学习非合作目标信息获取与处理的参考书，也对从事信息与通信工程研究的广大科技工作者和工程技术人员具有较大的参考价值。

图书在版编目(CIP)数据

太赫兹雷达目标微动特征提取技术 / 杨琪等著. —北京：科学出版社，2023.4

（空间信息获取与处理前沿技术丛书）

ISBN 978-7-03-074336-7

Ⅰ. ①太⋯ Ⅱ. ①杨⋯ Ⅲ. ①雷达成像-特征抽取-误差补偿-研究 Ⅳ. ①TN957.52

中国版本图书馆CIP数据核字(2022)第241467号

责任编辑：张艳芬 李 娜 / 责任校对：崔向琳
责任印制：吴兆东 / 封面设计：陈 敬

科 学 出 版 社 出版
北京东黄城根北街 16 号
邮政编码：100717
http://www.sciencep.com
北京中石油彩色印刷有限责任公司印刷
科学出版社发行 各地新华书店经销
＊

2023 年 4 月第 一 版 开本：720 × 1000 1/16
2024 年 8 月第二次印刷 印张：19 1/2
字数：378 000
定价：140.00 元
（如有印装质量问题，我社负责调换）

"空间信息获取与处理前沿技术丛书"序

进入 21 世纪,世界各大国加紧发展空间攻防武器装备,空间作战被提到了国家军事发展战略的高度,太空已成为国际军事竞争的战略制高点。作为空间攻防的重要支撑,同时伴随着我国在载人航天、高分专项、嫦娥探月、北斗导航等重大航天工程取得的成功,空间信息获取与处理技术也得到了蓬勃发展,受到国家高度重视。空间信息获取与处理前沿技术在科学内涵上属于空间科学技术与电子信息技术交叉的学科,为各种航天装备的开发和建设提供支持。

国防科技大学是我国国防科技自主创新的高地。为适应空间攻防国家重大战略需求和学科发展要求,2004 年正式成立了空间电子技术研究所,经过十多年的发展,目前已经成长为相关领域研究的中坚力量,取得了一大批研究成果,在国内电子信息领域形成了一定的影响力。为总结和展示空间电子技术研究所多年的研究成果,也为有志于投身空间信息技术事业的研究人员提供一套有用的参考书,我们组织撰写了"空间信息获取与处理前沿技术丛书"(以下简称丛书),对推动我国空间信息获取与处理技术的发展无疑具有极大的裨益。

空间信息领域涉及信息、电子、雷达、轨道、测绘等诸多学科,其新理论、新方法与新技术层出不穷。作者结合严谨的理论推导和丰富的应用实例对各个专题进行了深入阐述,丛书概念清晰,前沿性强,图文并茂,文献丰富,凝结了各位作者多年深耕结出的累累硕果。

相信丛书的出版能为广大读者带来一场学术盛宴,成为我国空间信息技术发展史上的一道风景和独特印记。丛书的出版得到了国防科技大学和科学出版社的大力支持,各位作者在繁忙教学科研工作中高质量地完成书稿,在此特向他们表示深深的谢意。

2019 年 1 月

前　　言

目标微动是指除去其整体平动之外的细微运动，如心脏的跳动、桥梁的振动、直升机旋翼的转动、中段弹头的进动等。目标微动蕴含着反映目标运行状态乃至身份标识的精细特征，微动目标特征提取与成像在健康监测与故障诊断、目标探测与识别等领域具有十分重要的意义。

目标与传感器的相对运动会产生多普勒效应，而目标微动则会产生微多普勒效应。基于微多普勒效应，最初利用相参激光系统提取目标振动参数。对于激光雷达，即使是很低的振动频率、微小的振动偏移也能引起大的多普勒频移。然而，激光雷达波束覆盖范围小、穿透性较差等特点限制了其应用范围。近几十年来，微波雷达微动目标特征提取与成像研究取得了丰硕的成果。然而，由于波长较长，微波雷达在小幅微动探测、成像分辨率等方面的限制较大。

太赫兹频段(0.1~10THz)处在毫米波向红外可见光过渡的波段，是最后一个未被彻底开发的频段。由于波段位置的特殊性，太赫兹波兼具微波电子学和红外光子学的特征。相比微波/毫米波雷达，太赫兹雷达波长短，可实现大带宽，能够获得极高的多普勒分辨率及空间分辨率，可获取目标细微运动、细微结构以及材料等特性。相比光学/激光设备，太赫兹雷达在保证高分辨率的同时能够进行全天时、全天候侦察，可以利用宽带和阵列实现目标三维成像，具有更好的穿透性和更宽的波束，容易实现目标波束覆盖。此外，太赫兹雷达避开了传统隐身材料的吸波频段、传统干扰频段，有利于隐身目标的探测和抗干扰。

机遇和挑战总是相伴共生的，太赫兹频段在电磁波谱中的特殊位置决定了太赫兹雷达微动目标探测的优势，但也意味着其具有不同于传统微波雷达的特殊性，而这正是问题和挑战之源。自 2012 年以来，国防科技大学团队在国防 973 项目、国家自然科学基金项目等的支持下，较为系统深入地研究了太赫兹频段目标微动特征规律、微动特征提取及微动目标高分辨二维/三维成像。本书即是相关研究成果的集中体现。

感谢课题组的张野、邢宇、陈硕、汤斌等研究生，他们参与了太赫兹微动特征提取与成像方面的研究工作。感谢黄培康、殷红成、吴振森等专家多年来在太赫兹微动特征研究方面的热心指导和大力支持。

限于作者水平和学识，书中难免存在不足之处，恳请广大读者批评指正。

作　者
2023 年 1 月

目　　录

第1章 概　　论

1.1　背景及意义

太赫兹(terahertz, THz)波通常是指频率在 0.1~10THz(对应波长为 3mm~30μm)的电磁波，其频率介于微波与红外可见光之间，处于宏观电子学向微观光子学的过渡频段，在电磁波谱中占据特殊的位置，具有与其他波段不同的特殊性质，受到世界强国的高度重视[1-7]。国外方面，美国将其评为"改变未来世界的十大技术"之一，从 20 世纪 90 年代开始，美国国防高级研究计划局(Defense Advanced Research Projects Agency, DARPA)便持续安排了一系列太赫兹技术相关计划，主要包括亚毫米波焦平面成像技术(sub-millimeter wave imaging focal-plane-array technology, SWIFT)、高频集成真空电子学(high frequency integrated vacuum electronics, HiFIVE)、视频合成孔径雷达(video synthetic aperture radar, ViSAR)、成像雷达先进扫描技术(advanced scanning technology for imaging radars, ASTIR)和专门雷达特征解决方案(expert radar signature solutions, ERADS)等计划，这些计划涉及太赫兹器件、测量、特性以及应用等各个方面，对于推动美国太赫兹技术的发展具有十分重要的意义。此外，欧洲联盟也相继推出了第七框架计划和第八框架计划，大力发展太赫兹安检、通信、芯片、微制造等技术[8-11]。日本将其列为"国家支柱技术十大重点战略目标"之首，持续支持太赫兹科学研究。在这场太赫兹技术研究热潮中，各国都希望在太赫兹技术的研究和应用中获得一席之地。国内方面，近年来 863 计划、973 计划以及国家自然科学基金项目等的支持，使得太赫兹波产生、检测、传输发射组件以及应用系统取得了重要进展[12-15]。我国在 2005 年 11 月专门召开了"香山科技会议"，专门讨论我国太赫兹事业的发展方向，并制定了我国太赫兹技术的发展规划。太赫兹技术和太赫兹雷达正处于实验验证向实际应用的过渡阶段，基础研究和应用研究均呈现出强劲发展的势头。尽管在器件成熟度、性能极限、应用方式等方面存在一些问题，但其科学价值、发展潜力和应用前景得到了越来越多的关注和认可[16]。

相比微波/毫米波雷达，太赫兹雷达波长短，带宽大，具有极高的分辨率，能够获取目标运动、细微结构和材料等特性。相比光学/激光设备，太赫兹雷达在保证高分辨的同时能够进行全天时全天候侦察，可以利用带宽和阵列实现目标三维成像，具有更好的穿透性和更宽的波束，容易实现目标波束覆盖。此外，太赫兹雷达避开了传统隐身材料的吸波频段，有利于隐身目标的探测[17,18]。因此，太赫兹雷达在军事领域具有广阔的应用前景[19-21]。近些年来，随着太赫兹源、检测和相关器件的出现，太赫兹雷达技术发展迅速，国内外报道了很多太赫兹雷达系统，其主要应用于高分辨成像研究中[22-27]。但是，目前的研究对象主要是静止目标或简单的运动目标，针对太赫兹频段微动目标的研究还很少。

微动是指目标或目标组成部分相对雷达的小幅度非匀速往复运动或运动分量，由此带来的多普勒频移和频带展宽称为微多普勒[28]。微动在自然界和实际生活中普遍存在，如车辆引擎带来的车体振动、人体行走时四肢的摆动、雷达天线的旋转、中段弹道导弹的进动等。微动目标的微多普勒特征可以反映目标的电磁特性、几何结构和运动特征，为雷达目标特征提取和目标识别提供了新的途径[29,30]。自 Chen 等[31-33]提出"微多普勒"这一概念，微多普勒特征就引起了国内外学者的广泛关注，出现了研究目标微动和微多普勒的高潮。近些年来，针对目标微动的建模、分析、提取和成像等的研究取得了很多研究成果，这使得微多普勒特征成为目标识别的有效途径和重要补充手段[34-39]。但是，之前的研究基本是在传统微波频段开展的，并不能完全适用于太赫兹频段。太赫兹频段作为微波与红外之间的过渡频段，同时具有这两个频段的优势，但是也同时具有这两个频段的某些劣势。因此，太赫兹频段目标微动特征提取需要研究太赫兹频段下目标微动的新现象和新问题，针对太赫兹频段的特殊性进行分析，提出适用于太赫兹雷达的目标微动特征提取算法[40]。

本书以微动目标为研究对象，深入研究太赫兹雷达目标微动特征、目标微动参数估计和微动目标高分辨成像等关键问题，尤其是针对太赫兹频段的特殊性，提出发挥太赫兹频段优势、解决太赫兹频段问题的方法，所提方法大多进行了实验验证，对于解决实际问题具有较大裨益，对太赫兹雷达非合作目标，尤其是带有微动部件的非合作目标的成像识别具有重要意义。

1.2 国内外研究现状

为了了解国内外太赫兹频段微动目标特征提取的研究现状，本节首先简要介绍国内外典型太赫兹雷达系统，给出其参数、原理和性能分析；然后重点介绍国内外在太赫兹频段目标微动特征提取方面的研究工作，并通过对比指出目前太赫兹雷达目标微动特征提取研究存在的问题。

1.2.1 太赫兹雷达

1. 国外研究现状

在太赫兹雷达技术研究的热潮中，比较有代表性的包括美国国家航空航天局（National Aeronautics and Space Administration, NASA）、DARPA 等研究机构和

Intel、IBM 等企业公司，以及其他著名院校、研究所和实验室。

1988 年，McIntosh 等[41]研制了一部基于扩展互作用振荡器(extended interaction oscillator, EIO)的高功率非相干脉冲雷达，载频为 215GHz，主要用于地貌测量。这是公开报道的最早的一部太赫兹雷达系统。1991 年，McMillan 等[42]为美国军方提出并研制了一部 225GHz 脉冲相干雷达(图 1.1)，以脉冲 EIO 发射，以 1/4 次谐波混频器实现全固态接收，峰值功率可达 60W。这部雷达是第一部太赫兹频段的相参雷达。受限于真空器件本身，该雷达没有实现大带宽发射信号，因此只进行了目标多普勒回波测量实验，没有进行成像研究。

图 1.1　225GHz 脉冲相干雷达

自 2000 年以来，由于在 GaAs 肖特基二极管倍频技术方面的优势，美国喷气推进实验室(Jet Propulsion Laboratory, JPL)在太赫兹雷达领域的研究发展迅速。2008 年，Cooper 等[43]研制了一部 580GHz 调频连续波体制主动相参太赫兹雷达，距离向依靠 12.6GHz 的大带宽实现高分辨，方位向依靠窄波束扫描实现高分辨，分辨率为厘米级。随后，他们对该系统进行了改进升级，将原系统中实现调频的铁氧体(yttrium-iron-garnet, YIG)合成器换成了直接数字频率合成器+锁相环(direct digital synthesizer + phase locked loop, DDS+PLL)，使系统的频率稳定性更好；将原系统中 20cm 的聚四氟乙烯透镜也换成了二维转台上的铝质椭圆反射器，使光效率提高了 8dB，并且消除了杂波干扰[44]。此外，带宽由原来的 12.6GHz 提高到 28.8GHz，扫频周期由原来的 50ms 缩短到 12.5ms，距离分辨率提高了 2 倍，成像时间缩短到了原来的 1/4。该系统在 4～25m 的作用距离对隐藏目标进行了三维成像实验，最高分辨率小于 1cm(图 1.2)。

2011 年，Cooper 等[45]研制了一套 675GHz 雷达，信号带宽接近 30GHz，在 25m 距离进行了人体隐匿物体成像实验，成像帧率为 1Hz，其系统光路图和典型成像结果分别如图 1.3、图 1.4 所示。可以看出，成像帧率对太赫兹雷达站开式成像应用至关重要，高帧率可以防止由雷达和目标之间相对运动引起的模糊和条

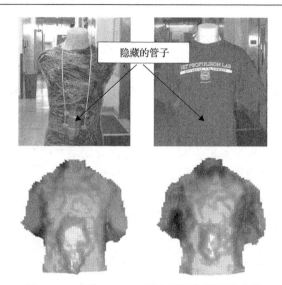

图 1.2 JPL 的 580GHz 雷达系统隐藏目标成像

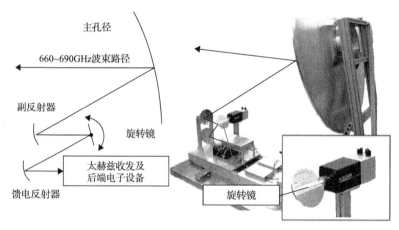

图 1.3 JPL 的 675GHz 雷达系统光路图

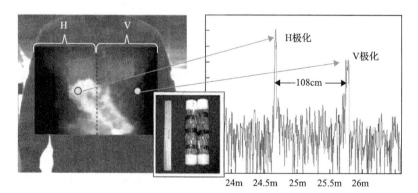

图 1.4 JPL 的 675GHz 雷达典型成像结果

带效应，提升成像质量。为了实现更高帧率的成像，该雷达一方面通过时分复用多径技术将单波束变成双波束先后照射目标；另一方面，通过前端集成阵列收发器实现多像素点同时扫描成像，大大缩短了成像时间，实现了更高帧率的成像[46,47]。

德国应用科学研究所(Forschungsgesellschaft für Angewandte Naturwissenschaften, FGAN)-高频物理与雷达技术研究所(High Frequency Physics and Radar Techniques, FHR)是太赫兹雷达研究的另一个典型代表。2008 年前后，他们研制了一部固态电子学 220GHz 成像雷达，命名为 COBRA。该雷达可支撑目标合成孔径雷达/逆合成孔径雷达(synthetic aperture radar/inverse synthetic aperture radar, SAR/ISAR)成像研究，作用距离可达 170m。该雷达进行了一系列复杂目标高分辨 SAR/ISAR 成像实验，目标包括自行车、汽车、飞机和人体等，获得了厘米级的分辨率[48-51]，其典型成像结果如图 1.5 所示。

图 1.5　COBRA-220GHz 雷达典型成像结果

2013 年，FGAN-FHR 又成功研制了米兰达-300(MIRANDA-300)实验雷达系统，该雷达载频为 300GHz，采用线性调频连续波(linear frequency modulated continuous wave, LFMCW)信号体制，带宽达到了 40GHz，通过对转台上的人体目标进行成像，分辨率达到了 3.75mm。2015～2018 年，FGAN-FHR 对该雷达系统进行了优化升级，使其信号稳定度和成像分辨率进一步提升，得到了更为清晰的目标 SAR/ISAR 成像结果[52-55]。其雷达前端及其成像结果如图 1.6 所示。

(a) MIRANDA-300雷达前端　　　(b) ISAR成像结果(作用距离140m，分辨率3.7mm×3.7mm)

(c) 广场目标SAR成像结果(作用距离10m，分辨率5mm×5mm)

(d) 人体目标SAR成像结果

图 1.6　MIRANDA-300 雷达前端及其成像结果

在电真空器件和固态电子学器件之外，基于量子级联激光器(quantum cascade laser, QCL)的太赫兹雷达也得到了迅速发展。QCL 基于子导带间辐射跃迁产生太赫兹光子，通过多周期级联获得足够的增益。与其他太赫兹源相比，QCL 具有易集成、转换效率高、频点灵活性好等特点，因而在太赫兹成像、太赫兹光谱学和太赫兹通信等方面具有很好的应用前景[56,57]。2010 年，美国马萨诸塞大学亚毫米波技术实验室(Submillimeter-wave Techniques Laboratory, STL)实现了一部基于 THz-QCL 的相干雷达成像系统[58,59]。该雷达频率为 2.408THz，以 CO_2 光泵浦气体激光器(optically pumped molecular gas laser, OPL)为本振，利用肖特基二极管混频器将 THz-QCL 锁频到本振上。其雷达系统原理及成像结果如图 1.7 所示。

此外，值得一提的是太赫兹雷达军事应用的代表ViSAR(图1.8)。2014年，DARPA 启动了对 ViSAR 项目的研究工作。该项目旨在开发低能见度下跟踪地面运动目标的成像雷达，性能相当于晴朗天气下的红外定位系统。该系统工作频率约为 235GHz，设计成像帧率为 5Hz，拟搭载平台为包括 AC-130 攻击机在内的低空飞行器，该项目已于 2017 年进行了飞行测试，取得了预期效果[60]。

2. 国内研究现状

近年来，国内也有多家单位投入太赫兹雷达技术研究的热潮中，并取得了重要的研究成果。中国工程物理研究院研发了 140GHz 固态电子学成像雷达，这也是国内首部具有成像功能的太赫兹实验雷达[61-63]。在此基础上，其又搭建了 670GHz ISAR[64,65]，该雷达信号体制为 LFMCW，带宽为 28.8GHz，发射功率为

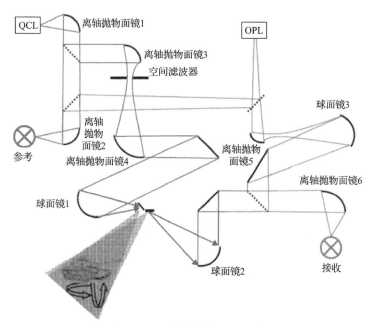

(a) 基于THz-QCL的成像雷达系统原理图

(b) 1/72的缩比T80BV坦克模型ISAR成像结果

图 1.7　STL 的 2.408THz 雷达系统原理及成像结果

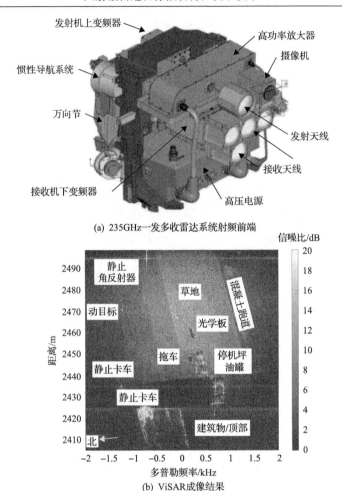

(a) 235GHz一发多收雷达系统射频前端

(b) ViSAR成像结果

图 1.8　美国 DARPA 的 ViSAR 系统及成像结果

1.2mW，作用距离为 2～8m；接收端经过谐波混频完成去斜，二次变频后经高速采样送入信号处理机完成成像，成像分辨率可达 1.3cm。其雷达系统及典型成像结果如图 1.9 所示。

电子科技大学也在太赫兹固态器件方面取得了一定的研究成果，设计搭建了若干太赫兹雷达成像系统。2012 年，电子科技大学研制了一部基于固态电子学的 220GHz 太赫兹雷达成像系统，并进行了简单的转台成像实验。2014 年，其进一步实现了载频为 330GHz 的雷达成像系统[66,67]，该系统为线性调频(linear frequency modulation, LFM)脉冲体制，带宽 10.08～28.8GHz 可调，发射功率大于 3mW，开展了对飞机模型等目标的转台成像实验，分辨率为厘米级。值得一提的是，他们在 2017 年利用该系统进行了圆周 SAR(circular SAR, CSAR)等效成像实验，通过成像处理得到了较好的实验结果[68,69]，这也是国内首个太赫兹频段的 CSAR 等效成像实验，如图 1.10 所示。

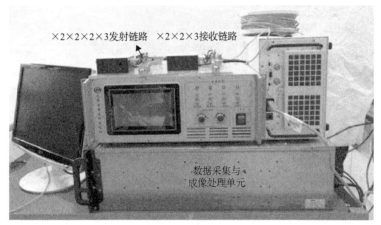

(a) 670GHz雷达实验平台

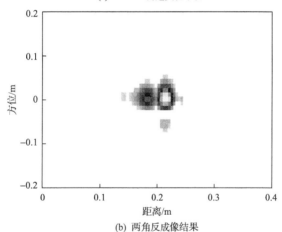

(b) 两角反成像结果

图 1.9　中国工程物理研究院 670GHz 雷达系统及典型成像结果

(a) 飞机模型

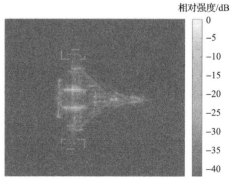

(b) 飞机模型CSAR成像结果

图 1.10　电子科技大学 330GHz CSAR 成像结果

中国科学院电子学研究所瞄准安检成像应用,太赫兹雷达在这方面发展迅速。2012 年,中国科学院电子学研究所设计并实现了 0.2THz 三维全息成像系统,该系统带宽为 15GHz,方位向最低分辨率可达 8mm,可进行人体三维扫描,如图 1.11 所示。经过发展和改进,该系统性能得到不断提升和完善,在安检成像应用方面具有广阔前景[70-72]。

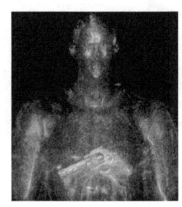

图 1.11　中国科学院电子学研究所 0.2THz 成像系统典型结果

对标美国 DARPA 的太赫兹 ViSAR 系统,中国航天科工集团第二研究院二十三研究所和中国电子科技集团公司第十四研究所也进行了 ViSAR 的相关研究,并于 2018 年和 2019 年进行了试飞验证,取得了较好的结果。虽然其在成像距离和幅宽等方面与 DARPA 的 ViSAR 系统略有差距,但标志着国内已经在 ViSAR 器件和实验方面取得了突破性进展。

国防科技大学也在太赫兹雷达领域取得了诸多研究成果[73-79]。在 SAR 成像方面,开展了国内首次太赫兹频段车载 SAR 成像试验,通过谐波抑制和振动补偿等处理,成像分辨率可达厘米级;在 ISAR 成像方面,其搭建了 220GHz 一发四收干涉三维成像系统(图 1.12),实现了飞机目标高分辨三维成像;在新体制方面,其开展了以方位俯仰成像、孔径编码成像等为代表的诸多新体制新方法研究,在国内产生了较大的影响力。

此外,首都师范大学、哈尔滨工业大学、中国电子科技集团公司等也开展了太赫兹雷达系统的研究与成像实验,获得了很多标志性成果[80-90]。通过对比分析可以看出:

(1)在频段上,目前太赫兹雷达的研究主要集中在 1THz 以下的大气窗口频段,高频段以特性测量应用为主。

(2)在体制上,目前的太赫兹雷达以固态电子学倍频器件为主,但是为了获得更大的发射功率,一般以固态器件驱动电真空放大器件来实现大功率发射。

（3）在应用场景上,受发射功率限制,目前的太赫兹雷达多以近距离应用为主,但是随着功率水平的不断提高,远距离 SAR/ISAR 成像等应用逐渐发展,目前的 ViSAR 系统已经可以实现 4km 成像。

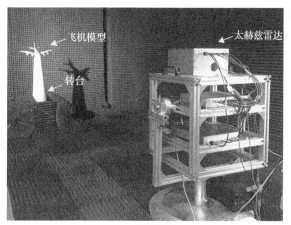

(a) 成像场景

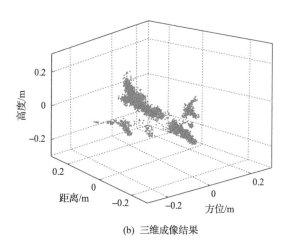

(b) 三维成像结果

图 1.12　国防科技大学 220GHz 干涉三维成像场景及结果

太赫兹雷达技术的发展是进行太赫兹频段微动目标特征提取的前提,按照目前的系统水平,太赫兹雷达相关应用已逐步具备可行性。本书主要针对太赫兹雷达空间应用,以目标微动为核心,通过理论和等效实验研究太赫兹频段微动目标特性与特征提取算法,为太赫兹雷达实际应用提供理论和算法支撑。

1.2.2　太赫兹频段微动研究

由太赫兹雷达研究现状可以看出,受限于太赫兹频段大气衰减特性和器件水平，目前太赫兹雷达的应用主要在反恐安检、无损检测、车辆防撞和生物医学等近距离应用领域，研究对象主要是静止目标或简单运动目标，对微动目标的研究还很少。太赫兹频率较高，具有多普勒敏感性，非常有利于微动目标的检测和识别。此外，太赫兹雷达易于实现大带宽，且非常有利于获得包括细微结构和粗糙表面在内的几何特征，实现目标的精细化识别。因此，太赫兹雷达目标微动特征提取是一个十分有意义的研究领域[40]。

1. 国外研究现状

国外在太赫兹雷达目标微动参数估计方面的研究比较少，主要集中在几个具体应用方面。1991 年，McMillan 等[42]利用 225GHz 脉冲相干雷达，进行了目标微多普勒回波测量(图 1.13)，这是目前已知的最早的关于太赫兹频段目标微动的研究，该实验验证了太赫兹频段基于多普勒特征识别目标上不同运动部件的能力。

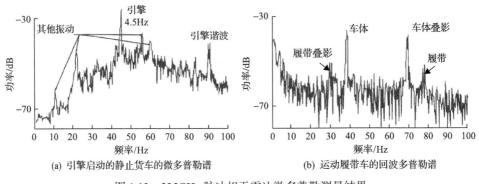

图 1.13　225GHz 脉冲相干雷达微多普勒测量结果

从 2008 年开始，Petkie 等[91-95]开展了一系列太赫兹频段人体微动特征提取研究，内容包括人体运动微动特征和人体生命微动特征。其太赫兹雷达系统主要工作频段为 120GHz 和 228GHz，其中 228GHz 雷达原理及人体生命信号探测实验场景、人体生命信号回波时频分布、人体运动信号回波时频分布分别如图 1.14～图 1.16 所示，验证了利用太赫兹雷达进行人体生命信号探测和人体运动信号探测的可能。

2008 年，Massar[96]利用 Petkie 等的太赫兹雷达系统也进行了太赫兹频段人体生命信号探测研究。该研究采用一种新的基于 Toeplitz 矩阵的时频分布(图 1.17)，能够从人体生命信号回波中快速分离出呼吸和心跳信号。可见，太赫兹频段的微多普勒敏感性有利于微弱微动信号分量的探测和估计。

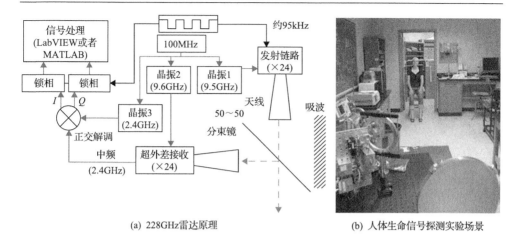

(a) 228GHz雷达原理　　　　　(b) 人体生命信号探测实验场景

图 1.14　228GHz 雷达原理及人体生命信号探测实验场景

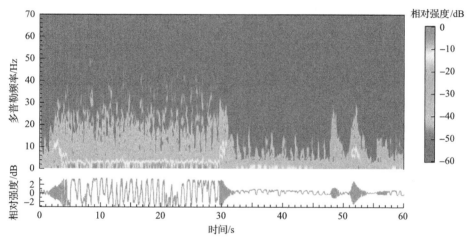

图 1.15　人体生命信号回波时频分布

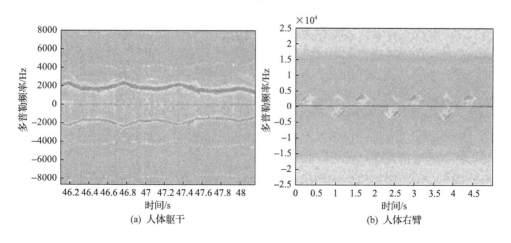

(a) 人体躯干　　　　　　　　　(b) 人体右臂

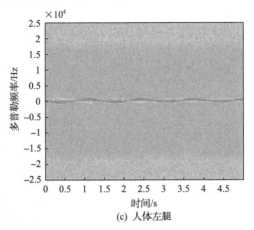

图 1.16　人体运动信号回波时频分布

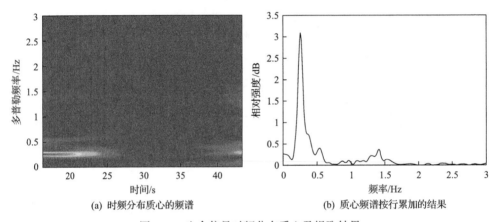

(a) 时频分布质心的频谱　　　　　　　　　　　(b) 质心频谱按行累加的结果

图 1.17　生命信号时频分布质心及提取结果

2. 国内研究现状

国内研究太赫兹雷达目标微动特征提取的单位主要包括电子科技大学、北京航空航天大学以及空军军医大学等。2010 年,Li 等[97]进行了太赫兹微动方面的积极探索,从理论和仿真上分析比较了目标微动在太赫兹频段与传统微波频段的差异,并提出了一种基于 Radon 变换的微动参数提取算法。该算法将时频分布、Radon 变换直线检测以及 CLEAN 思想进行了巧妙结合,并同时考虑了目标二阶平动,实现了目标平动参数、微动参数和散射强度的联合估计,具有十分重要的参考价值(图 1.18)。

以李晋等[98,99]、徐政五[100]、皮亦鸣等[101]、Xu 等[102]和刘通等[103]为代表开展了太赫兹频段人体生命特征检测研究,首先建立了太赫兹雷达人体目标回波模型,对回波信号进行了经验模态分解(empirical mode decomposition, EMD)。然后进行第一次时频分析，得到了呼吸心跳微多普勒信息，提取其频谱质心曲线。接着进行第二次时频分析，实现呼吸心跳频率的分离与提取。最后通过一套 220GHz 雷达系统进行了实验验证，获得了人体生命信号的精确参数(图 1.19)。

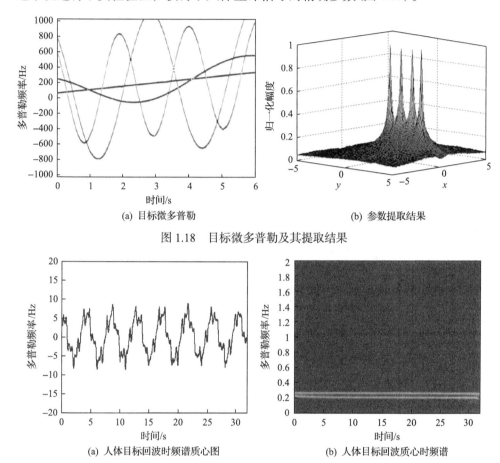

(a) 目标微多普勒   (b) 参数提取结果

图 1.18   目标微多普勒及其提取结果

(a) 人体目标回波时频谱质心图   (b) 人体目标回波质心时频谱

图 1.19   信噪比为−11dB 时基于 EMD 方法的检测结果

2014 年，徐政五[100]进行了 340GHz 下目标摆动观测实验。实验对象为摆动的金属小球，通过数据处理得到了金属小球的摆动参数。图 1.20 为两个摆动金属小球的实验场景及回波时频分布。可以从其时频分布中观测到两个金属小球的运动周期都约为 1.5s，多普勒频率正弦曲线分别对应实验中两个摆动的金属小球。

2015 年，王健琪教授团队[104,105]也进行了太赫兹频段人体微动方面的相关研究，研究了太赫兹频段人体呼吸运动的测量方法和理论，设计和搭建了太赫兹检测系统并进行了实验验证。该系统以返波管(backward oscillator, BWO)为太赫兹源，输出为 263～379GHz 连续的单频太赫兹波，功率为 5～20mW，接收端采用戈莱盒(Golay cell)进行非相干探测。该研究成果对太赫兹雷达非接触式生命信号监测等具有重要意义。陆军军医大学太赫兹检测系统及其实验结果见图 1.21。

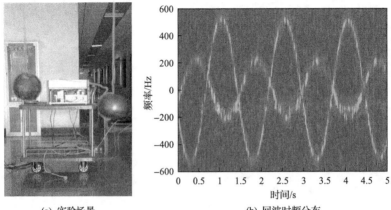

(a) 实验场景   (b) 回波时频分布

图 1.20 两个摆动金属小球实验场景及回波时频分布

(a) 太赫兹检测系统

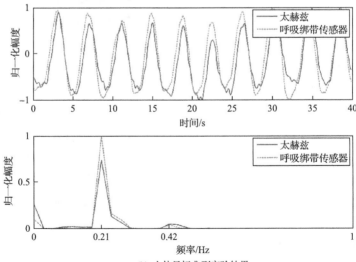

(b) 人体目标典型实验结果

图 1.21 陆军军医大学太赫兹检测系统及其实验结果

在太赫兹雷达微动目标成像方面，目前国内外的研究较少。但是，针对成像过程中目标或雷达平台的高频振动，国内近年来有部分理论研究。由推导可知，平台或目标的振动会造成方位向的散焦和方位分辨率的恶化，但是在传统微波频段，这种影响一般比较小，因此人们往往只关注运动补偿，而忽略这种小幅高频振动带来的影响。在太赫兹频段，这种平台或目标的振动带来的影响往往十分显著，需要对其补偿才能发挥太赫兹高分辨成像的优势[40]。

2008 年，沈斌等[106,107]首先进行了太赫兹频段 SAR 成像平台振动补偿研究，建立了平台高频振动 SAR 回波模型。基于该模型，将离散 Chirp-Fourier 变换与线性调频基分解算法相结合，提出了一种平台高频振动参数的估计方法，并进行了仿真验证(图 1.22)。该方法能有效补偿高频振动对成像的影响，对太赫兹雷达 SAR 成像具有重要意义。

(a) 振动补偿前　　　　(b) 振动补偿后

图 1.22　基于离散 Chirp-Fourier 变换与线性调频基分解算法的 SAR 平台振动补偿

2016 年，Wang 等[108]开展了太赫兹频段 SAR 平台振动补偿研究，该研究将平台振动简化为一种简谐运动，提出了一种基于自适应 Chirplet 分解的 SAR 平台振动补偿算法并进行了仿真验证，仿真载频为 100GHz，带宽为 1.5GHz，仿真结果见图 1.23。

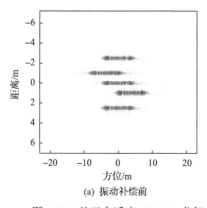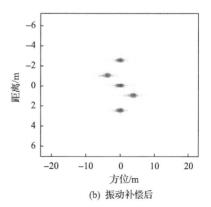

(a) 振动补偿前　　　　　　　　(b) 振动补偿后

图 1.23　基于自适应 Chirplet 分解的 SAR 平台振动补偿前后成像结果

2016 年，Zhang 等[109]也开展了太赫兹频段机载 SAR 平台振动补偿研究，首先建立了平台振动情况下的 SAR 回波模型，然后利用连续多普勒 Keystone 变换（successive Doppler Keystone transform, SDKT）校正了由平台振动带来的距离单元徙动，得到了方位聚焦良好的仿真目标二维图像。

太赫兹雷达在目标微动特征提取方面优势极为明显，但是目前国内外在太赫兹频段微动目标特征提取方面的研究还很不充分，对太赫兹频段特殊性问题的认识和特殊性优势的利用不足。国外的研究侧重实验数据分析；国内主要集中在理论分析和算法研究上，研究范围较为广泛，涉及太赫兹频段微动回波建模、特性分析、特征提取和某些简单应用等内容。由于器件和系统限制，国内太赫兹微动方面的实验验证还不够充分。

1.3　本书章节安排

本书着眼于太赫兹雷达目标微动特征提取技术中的关键科学问题，聚焦于太赫兹频段目标微动的优势和特殊性问题，开展微动目标特征提取算法研究，力争将太赫兹频段微动目标特征提取问题探讨清楚，并将原理和方法拓展到其他微动场景。本书对实际场景下太赫兹雷达目标微动特征提取具有重要的指导意义。各章内容具体如下：

第 1 章阐述太赫兹频段目标微动的研究背景和研究意义，归纳微动特征提取方面的研究现状，尤其是太赫兹雷达和太赫兹频段目标微动特征提取的研究现状，并进行了总结比对。最后介绍本书的研究内容和框架结构。

第 2 章进行太赫兹频段目标微动特征分析。首先从运动特性入手，讨论微动目标运动模型、散射模型和回波模型，然后重点介绍太赫兹频段的几个特殊点，包括微多普勒混叠、微多普勒闪烁、粗糙表面以及距离微调制等，重点分析与传统频段的区别。

从第 3 章开始研究太赫兹频段微动参数估计问题。第 3 章针对窄带太赫兹雷达微多普勒解模糊问题，提出四种处理方法，包括基于时频拼接和基于模值 Hough 变换的图像域方法，以及基于逆问题求解和基于相位解缠的信号域处理方法，四种处理方法各有其特点和适用条件，需要根据具体情况进行选择。

第 4 章依然是解决太赫兹频段微多普勒解模糊问题，但是针对的是宽带信号。本章采用两种方法：一种是基于脉内干涉的处理方法，该方法稳健性好、普适性强，但是牺牲了一定的精度；另一种是联合幅度-相位调制的解模糊算法，该方法充分利用大带宽优势，通过粗估计-精估计两步实现解模糊。

第 5 章主要针对太赫兹频段下的微动参数精确估计开展研究，针对太赫兹频段微多普勒敏感性的优势和问题，解决振动干扰情况下目标微动参数估计、微小振动目标微动参数估计以及粗糙表面目标微动参数估计。

从第 6 章开始研究太赫兹雷达微动目标成像问题。第 6 章针对太赫兹频段微动目标 ISAR 成像中的平动补偿开展研究，分别提出基于多项式拟合、基于二次补偿、基于多层感知器以及基于高分辨距离像（high resolution range profile, HRRP）一阶条件矩的补偿方法，并进行实验验证。

第 7 章考虑平动补偿后的二维成像处理，提出基于微动角的高分辨/高帧频成像，研究粗糙表面微动目标的成像问题，探讨振动干扰下的补偿和成像算法，最后提出基于稀疏贝叶斯的单频方位俯仰成像算法。

第 8 章将微动目标特征提取与成像拓展到三维，以旋转目标为例，提出基于干涉法结合时频分析方法的多通道雷达三维微动参数提取算法，以及基于改进viterbi 算法结合位置差值变换的微动目标三维成像算法。

第 9 章对全书内容进行总结，指出下一步太赫兹频段目标微动还需研究的方向，也对太赫兹雷达微动特征提取有望取得有价值的研究成果或实用系统产品的方面进行展望。

参 考 文 献

[1] Hu B B, Nuss M C. Imaging with terahertz waves[J]. Optics Letters, 1995, 20(16): 1716.

[2] Ferguson B, Zhang X C. Materials for terahertz science and technology[J]. Nature Materials, 2003, 1(1): 26-33.

[3] Kawase K, Ogawa Y, Watanabe Y, et al. Non-destructive terahertz imaging of illicit drugs using spectral finger prints[J]. Optics Express, 2003, 11(20): 2549-2554.

[4] Siegel P H. Terahertz technology in biology and medicine[J]. IEEE Transactions on Microwave Theory & Techniques, 2004, 52(10): 2438-2447.

[5] 贾刚, 汪力, 张希成. 太赫兹波(Terahertz)科学与技术[J]. 中国科学基金, 2002, 16(4): 200-203.

[6] 张存林, 牧凯军. 太赫兹波谱与成像[J]. 激光与光电子学进展, 2010, 47(2): 1-14.

[7] 姚建铨. 太赫兹技术及其应用[J]. 重庆邮电大学学报(自然科学版), 2010, 22(6): 703-707.

[8] Wang H, Oldfield M, Brewster N, et al. High sensitivity broadband 360GHz front-end receiver for terascreen[C]. Millimeter Waves and THz Technology Workshop, Cardiff, 2016.

[9] Wang H, Oldfield M, Maestrojuán I, et al. High sensitivity broadband 360GHz passive receiver for terascreen[C]. SPIE Defense + Security, Baltimore, 2016.

[10] Maestrojuan I, Martinez A, Ibanez A. Passive subsystem antenna array design for terascreen security screening system[C]. International Conference on Infrared, Millimeter, and Terahertz Waves, Hong Kong, 2015.

[11] Alexander N E, Alderman B, Krozer V. Terascreen: Multi-frequency multi-mode terahertz

screening for border checks[C]. SPIE Defense + Security, Baltimore, 2014.

[12] Cao H, Nahata A. Resonantly enhanced transmission of terahertz radiation through a periodic array of subwavelength apertures[J]. Optics Express, 2004, 12(6): 1004-1010.

[13] Shi W, Leigh M, Zong J, et al. Single-frequency terahertz source pumped by Q-Switched fiber lasers based on difference-frequency generation in gase crytal[J]. Optics Letters, 2007, 32(8): 949-951.

[14] 林栅凌, 周峰, 张建兵, 等. 采用飞秒装置的高功率宽带太赫兹源[J]. 红外与激光工程, 2012, 41(1): 116-118.

[15] 孙振龙, 涂学凑, 姜奕, 等. 基于自制太赫兹检测器的快速成像系统[J]. 中国激光, 2014, 41(8): 246-249.

[16] 王宏强, 邓彬, 秦玉亮. 太赫兹雷达技术[J]. 雷达学报, 2018, 7(1):1-21.

[17] 梁达川. 太赫兹波雷达与隐身研究[D]. 天津: 天津大学, 2016.

[18] 邱桂花, 于名讯, 韩建龙, 等. 太赫兹雷达及其隐身技术[J]. 火控雷达技术, 2013, 42: 28-32.

[19] Woolard D L, Jensen J O, Hwu R J, et al. Terahertz Science and Technology for Military and Security Applications[M]. Singapor: World Scientific, 2007.

[20] 李喜来, 徐军, 曹付允, 等. 太赫兹波军事应用研究[C]. 中国光学学会 2006 年学术大会, 广州, 2006.

[21] 杨光鲲, 袁斌, 谢东彦, 等. 太赫兹技术在军事领域的应用[J]. 激光与红外, 2011, 41(4): 376-380.

[22] Cooper K B, Dengler R J, Llombart N, et al. An approach for sub-second imaging of concealed objects using terahertz (THz) radar[J]. Journal of Infrared Millimeter & Terahertz Waves, 2009, 30(12): 1297-1307.

[23] Cooper K B, Dengler R J, Llombart N, et al. Fast high-resolution terahertz radar imaging at 25 meters[C]. SPIE Defense, Security, and Sensing, Orlando, 2010.

[24] Lui H S, Taimre T, Bertling K, et al. Terahertz inverse synthetic aperture radar imaging using self-mixing interferometry with a quantum cascade laser[J]. Optics Letters, 2014, 39(9): 2629-2632.

[25] 丁金闪. 太赫兹雷达成像系统与实验结果[C]. 第二届全国太赫兹科学技术与应用学术交流会, 上海, 2014.

[26] 张振伟, 崔伟丽, 张岩, 等. 太赫兹成像技术的试验研究[J]. 红外与毫米波学报, 2006, 25(3): 217-220.

[27] 王友舒. 太赫兹雷达柱面三维成像算法研究[D]. 成都: 电子科技大学, 2016.

[28] 庄钊文, 刘永祥, 黎湘. 目标微动特性研究进展[J]. 电子学报, 2007, 35(3): 520-525.

[29] Armenise D, Biondi F, Addabbo P, et al. Marine targets recognition through micro-motion

estimation from SAR data[C]. 2020 IEEE 7th International Workshop on Metrology for Aerospace, Pisa, 2020.

[30] Kiziroglou M E, Temelkuran B, Yeatman E M, et al. Micro motion amplification-A review[J]. IEEE Access, 2020, 8: 64037-64055.

[31] Chen V C. Advances in applications of radar micro-Doppler signatures[C]. 2014 IEEE Conference on Antenna Measurements & Applications, Antibes Juan-les-Pins, 2014.

[32] Chen V C, Tahmoush D, Miceli W J. Micro-Doppler Signatures-Review, Challenges, and Perspectives[M]. London: Institution of Engineering and Technology, 2014.

[33] Chen V C, Tahmoush D, Miceli W J. Radar Micro-Doppler Signatures: Processing and Applications[M]. London: Institution of Engineering and Technology, 2014.

[34] Chen V C, Li F, Ho S S, et al. Micro-Doppler effect in radar: Phenomenon, model, and simulation study[J]. IEEE Transactions on Aerospace & Electronic Systems, 2006, 42(1): 2-21.

[35] Chen V C, Ling H. Time-frequency Transforms for Radar Imaging and Signal Analysis[M]. Boston: Artech House Inc, 2001.

[36] 雷腾, 刘进忙, 李松, 等. 基于 MP 稀疏分解的弹道中段目标微动 ISAR 成像新方法[J]. 系统工程与电子技术, 2011, 33(12): 2649-2654.

[37] 马赢, 张智军, 陈稳, 等. 基于压缩感知理论的微动目标成像算法[J]. 弹箭与制导学报, 2015, 35(3): 170-174.

[38] 关永胜, 左群声, 刘宏伟, 等. 空间进动目标微动参数估计方法[J]. 电子与信息学报, 2011, 33(10): 2427-2432.

[39] 陈行勇. 微动目标雷达特征提取技术研究[D]. 长沙: 国防科学技术大学, 2006.

[40] 杨琪, 邓彬. 太赫兹雷达目标微动特征提取研究进展[J]. 雷达学报, 2018, 7(1): 22-45.

[41] McIntosh R E, Narayanan R M, Mead J B, et al. Design and performance of a 215 GHz pulsed radar system[J]. IEEE Transactions on Microwave Theory & Techniques, 1988, 36(6): 994-1001.

[42] McMillan R W, Trussell C W J, Bohlander R A, et al. An experimental 225GHz pulsed coherent radar[J]. IEEE Transactions on Microwave Theory & Techniques, 1991, 39(3): 555-562.

[43] Cooper K B, Dengler R J, Chattopadhyay G, et al. A high-resolution imaging radar at 580GHz[J]. IEEE Microwave & Wireless Components Letters, 2008, 18(1): 64-66.

[44] Cooper K B, Dengler R J, Llombart N, et al. Penetrating 3-D imaging at 4 and 25 m range using a submillimeter-wave radar[J]. IEEE Transactions on Microwave Theory & Techniques, 2008, 56(12): 2771-2778.

[45] Cooper K B, Dengler R J, Llombart N, et al. THz imaging radar for standoff personnel screening[J]. IEEE Transactions on Terahertz Science & Technology, 2011, 1(1): 169-182.

[46] Chattopadhayay G, Lee C, Jung C, et al. Integrated arrays on silicon at terahertz frequencies[C].

IEEE International Symposium on Antennas and Propagation, Spokane, 2011.

[47] Llombart N, Cooper K B, Dengler R J, et al. Time-delay multiplexing of two beams in a terahertz imaging radar[J]. IEEE Transactions on Microwave Theory & Techniques, 2010, 58(7): 1999-2007.

[48] Tessmann A, Leuther A, Kuri M, et al. 220GHz low-noise amplifier modules for radiometric imaging applications[C]. European Microwave Integrated Circuits Conference, Manchester, 2006.

[49] Hagelen M, Briese G, Essen H, et al. A millimeterwave landing aid approach for helicopters under brown-out conditions[C]. 2008 IEEE Radar Conference, Rome, 2008.

[50] Essen H, Hagelen M, Johannes W, et al. High resolution millimetre wave measurement radars for ground based SAR and ISAR imaging[C]. 2008 IEEE Radar Conference, Rome, 2008.

[51] Essen H, Wahlen A, Sommer R, et al. High-bandwidth 220GHz experimental radar[J]. Electronics Letters, 2007, 43(20): 1114-1116.

[52] Caris M, Stanko S, Palm S, et al. 300GHz radar for high resolution SAR and ISAR applications[C]. Radar Symposium, Dresden, 2015.

[53] Stanko S, Palm S, Sommer R, et al. Millimeter resolution SAR imaging of infrastructure in the lower THz region using Miranda-300[C]. Microwave Conference, London, 2017.

[54] Palm S, Sommer R, Caris M, et al. Ultra-high resolution SAR in lower terahertz domain for applications in mobile mapping[C]. Microwave Conference, Bochum, 2016.

[55] Palm S, Sommer R, Stilla U. Mobile radar mapping-subcentimeter SAR imaging of roads[J]. IEEE Transactions on Geoscience & Remote Sensing, 2018, 56(11): 6734-6746.

[56] Destic F, Petitjean Y, Massenot S, et al. THz QCL-based active imaging dedicated to non-destructive testing of composite materials used in aeronautics[C]. SPIE NanoScience+Engineering, San Diego, 2010.

[57] 王玉然. 太赫兹量子级联激光器[J]. 电子技术, 2009, 36(9): 70-71.

[58] Danylov A A, Goyette T M, Waldman J, et al. Coherent imaging at 2.4THz with a CW quantum cascade laser transmitter[J]. Proceedings of SPIE-The International Society for Optical Engineering, 2010, 7601: 760105.

[59] Danylov A A, Goyette T M, Waldman J, et al. Terahertz inverse synthetic aperture radar (ISAR) imaging with a quantum cascade laser transmitter[J]. Optics Express, 2010, 18(15): 16264-16272.

[60] Kim S, Fan R, Dominski F. VISAR: A 235GHz radar for airborne applications[C]. IEEE Radar Conference, Oklahoma City, 2018.

[61] 成彬彬, 江舸, 杨陈, 等. 0.14THz 高分辨力成像雷达信号处理[J]. 强激光与粒子束, 2013, 25(6): 1577-1581.

[62] 江舸, 成彬彬, 张健. 基于 0.14THz 成像雷达的 RCS 测量[J]. 太赫兹科学与电子信息学报, 2014, 12(1): 19-23.

[63] Cheng B, Jiang G, Wang C, et al. Real-time imaging with a 140GHz inverse synthetic aperture radar[J]. IEEE Transactions on Terahertz Science & Technology, 2013, 3(5): 594-605.

[64] 成彬彬, 江舸, 陈鹏, 等. 0.67THz 高分辨力成像雷达[J]. 太赫兹科学与电子信息学报, 2013, 11(1): 7-11.

[65] 陈鹏, 成彬彬. 0.67THz ISAR 成像雷达收发链路设计[J]. 太赫兹科学与电子信息学报, 2013, 11(2): 163-167.

[66] 张彪, 皮亦鸣, 李晋. 采用格林函数分解的太赫兹逆合成孔径雷达近场成像算法[J]. 信号处理, 2014, (9): 993-999.

[67] Yao G, Pi Y. Terahertz active imaging radar: Preprocessing and experiment results[J]. EURASIP Journal on Wireless Communications & Networking, 2014, (1): 1-8.

[68] Hu R, Min R, Pi Y. A video-SAR imaging technique for aspect-dependent scattering in wide angle[J]. IEEE Sensors Journal, 2017, 17(12): 3677-3688.

[69] Liu T, Pi Y, Yang X. Wide-angle CSAR imaging based on the adaptive subaperture partition method in the terahertz band[J]. IEEE Transactions on Terahertz Science & Technology, 2017, (99): 1-9.

[70] Li C, Gu S, Gao X, et al. Image reconstruction of targets illuminated by terahertz Gaussian beam with phase shift migration technique[C]. International Conference on Infrared, Millimeter, and Terahertz Waves, Mainz, 2013.

[71] Sun Z, Li C, Gao X, et al. Minimum-entropy-based adaptive focusing algorithm for image reconstruction of terahertz single-frequency holography with improved depth of focus[J]. IEEE Transactions on Geoscience & Remote Sensing, 2014, 53(1): 519-526.

[72] Sun Z, Li C, Gu S, et al. Fast three-dimensional image reconstruction of targets under the illumination of terahertz Gaussian beams with enhanced phase-shift migration to improve computation efficiency[J]. IEEE Transactions on Terahertz Science & Technology, 2014, 4(4): 479-489.

[73] 杨啸宇, 高敬坤, 邓彬, 等. 太赫兹雷达细微结构成像仿真与特性分析[J]. 太赫兹科学与电子信息学报, 2017, 15(2): 165-171.

[74] 邓彬, 陈硕, 罗成高, 等. 太赫兹孔径编码成像研究综述[J]. 红外与毫米波学报, 2017, 36(3): 302-310.

[75] 高敬坤, 王瑞君, 邓彬, 等. THz 频段粗糙导体圆锥的极化成像特性[J]. 太赫兹科学与电子信息学报, 2015, 13(3): 401-408.

[76] Pang S, Zeng Y, Yang Q, et al. Estimation of specular radar cross section for metal object with rough surfaces in terahertz band[J]. Journal of National University of Defense Technology, 2022, 44(1): 48-54.

[77] Yang Q, Deng B, Wang H, et al. Parameter estimation of the processing targets with a wideband

terahertz radar[C]. 2018 43rd International Conference on Infrared, Millimeter, and Terahertz Waves（IRMMW-THz）, Nagoya, 2018.

[78] Zhang Y, Yang Q, Deng B, et al. Experimental research on interferometric inverse synthetic aperture radar imaging with multi-channel terahertz radar system[J]. Sensors（Switzerland）, 2019, 19（10）: 2330.

[79] Zhang Y, Zhao Y, Deng B, et al. Terahertz holographic imaging based on wavenumber domain back-projection algorithm[C]. 2018 11th UK-Europe-China Workshop on Millimeter Waves and Terahertz Technologies（UCMMT）, Hangzhou, 2018.

[80] 蔡英武, 杨陈, 曾耿华, 等. 太赫兹极高分辨力雷达成像试验研究[J]. 强激光与粒子束, 2012, 24（1）: 7-9.

[81] 梁美彦, 曾邦泽, 张存林, 等. 频率步进太赫兹雷达的一维高分辨距离像[J]. 太赫兹科学与电子信息学报, 2013, （3）: 336-339.

[82] 梁美彦, 张存林. 相位补偿算法对提高太赫兹雷达距离像分辨率的研究[J]. 物理学报, 2014, 63（14）: 148701-148706.

[83] 王亚海, 胡大海, 杜刘革, 等. 太赫兹快速成像技术[J]. 微波学报, 2015, （s1）: 36-39.

[84] 侯丽伟, 谢巍, 潘鸣. 太赫兹成像安检系统[C]. 全国信号和智能信息处理与应用学术会议, 北京, 2015.

[85] 谢巍, 侯丽伟, 潘鸣. 被动太赫兹成像二维扫描技术[J]. 太赫兹科学与电子信息学报, 2014, （2）: 176-179.

[86] 刘玮, 李超, 张群英, 等. 一种用于人体安检的三维稀疏太赫兹快速成像算法[J]. 雷达学报, 2016, 5（3）: 271-277.

[87] 张群英, 江兆凤, 李超, 等. 太赫兹合成孔径雷达成像运动补偿算法[J]. 电子与信息学报, 2017, 39（1）: 129-137.

[88] 江兆凤, 张群英, 李超, 等. 室内实测数据太赫兹合成孔径雷达成像研究[J]. 电子测量技术, 2016, 39（10）: 65-71.

[89] 李琦, 丁胜晖, 李运达, 等. 太赫兹数字全息成像的研究进展[J]. 激光与光电子学进展, 2012, 49（5）: 42-49.

[90] 李琦, 丁胜晖, 姚睿, 等. 隐藏物的连续太赫兹反射扫描成像实验[J]. 中国激光, 2012, 39（8）: 200-205.

[91] Petkie D T. Millimeter-wave radar for vital signs sensing[J]. Proceedings of SPIE-The International Society for Optical Engineering, 2009, 7308: 73080A.

[92] Petkie D T, Benton C, Bryan E. Millimeter wave radar for remote measurement of vital signs[C]. Radar Conference, Pasadena, 2009.

[93] Petkie D T, Phelps C. Remote respiration and heart rate monitoring with millimeter-wave/ terahertz radars[C]. SPIE Security+Defence, Cardiff, 2008.

[94] Petkie D T. Micro-Doppler radar signatures of human activity[C]. SPIE Security + Defence, Toulouse, 2010.

[95] Petkie D T, Rigling B D. Millimeter-wave radar systems for biometric applications[C]. SPIE Security+Defence, Cardiff, 2009.

[96] Massar M L. Time-frequency analysis of terahertz radar signals for rapid heart and breath rate detection[D]. Wright-Patterson AFB: Graduate School of Engineering and Management, 2008.

[97] Li J, Pi Y, Yang X. Research on terahertz radar target detection algorithm based on the extraction of micro motion feature[J]. Journal of Electronic Measurement & Instrument, 2010, 24(9): 803-807.

[98] 李晋, 皮亦鸣, 杨晓波. 太赫兹频段目标微多普勒信号特征分析[J]. 电子测量与仪器学报, 2009, 23(10): 25-30.

[99] 李晋, 徐政五, 吴元杰, 等. 人体目标生命特征检测方法: CN201210232774.8[P]. 2012.

[100] 徐政五. 基于太赫兹雷达的人体心跳和微动特征检测方法研究[D]. 成都: 电子科技大学, 2014.

[101] 皮亦鸣, 李晋, 范腾, 等. 一种太赫兹雷达回波的生命特征微动信号分离方法: CN201410526462[P]. 2014.

[102] Xu Z, Liu T. Vital sign sensing method based on EMD in terahertz band[J]. EURASIP Journal on Advances in Signal Processing, 2014, 2014(1): 75.

[103] 刘通, 徐政五, 吴元杰, 等. 太赫兹频段下基于 EMD 的人体生命特征检测[J]. 信号处理, 2013, 29(12): 1650-1659.

[104] 李辉. 基于连续太赫兹波检测人体呼吸运动的研究[D]. 西安: 第四军医大学, 2015.

[105] Li H, Lv H, Jiao T, et al. Measurement of chest wall displacement based on terahertz wave[J]. Applied Physics Letters, 2015, 106(7): 115-120.

[106] 沈斌, 张晓玲. 平台高频振动对 THz 频段雷达成像的影响分析及其解决方案[C]. 2007 北京地区高校研究生学术交流会通信与信息技术会议, 北京, 2007.

[107] 沈斌. THz 频段 SAR 成像及微多普勒目标检测与分离技术研究[D]. 成都: 电子科技大学, 2008.

[108] Wang Y, Wang Z, Zhao B, et al. Compensation for high-frequency vibration of platform in SAR imaging based on adaptive Chirplet decomposition[J]. IEEE Geoscience & Remote Sensing Letters, 2016, 13(6): 792-795.

[109] Zhang Y, Sun J, Lei P, et al. High-frequency vibration compensation of helicopter-borne THz-SAR[J]. IEEE Transactions on Aerospace & Electronic Systems, 2016, 52(3): 1460-1466.

第2章 太赫兹频段目标微动特征规律

2.1 引　言

太赫兹雷达目标微动特征规律分析是进行微动特征提取和微动目标成像的前提和基础。相比微波雷达，太赫兹雷达波长短、可实现大带宽。波长短使得目标散射信息更丰富，结合大带宽带来的成像高分辨优势，可实现目标细微结构的精细刻画；波长短还意味着多普勒敏感，有利于对目标细微运动的探测和对高精度运动参数的估计。本章针对太赫兹雷达目标微动特征提取中影响比较显著的微多普勒混叠问题和粗糙表面目标微动特征，从理论上分析其产生条件、表现特征和影响机理，并通过数值仿真和太赫兹吸波暗室实测数据进行验证。

2.2 节从微动目标运动模型、散射模型以及回波模型三个方面建立太赫兹雷达微动目标散射特性模型，为散射特性分析提供模型基础。2.3 节从微多普勒混叠出现条件、表现形式以及影响规律三个方面详细分析太赫兹雷达微多普勒混叠规律。2.4 节通过建立微多普勒闪烁模型，分析闪烁对微动特征提取的影响并分析太赫兹雷达微多普勒闪烁规律。2.5 节建立粗糙目标散射模型，获取粗糙目标太赫兹雷达实测数据，以模型和数据联合驱动的方式分析太赫兹雷达粗糙目标微多普勒特性规律。2.6 节重点分析大带宽太赫兹雷达目标微动特征规律，提出与微多普勒调制相对应的微距离调制概念，为基于微距离调制提取微动特征奠定基础。

2.2 太赫兹雷达微动目标散射特性建模

当太赫兹波与微动目标相互作用时，形成了同时包含目标微动特征和太赫兹频段目标散射特性的散射场，雷达接收该散射场后获得了包含目标微动散射特性的回波。建立包含目标运动模型和太赫兹频段目标散射模型的微动目标太赫兹雷达回波模型，是分析太赫兹频段目标微动特征规律、利用雷达回波反演目标微动特征的基础和前提。图 2.1 给出了微动目标太赫兹雷达回波建模方法框图。

2.2.1 微动目标运动模型

在雷达观测条件下，将目标或目标部件在雷达视线方向上的小幅(相对于目标质心运动)非匀速或非刚体运动称为微动，如自旋、振动、进动等。微动是目标的

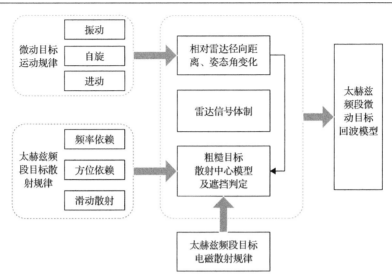

图 2.1　微动目标太赫兹雷达回波建模方法框图

固有属性，与目标的结构、质量分布、初始状态和受力状态密切相关。不同目标的微动模式及其对应的微动参数不同，为目标识别提供了新的特征量。例如，在弹道导弹飞行过程中，姿态控制、弹箭分离、诱饵释放等因素都会对目标运动产生影响，使得中段目标存在微动，包括自旋、进动等。电磁特征控制技术的发展提升了目标形状、材料等非运动特征的控制能力，这使得通过微动特征识别真假弹头具有十分重要的意义[1-5]。此外，航天器自身或其部件的振动会影响其完成任务的性能甚至航天器寿命，例如，卫星太阳能帆板的振动会影响遥感卫星成像质量。因此，微动监测和控制意义重大[6]。下面对典型微动进行建模。

1. 振动

振动目标与雷达的几何关系如图 2.2 所示，其中，R_t 为目标与雷达的距离，振动过程中目标的姿态始终保持不变。$Q\text{-}UVW$ 为雷达坐标系，其中 Q 为雷达相位中心。$O\text{-}XYZ$ 为参考坐标系，其中 O 为振动中心，其到雷达相位中心的距离为 $\|R_0\|$，在雷达坐标系的方位角和俯仰角分别为 α 和 β。点 P 以 O 为振动中心在直线 OP 上振动，OP 的方位角和俯仰角分别为 α_P 和 β_P，振动频率为 f_v、幅度为 D_v，假设该点初始时刻的坐标为 $(X_0, Y_0, Z_0)^{\mathrm{T}}$，则 t 时刻该点的坐标为

$$\begin{bmatrix} X(t) \\ Y(t) \\ Z(t) \end{bmatrix} = D_v \sin(2\pi f_v t) \begin{bmatrix} \cos\alpha_P \cos\beta_P \\ \sin\alpha_P \cos\beta_P \\ \sin\beta_P \end{bmatrix} + \begin{bmatrix} X_0 \\ Y_0 \\ Z_0 \end{bmatrix} \tag{2.1}$$

该点到雷达相位中心的距离为

$$r(t) = \left\| R_0 + \left(X(t), Y(t), Z(t) \right)^{\mathrm{T}} \right\| \tag{2.2}$$

瞬时速度为

$$v = D_v \sin(2\pi f_v t)(\cos\alpha_P \cos\beta_P, \sin\alpha_P \cos\beta_P, \sin\beta_P)^{\mathrm{T}} \tag{2.3}$$

此时的微多普勒表达式为

$$f_{m\text{-}D} = \frac{2f}{c} \cdot v \cdot \frac{QO}{\|QO\|} = \frac{4\pi f f_v D_v}{c} \left[\cos(\alpha - \alpha_P)\cos\beta\cos\beta_P + \sin\beta\sin\beta_P \right] \cos(2\pi f_v t)$$

$$\tag{2.4}$$

式中，f 为信号载频。

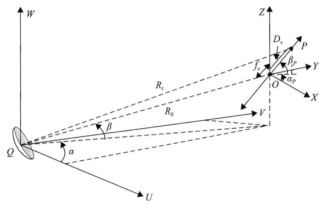

图 2.2　振动目标与雷达的几何关系

2. 复合运动

自旋、锥旋以及进动是许多空间目标特有的微动形式。在弹道导弹中段突防过程中，由于释放诱饵等因素，自旋弹头在飞行过程中不可避免地会受到横向作用力，在自旋的同时又围绕质心做锥旋运动，这种运动称为进动，是弹头目标的重要物理特性之一[7-9]。下面建立自旋、锥旋以及进动的统一模型。在微波频段研究锥体目标时，常把目标建模为光滑自旋对称目标，因此自旋不会对目标散射产生影响。对于太赫兹频段，则需要考虑目标表面粗糙度等因素。对于粗糙目标，目标进动时存在的自旋和锥旋都会对目标产生影响。因此，本节建立太赫兹雷达观测下自旋、锥旋以及进动的统一模型[10,11]。

1) 坐标系建立

设观测雷达与进动锥体目标的几何关系如图 2.3 所示。图中，$Q\text{-}UVW$ 为雷达坐标系；Q 为雷达位置；$o\text{-}xyz$ 为目标坐标系；o 为目标质心；z 为目标几何对称轴；$O\text{-}XYZ$ 为参考坐标系且与 $Q\text{-}UVW$ 平行，O 与 o 和 S 重合。

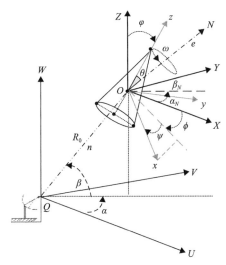

图 2.3　观测雷达与进动锥体目标的几何关系

设目标以 ON 为轴进动，进动角 θ 即为 ON 与 z 轴的夹角，进动角频率为 ω，同时以 z 为轴自旋，自旋角频率为 Ω。雷达探测起始时目标坐标系的初始欧拉角为 (ϕ,φ,ψ)。

目标质心 o 在雷达坐标系 $Q\text{-}UVW$ 中的方位角和俯仰角分别为 α 和 β，距雷达初始距离为 R_0，则雷达视线在 $Q\text{-}UVW$ 中的单位方向矢量为

$$n = (\cos\alpha\cos\beta,\sin\alpha\cos\beta,\sin\beta)^{\mathrm{T}} \tag{2.5}$$

进动轴 SN 在参考坐标系 $S\text{-}XYZ$ 中的方位角和俯仰角分别为 α_N 和 β_N，则进动轴在 $S\text{-}XYZ$ 中的单位方向矢量为

$$e = \left(\cos\alpha_N\cos\beta_N,\sin\alpha_N\cos\beta_N,\sin\beta_N\right)^{\mathrm{T}} \tag{2.6}$$

2）复合运动建模

考察目标上任意一点 P 的径向距离变化规律。设其在目标坐标系 $o\text{-}xyz$ 的位置为 $r_0 = (x,y,z)^{\mathrm{T}}$。由于目标做自旋、进动，所以从目标坐标系到参考坐标系的坐标变换包括自旋变换矩阵 R_{spin}、初始变换矩阵 R_{init} 和锥旋变换矩阵 R_{coni} 三部分。

（1）考虑目标在目标坐标系中绕 z 轴自旋。

P 点在目标坐标系中的位置变化规律为

$$r_0 = R_{\mathrm{spin}}r_0 \tag{2.7}$$

式中，R_{spin} 为自旋变换矩阵。t 时刻，自旋变换矩阵为

$$R_{\text{spin}} = \exp(\hat{\Omega}t) \tag{2.8}$$

式中，$\hat{\Omega} = \Omega\hat{u}$，$\hat{u}$ 为由自旋轴 z 在 $o\text{-}xyz$ 坐标系中单位方向矢量 u 形成的斜对称矩阵。由于 $u = \begin{bmatrix} 0 & 0 & 1 \end{bmatrix}^{\text{T}}$，所以有

$$\hat{u} = \begin{bmatrix} 0 & -1 & 0 \\ 1 & 0 & 0 \\ 0 & 0 & 0 \end{bmatrix} \tag{2.9}$$

根据 Rodrigues 方程式，式(2.8)可简化为

$$R_{\text{spin}} = I + \hat{u}\sin(\Omega t) + \hat{u}^2[1 - \cos(\Omega t)] \tag{2.10}$$

因此，可得

$$R_{\text{spin}} = \begin{bmatrix} \cos(\Omega t) & -\sin(\Omega t) & 0 \\ \sin(\Omega t) & \cos(\Omega t) & 0 \\ 0 & 0 & 1 \end{bmatrix} \tag{2.11}$$

(2)坐标系转换。P 点由目标坐标系 r_0 到参考坐标系 r_S 的转换可表示为

$$r_S = R_{\text{init}} r_0 \tag{2.12}$$

式中，R_{init} 为初始变换矩阵。设初始欧拉角为 (ϕ, φ, ψ)，则有

$$R_{\text{init}} = \begin{bmatrix} \cos\phi & -\sin\phi & 0 \\ \sin\phi & \cos\phi & 0 \\ 0 & 0 & 1 \end{bmatrix} \begin{bmatrix} 1 & 0 & 0 \\ 0 & \cos\varphi & -\sin\varphi \\ 0 & \sin\varphi & \cos\varphi \end{bmatrix} \begin{bmatrix} \cos\psi & -\sin\psi & 0 \\ \sin\psi & \cos\psi & 0 \\ 0 & 0 & 1 \end{bmatrix} \tag{2.13}$$

(3)考虑目标在参考坐标系中绕 SN 的进动。

P 点在参考坐标系中为

$$r_P = R_{\text{coni}} r_S \tag{2.14}$$

式中，R_{coni} 为锥旋变换矩阵。在 t 时刻，锥旋变换矩阵为

$$R_{\text{coni}} = \exp(\hat{\omega}t) \tag{2.15}$$

式中，$\hat{\omega} = \omega\hat{e}$，$\hat{e}$ 为由进动轴 SN 在 $S\text{-}XYZ$ 坐标系中单位方向矢量 e 形成的斜对称矩阵。由于 $e = (\cos\alpha_N \cos\beta_N, \sin\alpha_N \cos\beta_N, \sin\beta_N)^{\text{T}}$，所以有

$$\hat{e} = \begin{bmatrix} 0 & -\sin\beta_N & \sin\alpha_N \cos\beta_N \\ \sin\beta_N & 0 & -\cos\alpha_N \cos\beta_N \\ -\sin\alpha_N \cos\beta_N & \cos\alpha_N \cos\beta_N & 0 \end{bmatrix} \tag{2.16}$$

根据 Rodrigues 方程式，式 (2.15) 可简化为

$$R_{\text{coni}} = I + \hat{e}\sin(\omega t) + \hat{e}^2[1 - \cos(\omega t)] \tag{2.17}$$

综上，P 点在参考坐标系中的位置变化规律为

$$
\begin{aligned}
r_P(t) &= R_{\text{coni}} \cdot R_{\text{init}} \cdot R_{\text{spin}} \cdot r_0 = \left\{ I + \hat{e}\sin(\omega t) + \hat{e}^2[1 - \cos(\omega t)] \right\} \cdot R_{\text{init}} \cdot R_{\text{spin}} \cdot r_0 \\
&= b \cdot a + b \cdot \hat{u}^2 \cdot a + b \cdot \hat{u} \cdot a \cdot \sin(\Omega t) - b \cdot \hat{u}^2 \cdot a \cdot \cos(\Omega t) \\
&\quad + c \cdot (I + \hat{u}^2) \cdot a \cdot \sin(\omega t) - d \cdot (I + \hat{u}^2) \cdot a \cdot \cos(\omega t) \\
&\quad - \frac{1}{2}(d + c \cdot \hat{u}) \cdot \hat{u} \cdot a \cdot \sin[(\omega + \Omega)t] - \frac{1}{2}(c - d \cdot \hat{u}) \cdot \hat{u} \cdot a \cdot \cos[(\omega + \Omega)t] \\
&\quad + \frac{1}{2}(d - c \cdot \hat{u}) \cdot \hat{u} \cdot a \cdot \sin[(\omega - \Omega)t] + \frac{1}{2}(c + d \cdot \hat{u}) \cdot \hat{u} \cdot a \cdot \cos[(\omega - \Omega)t]
\end{aligned}
\tag{2.18}
$$

式中，$a = r_0$；$b = (I + \hat{e}^2) \cdot R_{\text{init}}$；$c = \hat{e} \cdot R_{\text{init}}$；$d = \hat{e}^2 \cdot R_{\text{init}}$。

因此，P 点在雷达坐标系的位置变化规律 $r_{QP}(t)$ 以及其到雷达径向距离的变化规律 $r_{QP}(t)$ 分别为（远场假设，也即 $R_0 \gg \|r_P(t)\|$）

$$r_{QP}(t) = R_0 + r_P(t) \tag{2.19}$$

$$
\begin{aligned}
r_{QP}(t) &= r_{QP}(t) \cdot n(t) \\
&= R_0 + r_P^{\text{T}}(t) \cdot n(t) \\
&= R_0 + (b \cdot a)^{\text{T}} \cdot n + (b \cdot \hat{u}^2 \cdot a)^{\text{T}} \cdot n \\
&\quad + (b \cdot \hat{u} \cdot a)^{\text{T}} \cdot n \cdot \sin(\Omega t) - (b \cdot \hat{u}^2 \cdot a)^{\text{T}} \cdot n \cdot \cos(\Omega t) \\
&\quad + [c \cdot (I + \hat{u}^2) \cdot a]^{\text{T}} \cdot n \cdot \sin(\omega t) - [d \cdot (I + \hat{u}^2) \cdot a]^{\text{T}} \cdot n \cdot \cos(\omega t) \\
&\quad + (c \cdot \hat{u} \cdot a)^{\text{T}} \cdot n \cdot \sin(\omega t)\sin(\Omega t) + (d \cdot \hat{u}^2 \cdot a)^{\text{T}} \cdot n \cdot \cos(\omega t)\cos(\Omega t) \\
&\quad - [(c \cdot \hat{u}^2 \cdot a)^{\text{T}} \cdot n \cdot \sin(\omega t)\cos(\Omega t) + (d \cdot \hat{u} \cdot a)^{\text{T}} \cdot n \cdot \cos(\omega t)\sin(\Omega t)]
\end{aligned}
\tag{2.20}
$$

若 $\Omega = 0 \text{ rad/s}$，则此时 R_{spin} 为单位矩阵，由式 (2.20) 可见，对于自旋对称或无自旋的进动目标，目标上任意一点相对雷达的径向距离随时间呈正弦规律变化，并且正弦频率与锥旋频率一致，这为利用雷达回波提取锥旋频率和周期提供了理论基础。

(4) 考虑目标在雷达坐标系中的平动。

设 R_0、v_0 分别为目标质心初始位置矢量、速度矢量，则 t 时刻目标质心在雷达坐标系中的位置矢量为 $R_0 + v_0 t$，于是 P 点在雷达坐标系中的位置矢量为

$$r_{QP}(t) = R_0 + v_0 t + r_P(t) \tag{2.21}$$

P 点与雷达的径向距离为

$$r_{QP}(t) = r_{QP}^{\mathrm{T}}(t) \cdot n(t) = \|R_0 + v_0 t\| + r_P^{\mathrm{T}}(t) \cdot n(t) \tag{2.22}$$

式中，雷达视线矢量为

$$n(t) = \frac{R_0 + v_0 t}{\|R_0 + v_0 t\|} \tag{2.23}$$

3）微多普勒分析

在光学区，雷达目标的电磁散射可由散射中心模型近似，假设目标包含 L 个各向同性的理想等效散射中心。设雷达发射单频连续波，频率为 f_0，则目标的解调回波（为了便于揭示规律，分析时不考虑噪声）可以近似表示为

$$s(t) = \sum_{l=1}^{L} \sigma_l \exp(\mathrm{j}\phi_l) = \sum_{l=1}^{L} \sigma_l \exp\left[\mathrm{j}2\pi f_0 \frac{-2r_l(t)}{c}\right] \tag{2.24}$$

式中，σ_l 为第 l 个散射点的强度；ϕ_l 为第 l 个散射点的回波相位；$r_l(t)$ 为第 l 个散射点到雷达的径向距离。

根据瞬时频率和相位的关系，目标上第 l 个散射中心引起的回波微多普勒频移为

$$f_{\mathrm{mD}}^l = \frac{1}{2\pi} \frac{\mathrm{d}\phi_l(t)}{\mathrm{d}t} = \frac{-2f_0}{c} \frac{\mathrm{d}r_l(t)}{\mathrm{d}t} = \frac{-2}{\lambda} \frac{\mathrm{d}r_l(t)}{\mathrm{d}t} \tag{2.25}$$

以下根据各种不同的运动规律分析其产生的微多普勒效应。

（1）目标锥旋或旋转对称目标同时自旋及锥旋，此时等价为 $\Omega = 0$，则有

$$
\begin{aligned}
f_{\mathrm{mD}}^l &= \frac{-2}{\lambda} \frac{\mathrm{d}r_l(t)}{\mathrm{d}t} \\
&= \frac{-2}{\lambda} \left\{ \frac{\mathrm{d}R_{\mathrm{coni}}}{\mathrm{d}t} \cdot R_{\mathrm{init}} \cdot r_{0l} \right\}^{\mathrm{T}} \cdot n \\
&= \frac{-2\omega}{\lambda} \left\{ [\hat{e}\cos(\omega t) + \hat{e}^2 \sin(\omega t)] \cdot R_{\mathrm{init}} \cdot r_{0l} \right\}^{\mathrm{T}} \cdot n \\
&= \frac{-2\omega}{\lambda} \sqrt{(a_l \cdot c)^2 + (a_l \cdot d)^2} \cos(\omega t + \varphi_{0l})
\end{aligned}
\tag{2.26}
$$

此外，式（2.26）还可表示为

$$
\begin{aligned}
f_{\mathrm{mD}}^l &= \frac{-2}{\lambda} \frac{\mathrm{d}r_l(t)}{\mathrm{d}t} = \frac{-2}{\lambda} \left[\frac{\mathrm{d}\exp(\hat{\omega}t)}{\mathrm{d}t} \cdot R_{\mathrm{init}} \cdot r_{0l} \right]^{\mathrm{T}} \cdot n \\
&= \frac{-2}{\lambda} [\hat{\omega}\exp(\hat{\omega}t) \cdot R_{\mathrm{init}} \cdot r_{0l}]^{\mathrm{T}} \cdot n = \frac{-2\omega}{\lambda} [e \times r_l] \cdot n
\end{aligned}
\tag{2.27}
$$

由式（2.26）可见，在单频信号激励下，目标进动引起的微多普勒频移呈正弦

变化规律。由式(2.27)可见，微多普勒频移本质上是目标运动沿径向的速度分量引起的多普勒频移。因此，利用目标的瞬时速度可以直接获得目标的微多普勒频移，这为推导任意复杂运动目标的微多普勒频移变化规律提供了一条简洁的途径。

(2)非旋转对称目标同时自旋和锥旋，此时 $\Omega \neq 0$，则有

$$
\begin{aligned}
f_{\mathrm{mD}}^{l} &= \frac{-2}{\lambda} \frac{\mathrm{d} r_l(t)}{\mathrm{d}t} = \frac{-2}{\lambda} \left(\frac{\mathrm{d}R_{\mathrm{coni}}}{\mathrm{d}t} \cdot R_{\mathrm{init}} \cdot R_{\mathrm{spin}} \cdot r_0 + R_{\mathrm{coni}} \cdot R_{\mathrm{init}} \cdot \frac{\mathrm{d}R_{\mathrm{spin}}}{\mathrm{d}t} \cdot r_0 \right)^{\mathrm{T}} \cdot n \\
&= \frac{-2}{\lambda} \left(\hat{\omega} \cdot R_{\mathrm{coni}} \cdot R_{\mathrm{init}} \cdot R_{\mathrm{spin}} \cdot r_0 + R_{\mathrm{coni}} \cdot R_{\mathrm{init}} \cdot \hat{\Omega} \cdot R_{\mathrm{spin}} \cdot r_0 \right)^{\mathrm{T}} \cdot n
\end{aligned}
\tag{2.28}
$$

注意到：$\hat{\Omega} \cdot R_{\mathrm{spin}} = R_{\mathrm{spin}} \cdot \hat{\Omega}$，因此有

$$
\begin{aligned}
f_{\mathrm{mD}}^{l} &= \frac{-2}{\lambda} \left(\hat{\omega} \cdot r_l + R_{\mathrm{coni}} \cdot R_{\mathrm{init}} \cdot R_{\mathrm{spin}} \cdot \hat{\Omega} \cdot r_0 \right)^{\mathrm{T}} \cdot n \\
&= \frac{-2}{\lambda} \left[\omega \cdot e \times r_l + \Omega \cdot (R_{\mathrm{coni}} \cdot R_{\mathrm{init}} \cdot R_{\mathrm{spin}} \cdot u) \times (R_{\mathrm{coni}} \cdot R_{\mathrm{init}} \cdot R_{\mathrm{spin}} \cdot r_0) \right]^{\mathrm{T}} \cdot n \\
&= \frac{-2}{\lambda} \left(\omega \cdot e \times r_l + \Omega \cdot u_l \times r \right)^{\mathrm{T}} \cdot n \\
&= \frac{-2\omega}{\lambda} (e \times r_l)^{\mathrm{T}} \cdot n + \frac{-2\Omega}{\lambda} (u_l \times r_l)^{\mathrm{T}} \cdot n
\end{aligned}
\tag{2.29}
$$

式中，$u_l = R_{\mathrm{coni}} \cdot R_{\mathrm{init}} \cdot R_{\mathrm{spin}} \cdot u = R_{\mathrm{coni}} \cdot \begin{bmatrix} \sin\phi\sin\varphi \\ \cos\phi\sin\varphi \\ \cos\varphi \end{bmatrix}$。

因此，式(2.29)可写为

$$
f_{\mathrm{mD}}^{l} = \frac{-2}{\lambda} \begin{bmatrix} d \cdot (I + \hat{u}^2) \cdot a \cdot \omega \cdot \sin(\omega t) + c \cdot (I + \hat{u}^2) \cdot a \cdot \omega \cdot \cos(\omega t) \\ + \frac{1}{2}(c - d \cdot \hat{u}) \cdot \hat{u} \cdot a \cdot \omega \cdot \sin(\omega + \Omega)t - \frac{1}{2}(d + c \cdot \hat{u}) \cdot \hat{u} \cdot a \cdot \omega \cdot \cos(\omega + \Omega)t \\ - \frac{1}{2}(c + d \cdot \hat{u}) \cdot \hat{u} \cdot a \cdot \omega \cdot \sin(\omega - \Omega)t + \frac{1}{2}(d - c \cdot \hat{u}) \cdot \hat{u} \cdot a \cdot \omega \cdot \cos(\omega - \Omega)t \\ + b \cdot \hat{u}^2 \cdot a \cdot \Omega \sin(\Omega t) + b \cdot \hat{u} \cdot a \cdot \Omega \cos(\Omega t) \\ + \frac{1}{2}(c - d \cdot \hat{u}) \cdot \hat{u} \cdot a \cdot \Omega \sin(\omega + \Omega)t - \frac{1}{2}(d + c \cdot \hat{u}) \cdot \hat{u} \cdot a \cdot \Omega \cos(\omega + \Omega)t \\ + \frac{1}{2}(c + d \cdot \hat{u}) \cdot \hat{u} \cdot a \cdot \Omega \sin(\omega - \Omega)t - \frac{1}{2}(d - c \cdot \hat{u}) \cdot \hat{u} \cdot a \cdot \Omega \cos(\omega - \Omega)t \end{bmatrix}^{\mathrm{T}} \cdot n
\tag{2.30}
$$

由式(2.30)可见，此时单个散射点的微多普勒含有四个频率分量，分别为 ω、Ω、$\omega+\Omega$、$\omega-\Omega$。

(3)非旋转对称目标同时自旋和锥旋且存在相对雷达的平动。

采用与之前相同的推导方式，将式(2.22)代入式(2.25)，可得

$$
\begin{aligned}
f_{\mathrm{mD}}^l &= \frac{-2}{\lambda} \cdot \frac{\mathrm{d}r_l(t)}{\mathrm{d}t} = \frac{-2}{\lambda} \cdot \frac{\mathrm{d}}{\mathrm{d}t}\Big[\big\|R_0+v_0t\big\| + r_l^{\mathrm{T}}(t)\cdot n(t)\Big] \\
&= \frac{-2}{\lambda}v_0^{\mathrm{T}}\cdot n(t) + \frac{-2}{\lambda}\omega\cdot(e\times r_l)^{\mathrm{T}}\cdot n(t) + \frac{-2}{\lambda}\Omega\cdot(u_l\times r_l)^{\mathrm{T}}\cdot n(t) \\
&\quad + \frac{-2}{\lambda}\cdot r_l^{\mathrm{T}}(t)\cdot \frac{v_0\cdot\big\|R_0+v_0t\big\|^2 - v_0^{\mathrm{T}}\cdot(R_0+v_0t)\cdot(R_0+v_0t)}{\big\|R_0+v_0t\big\|^3}
\end{aligned}
\tag{2.31}
$$

$$
\begin{aligned}
&r_l^{\mathrm{T}}(t)\cdot \frac{v_0\cdot\big\|R_0+v_0t\big\|^2 - v_0^{\mathrm{T}}\cdot(R_0+v_0t)\cdot(R_0+v_0t)}{\big\|R_0+v_0t\big\|^3} \\
&= \frac{\big\|r_l(t)\big\|\cdot\big\|v_0\big\|}{\big\|R_0+v_0t\big\|}\Big\{\cos\big[\angle(r_l(t),v_0)\big] - \cos\big[\angle(v_{0l},\mathrm{LOS}(t))\big]\cos\big[\angle(r_l(t),\mathrm{LOS}(t))\big]\Big\}
\end{aligned}
\tag{2.32}
$$

当 $v_{0l}//\mathrm{LOS}(t)$ 时，即目标平动只有雷达视线的径向运动，无论有无微动，都有 $\cos\big[\angle(v_{0l},\mathrm{LOS}(t))\big]=1$，$\angle(r(t)_l,v_0)=\angle(v_{0l},\mathrm{LOS}(t))$。

此时，式(2.31)第三个等式的第四项严格为零，其前三项分别对应平动速度分量、进动速度分量、自旋速度分量产生的微多普勒。

对于远距离目标，此时 $\dfrac{\big\|r_l(t)\big\|\cdot\big\|v_0\big\|}{\big\|R_0+v_0t\big\|}$ 较小，在速度不大的条件下微多普勒可用式(2.31)第三个等式的前三项之和近似。

2.2.2　微动目标散射模型

根据光学区目标散射特性，目标对电磁波的散射表现为局部散射特性，每一个局部散射可以等效为一个散射中心，目标总的散射场可以等效为各局部散射中心散射场的矢量叠加。

1. 理想散射

混频后单个散射中心的散射场可表示为

$$
E_i(f,\theta) = \sigma_i(f,\theta)\exp\left[-\mathrm{j}\frac{4\pi f}{c}r_i(f,\theta)\right]
\tag{2.33}
$$

式中，f 为入射波频率；θ 为雷达视线的入射角；c 为电磁波传播速度；$\sigma_i(f,\theta)$、

$r_i(f,\theta)$ 分别为该散射中心的散射系数及其到雷达的距离，两者通常与 f 和 θ 有关。

对于微波频段电磁波，人造目标的表面通常可认为是光滑的，目标对电磁波的散射一般发生在几何不连续处，目标总的散射场可以表现为少量散射中心散射场的叠加。

因此，混频后目标总的散射可表示为

$$E_w(f,\theta) = \sum_{i=1}^{N_w} \sigma_i(f,\theta)\exp\left[-\mathrm{j}\frac{4\pi f}{c}r_i(f,\theta)\right] \tag{2.34}$$

式中，N_w 为目标包含的散射中心数目。

对于太赫兹频段，目标对电磁波的散射除了发生在几何不连续处，还发生在目标粗糙表面。根据目标散射的局部特性，粗糙表面的散射也表现为散射中心特性，每一个散射中心的散射也满足式(2.33)，因此太赫兹频段目标总的散射可表示为

$$E_T(f,\theta) = \sum_{i=1}^{N_w} \sigma_i(f,\theta)\exp\left[-\mathrm{j}\frac{4\pi f}{c}r_i(f,\theta)\right] + \int_s \rho(f,\theta,s)\exp\left[-\mathrm{j}\frac{4\pi f}{c}r(f,\theta,s)\right]\mathrm{d}s \tag{2.35}$$

式中，$\rho(f,\theta,s)$、$r(f,\theta,s)$ 分别为表面 s 处的散射密度函数及其与雷达相位中心的距离。

由式(2.35)可见，目标总的散射可表示为几何不连续处散射与粗糙表面散射的叠加，相比微波频段散射，太赫兹频段目标的散射场有一部分来自粗糙表面的贡献，对应式(2.35)右边第二项。对目标的表面进行剖分，太赫兹频段粗糙表面总的散射可近似表示为

$$E_T(f,\theta) = \sum_{i=1}^{N_w} \sigma_i(f,\theta)\exp\left[-\mathrm{j}\frac{4\pi f}{c}r_i(f,\theta)\right] + \sum_{i=1}^{N_s} \rho_i^s(f,\theta)\exp\left[-\mathrm{j}\frac{4\pi f}{c}r_i^s(f,\theta)\right] \tag{2.36}$$

由式(2.36)可见，太赫兹频段粗糙表面可以等效为 $N_w + N_s$ 个散射中心，N_w 为几何不连续处产生的等效散射中心数目，N_s 为目标粗糙表面产生的等效散射中心数目。

理想散射中心模型作为一种最简单的模型，经常用在成像和微动特征研究中。这种模型需满足以下五个假设条件：

(1)雷达工作于远场，成像目标的入射波为平面波。

(2)散射中心是各向同性的。

(3)各散射中心是孤立的，相互之间的多次散射和遮挡效应可忽略。

(4)在不大的观测视角范围内，散射中心在目标上的位置不变，散射幅度也相

对恒定，即散射中心的频率响应与入射方位角无关。

(5)散射中心的频率响应与入射波频率关系不大。

在带宽不大、入射角变化范围较小的情况下，上述假设是近似成立的。在上述假设条件下，$\sigma_i(f,\theta) \approx \sigma_i$、$\rho_i^s(f,\theta) \approx \rho_i^s$ 是与频率和入射角无关的常数，$r_i(f,\theta) \approx r_i(\theta)$、$r_i^s(f,\theta) \approx r_i^s(\theta)$ 是只与雷达入射角有关的变量，其变化过程反映了目标的运动状态和几何分布。此时，太赫兹频段目标总的频率响应可表示为

$$E_T(f,\theta) \approx \sum_{i=1}^{N_w} \sigma_i \exp\left[-j\frac{4\pi f}{c} r_i(\theta)\right] + \sum_{i=1}^{N_s} \rho_i^s \exp\left[-j\frac{4\pi f}{c} r_i^s(\theta)\right] \tag{2.37}$$

式(2.37)即为太赫兹频段粗糙表面理想散射中心频率响应的指数和模型。

2. 频率依赖型散射

式(2.37)表示的模型具有最简单的形式，但当雷达测量带宽和观测视线角变化范围较大时，一些散射中心的散射系数对频率和方位角的依赖性不可忽略，指数和模型无法准确反映目标的电磁散射特性。针对这一问题，Keller 建立了基于几何绕射理论(geometrical theory of diffraction, GTD)的模型。GTD 模型描述了散射中心强度 $\sigma_i(f,\theta)$ 对入射电磁波频率 f 和角度 θ 的依赖关系，更加贴近高频电磁散射的物理机制，是一种精度较高的参数化模型，其具体表达式为

$$
\begin{aligned}
E_T(f,\theta) \approx &\sum_{i=1}^{N_w} \sigma_i \left(j\frac{f}{f_c}\right)^{\alpha_i} \exp(\beta_i\theta) \exp\left[-j\frac{4\pi f}{c} r_i(\theta)\right] \\
&+ \sum_{i=1}^{N_s} \rho_i^s \left(j\frac{f}{f_c}\right)^{\gamma_i} \exp(\kappa_i\theta) \exp\left[-j\frac{4\pi f}{c} r_i^s(\theta)\right]
\end{aligned}
\tag{2.38}
$$

式中，f_c 为入射波中心频率；模型参数 $\{\sigma_i, r_i(\theta), \alpha_i, \beta_i\}_{i=1}^{N_w}$ 和 $\{\rho_i^s, r_i^s, \gamma_i, \kappa_i\}_{i=1}^{N_s}$ 表征了目标等效散射中心信息；α_i 和 γ_i 为散射中心的频率依赖因子，$\alpha_i, \gamma_i \in \{\pm 1, \pm 0.5, 0\}$；$\beta_i$ 和 κ_i 为方位角依赖因子，$\beta_i, \kappa_i \in \mathbb{R}$。由于 β_i、κ_i 的取值一般较小，多数情况下均假设为 0，所以太赫兹频段粗糙目标 GTD 模型的表达式为

$$E_T(f,\theta) = \sum_{i=1}^{N_w} \sigma_i \left(j\frac{f}{f_c}\right)^{\alpha_i} \exp\left[-j\frac{4\pi f}{c} r_i(\theta)\right] + \sum_{i=1}^{N_s} \rho_i^s \left(j\frac{f}{f_c}\right)^{\gamma_i} \exp\left[-j\frac{4\pi f}{c} r_i^s(\theta)\right] \tag{2.39}$$

与指数和模型相比，GTD 模型描述了散射中心强度对入射频率的依赖关系，但无法描述散射中心在目标上的位置与入射波频率和角度的关系，也无法描述散射中心的散射系数与入射波角度的关系，仍可视为理想散射中心的频率响应模型。

3. 方位依赖型散射

通常可以将粗糙表面近似建模为微小标准散射体的组合，如三角锥、柱、锥柱、平面、二面角等标准体的叠加。采用缩比模型的思路，太赫兹频段下微小标准体的散射可以近似等效为按波长比例放大的标准体在微波频段的散射。因此，粗糙表面散射中心可以采用微波频段的建模方法。理论分析表明，当雷达入射角变化较大时，目标的电磁散射模型将发生改变，对于等效为单个散射中心的局部散射结构亦是如此。滑动型散射中心描述了等效散射中心位置受雷达观测视角的影响，而各向异性散射中心描述的是等效散射中心散射系数随雷达入射角变化的散射结构。根据散射系数对电磁波入射角的依赖关系，可将散射中心分为局域式散射中心和展布式散射中心。

局域式散射中心的散射系数随入射角缓慢变化，可用衰减指数函数表述为

$$\sigma(f,\theta) = \sigma' \left(\mathrm{j}\frac{f}{f_c} \right)^{\alpha} \cdot \exp(-2\pi f \gamma \sin\theta) \tag{2.40}$$

式中，γ 表征了局域式散射中心对入射角的依赖性。局域式散射中心对应雷达图像横向距离上的单一位置，没有长度的概念，典型的代表结构是三面角反射、角绕射和边缘绕射。

展布式散射中心的散射系数对入射角的依赖关系具有 sinc 函数形式：

$$\sigma(f,\theta) = \sigma' \left(\mathrm{j}\frac{f}{f_c} \right)^{\alpha} \cdot \mathrm{sinc}\left[\frac{2\pi f L}{c} \sin(\theta - \theta') \right] \tag{2.41}$$

式中，L 和 θ' 分别为展布式散射中心的长度和相对于雷达的入射方向角。展布式散射中心在雷达图像中沿横向延伸占据若干分辨单元，表现为具有一定长度的亮斑，典型代表结构是二面角散射、平板散射和锥柱体散射。

为了表征散射中心的各向异性，Gerry 等[12]建立了属性散射中心模型：

$$\hat{\sigma}(f,\theta) = \sigma' \left(\mathrm{j}\frac{f}{f_c} \right)^{\alpha} \cdot \mathrm{sinc}\left[\frac{2\pi f L}{c} \sin(\theta - \theta') \right] \cdot \exp(-2\pi f \gamma \sin\theta) \cdot \exp\left[-\mathrm{j}\frac{4\pi f}{c} r(\theta) \right] \tag{2.42}$$

式中，σ' 为散射中心的散射强度；$r(\theta)$ 为散射中心到雷达的距离，与目标的运动有关；α 为频率依赖因子，表征几何形状。

需要注意的是，对于某个具体的散射中心，式(2.42)的后两项是不可能同时存在的。对于局域式散射中心，$L_i = 0$，θ_i' 没有意义，$\gamma_i \neq 0$ 表征散射率对方位角的依赖性；对于展布式散射中心，$L_i > 0$，θ_i' 表征散射中心相对于雷达的方向角，

同时 $\gamma_i = 0$。α_i 和 $\{\gamma_i, L_i, \theta_i'\}$ 包含了散射中心的几何结构信息，α_i 与散射中心局部区域的表面曲率相关；$\{\gamma_i, L_i, \theta_i'\}$ 是对散射中心实际散射结构长度的直观描述，是散射中心的属性因子，可用来区分局域式散射中心和展布式散射中心。表 2.1 列出了部分以 α 和 L 不同取值区分的基本散射结构。

表 2.1　部分以 α 和 L 不同取值区分的基本散射结构

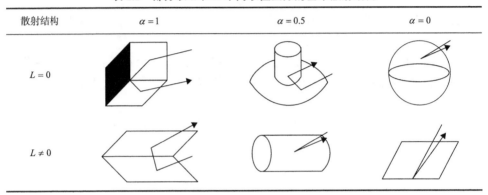

散射结构	$\alpha = 1$	$\alpha = 0.5$	$\alpha = 0$
$L = 0$			
$L \neq 0$			

4. 滑动散射

如图 2.4 所示，当旋转对称锥体目标进动时，雷达视线与锥轴所构成的平面和锥体底部边缘的交点 B、C 的微动规律与目标本身的进动规律不一致。因此，这两点的微多普勒曲线不是简单的正弦形式。下面简单推导考虑散射中心滑动的微多普勒规律[13,14]。

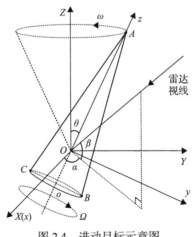

图 2.4　进动目标示意图

在参考坐标系中，雷达视线 LOS 的矢量表示为 $n = (\cos\beta\cos\alpha, \cos\beta\sin\alpha, \sin\beta)^{\mathrm{T}}$，

初始时刻位置锥轴 OA 的矢量表示为 $l=(\sin\theta\cos\alpha,\sin\theta\sin\alpha,\cos\theta)^{\mathrm{T}}$，由于锥轴 OA 随时间做圆周运动，在任意时刻位置锥轴 OA 的矢量表示形式为 $u=R_{\text{coni}}(\sin\theta\cos\alpha,$ $\sin\theta\sin\alpha,\cos\theta)^{\mathrm{T}}$，所以在任意时刻雷达视线 LOS 与锥轴 OA 所构成的平面 Π_1 的法线 m 为

$$m=n\times u \tag{2.43}$$

则平面 Π_1 的方程可表示为

$$m\cdot r=0 \tag{2.44}$$

锥底平面 Π_2 可表示为

$$l'\cdot r=l_1 \tag{2.45}$$

由于散射中心 B、C 在平面 Π_1、Π_2 的交线上，该交线 r 方程为

$$r=k\cdot(m\times u)+l_1\cdot u \tag{2.46}$$

式中，k 为直线的形式参数。将矢量 $m\times u$ 记作 v，则该方程可写为

$$r=k\cdot v+l_1\cdot u=\begin{bmatrix} kv(1)+l_1u(1) \\ kv(2)+l_1u(2) \\ kv(3)+l_1u(3) \end{bmatrix} \tag{2.47}$$

另外，由图 2.4 可知，散射中心 B、C 的矢径长度 $\|r\|=\sqrt{l_1^2+r^2}$，将其代入式 (2.47) 可得

$$\begin{aligned} \|r\| &=\sqrt{[kv(1)+l_1u(1)]^2+[kv(2)+l_1u(2)]^2+[kv(3)+l_1u(3)]^2} \\ &=\|v\|^2 k^2+2l_1(v\cdot u)k+l_1^2\|u\|^2 \\ &=\sqrt{l_1^2+r^2} \end{aligned} \tag{2.48}$$

可以将式 (2.48) 看作一个以 k 为未知数的二元一次方程 $ak^2+bk+c=0$，其中

$$\begin{cases} a=\|v\|^2 \\ b=2l_1(v\cdot u) \\ c=l_1^2\|u\|^2-\sqrt{l_1^2+r^2} \end{cases} \tag{2.49}$$

由此可解得

$$
\begin{aligned}
k_i &= \frac{-b \pm \sqrt{b^2 - 4ac}}{2a} \\
&= \frac{-2l_1(v \cdot u) \pm \sqrt{4l_1^{~2}(v \cdot u)^2 - 4\|v\|^2\left(l_1^{~2}\|u\|^2 - \sqrt{l_1^{~2} + r^2}\right)}}{2\|v\|^2}, \quad i = B, C
\end{aligned}
\tag{2.50}
$$

将式(2.50)代入式(2.47)可得散射中心 B、C 的矢径为

$$
r_i = k_i \cdot (m \times u) + l_1 \cdot u, \quad i = B, C
\tag{2.51}
$$

假设雷达视线方位角 $\alpha = \pi/2$，则散射中心 B、C 在雷达视线上引起的微多普勒为

$$
f_i = -\frac{2f(\omega \times r_i) \cdot n}{c} = -\frac{2f\omega \sin\theta \sin\alpha}{c}\left[l_1 \pm \frac{rF(t)}{\sqrt{1 - F(t)^2}} \right]\cos(\omega t), \quad i = B, C
\tag{2.52}
$$

式中，$F(t) = \sin\theta\sin\alpha\sin(\omega t) + \cos\theta\cos\alpha$。

从式(2.52)可以看出，考虑散射中心滑动的微多普勒值其实是理想散射中心模型下的微多普勒值增加了一个调制项：

$$
\frac{F(t)}{\sqrt{1 - F(t)^2}}
\tag{2.53}
$$

把由这个调制项引起的微多普勒称为附加微多普勒频率 f_{extra}：

$$
f_{\text{extra}}(t) = \frac{2f\omega r\sin\theta\sin\alpha\cos(\omega t) \cdot F(t)}{c\sqrt{1 - F(t)^2}}
\tag{2.54}
$$

从式(2.54)的表达式可以看出，引起理想散射中心模型下微多普勒正弦曲线畸变的附加微多普勒值与载频、进动角、进动角速度等诸多因素有关。可以定性地分析出：在其他条件不变的情况下，载频越高，畸变越明显。太赫兹频段相比微波频段，载频较高，因而在太赫兹频段，微动目标散射中心滑动较为明显，这将给传统的参数提取增加难度。此外也可以看出，在大进动角情况下，散射中心滑动相比小进动角情况下更为明显。

为了对滑动散射中心理论进行验证，本节以一个较小尺寸的旋转对称进动锥体目标(高为 0.08m，底面半径为 0.013m)为研究对象，分析其在理想情况下和滑动情况下锥底散射中心的距离变化，画出其理论和数值仿真的微多普勒时频分布图。此外，通过电磁计算软件的计算数据对理论和仿真结果进行进一步验证，结

果如图 2.5～图 2.8 所示。

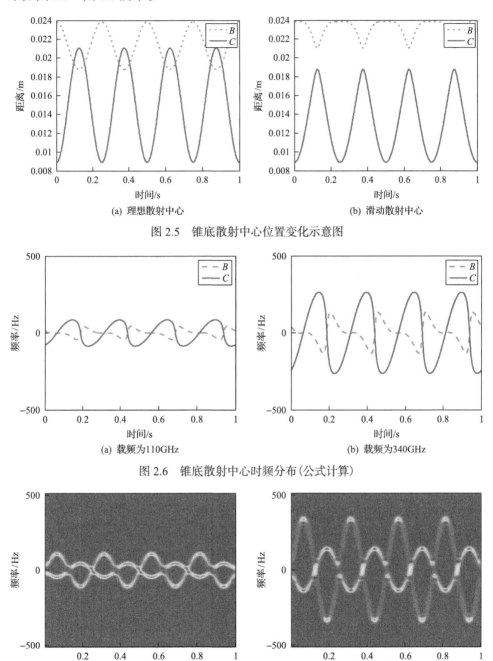

(a) 理想散射中心　　　　　　　　　　　　(b) 滑动散射中心

图 2.5　锥底散射中心位置变化示意图

(a) 载频为110GHz　　　　　　　　　　(b) 载频为340GHz

图 2.6　锥底散射中心时频分布(公式计算)

(a) 载频为110GHz　　　　　　　　　　(b) 载频为340GHz

图 2.7　锥底散射中心时频分布(理想散射中心)

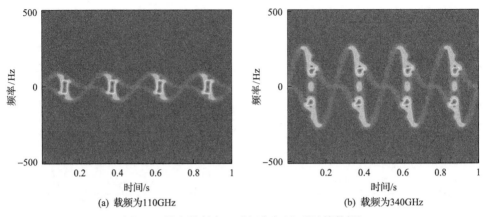

图 2.8　锥底散射中心时频分布(电磁计算数据)

图 2.5 给出了进动锥体目标底面散射中心在不考虑滑动和考虑滑动两种情况下的距离变化，通过图 2.5(a)、(b)的比较可以看出，当不考虑散射中心滑动时，固定散射中心的距离变化呈正弦形式，即散射中心位置变化与目标上固定点的位置变化一致；当考虑散射中心滑动时，锥底散射中心的距离发生畸变，不再为正弦形式，与固定点的位置变化不一致，即散射中心在目标上的位置发生了滑动。图 2.6 是通过公式计算得到的进动锥底散射中心微多普勒时频分布，图 2.7 是理想散射中心情况下的微多普勒时频分布，图 2.8 是通过对锥体模型电磁计算数据进行时频分析得到的时频分布图，其载频分别为 110GHz 和 340GHz。通过比较可以看出，考虑散射中心的位置滑动后，微动散射中心的微多普勒曲线不再为正弦形式(图 2.6)，而是发生了严重畸变，但是这种畸变的结果很好地符合了电磁计算的结果(图 2.6 和图 2.8)，反过来证明了散射中心位置滑动对微多普勒曲线的影响是实际存在的。因此，考虑散射中心的滑动更符合实际情况。

5. 遮挡效应

电磁波照射在物体表面，构成了明暗分界面。将目标的三维运动等效到二维空间，其电磁散射也可等效到成像平面的二维空间，此时电磁波照射目标时在二维空间构成了明暗分界线，如图 2.9 中的线 P_1P_2。根据物理光学原理，分界线以下的部分是可视部分，分界线以上的部分是被遮挡部分，即图中 1 号和 2 号散射中心是被遮挡的。可见，遮挡效应也会导致目标的电磁散射模型发生变化。

2.2.3　微动目标回波模型

构建太赫兹频段粗糙表面微动目标回波模型需要结合雷达信号体制，同时对目标的运动规律和散射规律进行建模。以下根据发射信号体制的不同分别建立窄带回波模型和宽带回波模型。

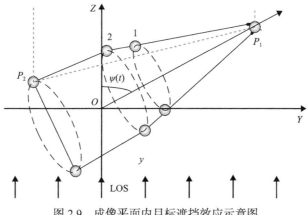

图 2.9　成像平面内目标遮挡效应示意图

1. 窄带回波模型

假设发射信号为 $\exp(j2\pi f_0 t)$，其中 f_0 为载频。粗糙表面微动目标回波模型可表示为

$$s(t) = \int_s \mathrm{sh}(t,s)\rho(t,s)\exp\left\{-\mathrm{j}\frac{4\pi f_0}{c}\big[r(t,s) + \mathrm{sl}(t,s)\big]\right\}\mathrm{d}s \qquad (2.55)$$

式中，$\rho(t,s)$ 表征散射子的幅度调制效应，主要是属性散射中心的方位展布特性，式 (2.42) 给出了其计算表达式，对应孤立散射中心 (对应式 (2.35) 右边第一项表征的散射中心)；$r(t,s)$ 为 t 时刻 s 处的散射子与雷达相位中心的距离，表征目标的运动特性，根据微动方式选择式 (2.2) 或式 (2.20)、式 (2.22)；$\mathrm{sl}(t,s)$ 为由散射中心滑动引起的附加多普勒调制，锥体目标锥体滑动散射中心引起的多普勒调制由式 (2.54) 给出；$\mathrm{sh}(t,s)$ 表示遮挡效应，对于凸体目标，有

$$\mathrm{sh}(t,s) = \begin{cases} 1, & \cos(\angle(s^\perp, \mathrm{LOS})) \leqslant 0 \\ 0, & \text{其他} \end{cases} \qquad (2.56)$$

式中，$s^\perp$ 为 s 处的垂线；LOS 为雷达视线或入射矢量，式 (2.56) 表明，对于凸体目标，当 s 处的垂线与雷达视线呈钝角关系时，该曲面单元是可视的，否则不可视。式 (2.55) 的离散形式为

$$s(t) = \sum_{i=1}^{N} \mathrm{sh}_i(t)\sigma_i(t)\exp\left\{-\mathrm{j}\frac{4\pi f_0}{c}\big[r_i(t) + \mathrm{sl}_i(t)\big]\right\} \qquad (2.57)$$

式中，N 为各类等效散射中心的总数；$\mathrm{sh}_i(t)$、$\sigma_i(t)$、$r_i(t)$ 和 $\mathrm{sl}_i(t)$ 分别为第 i 个

等效散射中心的遮挡函数、散射幅度调制函数、径向距离函数以及滑动调制函数。式(2.57)综合建立了目标运动、非理想散射、遮挡以及粗糙等对回波的调制关系。

2. 宽带回波模型

假设发射宽带信号的时频函数为 $s_{tr}(f, t_m)$ ，t_m 为慢时间，可用脉冲中心时刻表征。若目标的时频响应为 $H(f, t_m)$ ，则宽带接收信号可表示为

$$s_R(\hat{t}, t_m) = \frac{1}{\sqrt{2\pi}} \int_{-\pi}^{\pi} s_{tr}(f, t_m) \cdot H(f, t_m) \exp(j2\pi f \hat{t}) df \qquad (2.58)$$

式中，$H(f, t_m)$ 为目标 t_m 时刻入射频率为 f 时的响应函数，$H(f, t_m) = s(t_m; f)$ ，$s(t_m; f)$ 表示入射频率为 f 时 t_m 时刻目标的响应函数，由式(2.55)给出。

2.3　太赫兹雷达微多普勒混叠规律

目标微动在太赫兹频段的表现规律之一就是太赫兹频段微多普勒敏感性带来的混叠问题。众所周知，多普勒值与雷达载频呈正比例关系。太赫兹载频远超传统微波雷达，因此太赫兹频段的微多普勒值一般是微波雷达的数倍至数十倍。过于敏感的微多普勒并不一定利于雷达探测和参数提取，反而会带来新的问题。

2.3.1　微多普勒混叠的出现条件

目标微动对雷达回波产生调制效应，使传统的特征提取与目标识别领域得到扩展。太赫兹波频率较高，对多普勒较为敏感，有利于微动目标的探测和识别。然而，太赫兹频段的微动也表现出不同于微波频段的一些特性，使得微波领域的一些传统方法性能退化，甚至不再适用。其中，对微动特征提取影响比较大的是太赫兹频段微多普勒敏感性带来的微多普勒混叠问题。

以导弹模型为例，微动在弹道导弹飞行过程中较为普遍，例如，弹道导弹为保持飞行平稳而采用的自旋，受大气干扰、诱饵释放以及弹箭分离时其他载荷反作用力的影响造成的弹头进动，由大气阻力和地球重力共同作用而产生的诱饵摆动或翻滚等。因此，下面以简化的进动弹头模型为例，分析太赫兹频段微多普勒混叠特性。

在不考虑目标平动的情况下，将空间弹头类目标简化为旋转对称的圆顶锥体，则简化的进动弹头模型及其观测几何如图2.10所示。以目标质心为原点建立参考

坐标系 O-XYZ，假设锥体以 O 为质心绕 OZ 轴做进动，自旋角速度为 Ω，锥旋角速度为 ω，进动角为 θ。雷达视线 LOS 的方位角为 α，俯仰角为 β，则雷达视线在参考坐标系下的单位矢量为 $n=(\cos\beta\cos\alpha,\cos\beta\sin\alpha,\sin\beta)^{\mathrm{T}}$，质心 O 到锥体底面的距离记为 l_1，到锥顶 A 的距离记为 l_2，底面圆半径记作 r，目标到雷达的初始距离为 R_0，参考初始距离为 r_0。同时，以目标质心为原点，以目标对称轴建立目标坐标系 o-xyz，则目标的进动可以分解为从目标坐标系到参考坐标系的转动、绕 OZ 轴的锥动和绕 oz 轴的自旋，分别对应初始变换矩阵 R_{init}、锥旋变换矩阵 R_{coni} 以及自旋变换矩阵 R_{spin}：

$$\begin{cases} R_{\mathrm{init}} = \begin{bmatrix} 1 & 0 & 0 \\ 0 & \cos\theta & \sin\theta \\ 0 & -\sin\theta & \cos\theta \end{bmatrix} \\ R_{\mathrm{coni}}(t) = \begin{bmatrix} \cos(\omega t) & -\sin(\omega t) & 0 \\ \sin(\omega t) & \cos(\omega t) & 0 \\ 0 & 0 & 1 \end{bmatrix} \\ R_{\mathrm{spin}}(t) = \begin{bmatrix} \cos(\Omega t) & -\sin(\Omega t) & 0 \\ \sin(\Omega t) & \cos(\Omega t) & 0 \\ 0 & 0 & 1 \end{bmatrix} \end{cases} \quad (2.59)$$

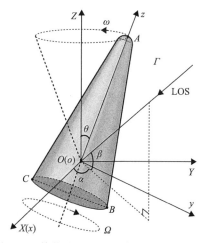

图 2.10　简化的进动弹头模型及其观测几何

当目标旋转对称时，由于散射中心的旋转替换性，自旋变换矩阵退化为单位矩阵，可以暂不考虑其影响。因此，目标上任意一点 P 到雷达的径向距离 r(t) 等于初始距离 R_0 与相对初始距离在雷达视线上投影长度的和，可表示为

$$
\begin{aligned}
r(t) &= R_0 + \left(R_{\mathrm{coni}}(t) \cdot R_{\mathrm{init}} \cdot r_0\right)^{\mathrm{T}} \cdot n \\
&= R_0 + \sin\beta\left(y\sin\theta + z\cos\theta\right) \\
&\quad + (x\cos\alpha + y\sin\alpha\cos\theta - z\sin\alpha\sin\theta)\cos\beta\cos(\omega t) \\
&\quad + (x\sin\alpha - y\cos\alpha\cos\theta + z\cos\alpha\sin\theta)\cos\beta\sin(\omega t) \\
&= R_0 + \sin\beta(y\sin\theta + z\cos\theta) + A\cos(\omega t + \varphi)
\end{aligned}
\tag{2.60}
$$

式中，A 为调幅系数；φ 为初始相位。假设发射载频为 f_c 的单频信号，得到目标距离变化之后，根据多普勒的定义推导出进动目标上散射点的微多普勒值 $f_d(t)$ 为

$$
\begin{aligned}
f_d(t) &= -\frac{2f_c}{c}\frac{\mathrm{d}r(t)}{\mathrm{d}t} = \frac{2f_c}{c}A\omega\sin(\omega t + \varphi) \\
&= A_\omega \sin(\omega t + \varphi_\omega)
\end{aligned}
\tag{2.61}
$$

式中，A_ω 为微多普勒幅度；φ_ω 为微多普勒相位。

　　该微多普勒表达式是在理想散射中心模型下得到的，即认为在目标微动过程中，散射中心的位置保持不变且与目标微动规律一致。可以看出，在理想散射中心模型的假设下，微动散射中心的微多普勒受正弦调制。同时，从式(2.61)可以看出，微多普勒值 $f_d(t)$ 与发射载频 f_c 成正比。因此，在其他条件相同的情况下，太赫兹频段的微多普勒值远大于微波频段的微多普勒值。

　　从式(2.61)可以看出：对于进动弹头目标，在理想散射中心模型下其微多普勒值均受正弦调制，且其最大微多普勒值与雷达信号载频呈正比例关系。该结论适用于所有在雷达径向上正弦变化的微动形式。较大的载频带来的微多普勒敏感性是太赫兹雷达微动目标特征提取的优势，因为在相同条件下，多普勒分辨与载频相关，较大的多普勒差值使得原来难以分开的不同目标得以分离。

　　然而，受制于目前太赫兹源的功率水平，太赫兹雷达系统多采用调频连续波体制，如美国 JPL 研制的 580GHz 三维成像雷达系统和德国 FGAN 研制的 220GHz COBRA 成像系统，均采用线性调频连续波体制。为了保证调频线性度，调频连续波的等效脉冲重复频率(pulse repetition frequency, PRF)不能设得很高。由于微多普勒信号为离散形式，PRF 限定了可观测到的最高微多普勒值，在接收信号中，只有–PRF/2～PRF/2 的频率能被直接观测到。当微多普勒值位于–PRF/2～PRF/2 之外时，将发生混叠。混叠条件为

$$
\left|\frac{2v_{\max}}{\lambda}\right| > \mathrm{PRF}/2
\tag{2.62}
$$

式中，$v_{\max}$ 为微动过程中最大的径向速度；λ 为入射电磁波波长。

2.3.2　微多普勒混叠的表现

当微多普勒值位于–PRF/2～PRF/2 之外时，将发生多普勒混叠，混叠后的微多普勒值为

$$f_d = f_{d0} + n\mathrm{PRF} \tag{2.63}$$

式中，$f_{d0} \in [-\mathrm{PRF}/2, \mathrm{PRF}/2]$，一般称为视在多普勒值；$n$ 为微多普勒混叠次数。

微多普勒混叠现象在时频域表现得比较直观，下面从时频域进行分析。时频分析方法大体上分为线性方法和非线性方法两类[15-19]，其中最具代表性的线性时频分析方法包括短时傅里叶变换(short time Fourier transform, STFT)、Gabor 变换等，非线性时频分析方法包括 Wigner-Ville 分布(Wigner-Ville distribution, WVD)及其改进时频分析方法，如伪 Wigner-Ville 分布(pseudo Wigner-Ville distribution, PWVD)、平滑伪 Wigner-Ville 分布(smoothed pseudo Wigner-Ville distribution, SPWVD)、重排平滑伪 Wigner-Ville 分布(reassigned smoothed pseudo Wigner-Ville distribution, RSPWVD)等。STFT 本身具有较高的时频分辨率，且具有不受交叉项干扰的优势，因此本书多采用 STFT 进行时频分析，其基本思想是在信号进行傅里叶变换之前乘以一个时间长度有限的窗函数，再对窗函数进行傅里叶变换，以此达到时域上的局部化，定义如下：

$$\mathrm{STFT}(\tau,\omega) = \int_{-\infty}^{\infty} \left[f(t)w^*(t-\tau) \right] \exp(-\mathrm{j}\omega t)\mathrm{d}t \tag{2.64}$$

式中，$f(t)$ 为时域信号；w 为窗函数，上标*表示共轭。因此，微多普勒混叠表现在时频分布图上，即为时频分布图的混叠。时频域微多普勒混叠示意图如图 2.11 所示。

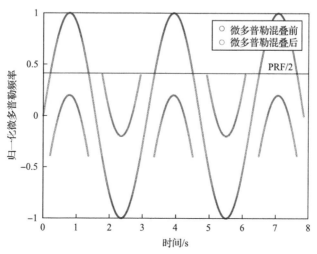

图 2.11　时频域微多普勒混叠示意图

为了对比太赫兹频段和微波频段的微多普勒混叠特性，以图 2.10 所示的观测几何为例进行仿真和分析。假设锥体弹头目标高度 H=0.8m，底面半径 r=0.13m，质心距锥底 l_1=0.2m，距锥顶 l_2=0.6m，目标进动角 θ=15°，进动角速度 $\omega=\pi$ rad/s，雷达观测方位角 α=90°，俯仰角 β=50°，PRF=1024Hz，仿真信噪比为 0dB。锥顶散射中心在典型微波频段(载频 10GHz)和典型太赫兹频段(载频 330GHz)下的回波时频分布如图 2.12 所示。可以看出，在此仿真参数下，锥顶散射中心的微多普勒在 10GHz 载频下为几十赫兹，而在 330GHz 下，其最大微多普勒约为 800Hz，超过了不模糊范围，导致时频发生混叠。

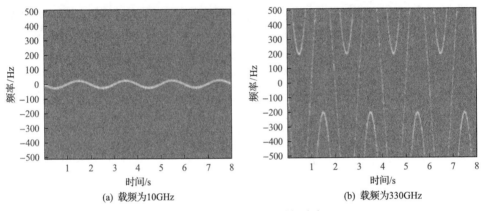

(a) 载频为10GHz (b) 载频为330GHz

图 2.12　锥顶散射中心时频分布

为了对比太赫兹频段不同载频下的时频混叠程度，设置理想点散射仿真实验。散射点微动幅度为 0.1m，频率为 1Hz，初始相位为 30°，散射系数为 1，载频分别为 220GHz、660GHz、1THz、5THz 和 10THz，PRF 为 1kHz，观测时间为 2s。时频分析结果如图 2.13 所示。左图为经过短时傅里叶变换得到的时频分布图，从图中可以看出，微多普勒的正弦调制规律被破坏，仅得到了混叠的时频图像，并且随着载频的提高，混叠现象更加严重。右图为根据理论计算得到的模糊数或混叠(折叠)次数。混叠次数随时间呈阶梯状单位阶跃变化，随着载频的提高，混叠次

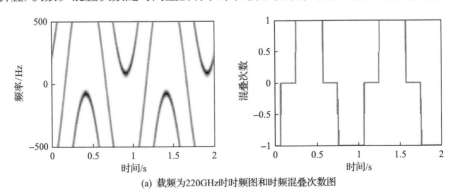

(a) 载频为220GHz时时频图和时频混叠次数图

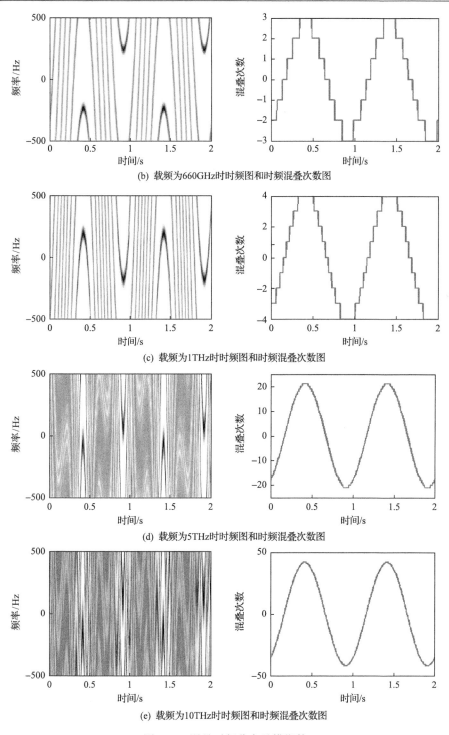

(b) 载频为660GHz时时频图和时频混叠次数图

(c) 载频为1THz时时频图和时频混叠次数图

(d) 载频为5THz时时频图和时频混叠次数图

(e) 载频为10THz时时频图和时频混叠次数图

图 2.13　混叠时频分布及模糊数

数曲线的轮廓与不模糊时频相似。

2.3.3 微多普勒混叠的影响

1. 对微动周期提取的影响

由于微多普勒混叠发生在频率维，所以微多普勒混叠不影响信号及其时频分布的周期性，也就是说，传统的微动周期提取算法依然有效，如时域的自相关法、平均幅度差函数法、频域中的频谱分析法或复倒谱分析法等[19-21]。由于自相关算法原理简单、实现容易且性能良好，所以本书采用自相关算法进行周期估计。自相关算法的基本原理是将信号循环移位后与其本身进行相关处理。根据周期信号的特征，只有在信号移位整数个周期后才能与其本身获得较大的相关系数。长度为 N 的离散信号 s 的自相关数学表达式为

$$\widehat{R}_s(m) = \begin{cases} \sum_{n=0}^{N-m-1} s_{n+m} s_n^*, & m \geqslant 0 \\ \widehat{R}_s(-m), & m < 0 \end{cases} \tag{2.65}$$

对图 2.12 所示的两个信号分别进行自相关周期估计，结果如图 2.14 所示。可以看出，自相关算法不受微多普勒混叠的影响，两种情况下都具有较高的周期估计精度。但是在实际应用中，如果发生微多普勒混叠，那么其微多普勒曲线分布在整个频率维，计算周期时需要考虑整个频率维的数据，也就附加了所有频率上的噪声；如果不发生微多普勒混叠，微多普勒曲线一般分布在频率维的某一部分，可以只将这一部分筛选出来进行自相关分析，也就可以滤除无关频率上的噪声干扰，提高估计性能。

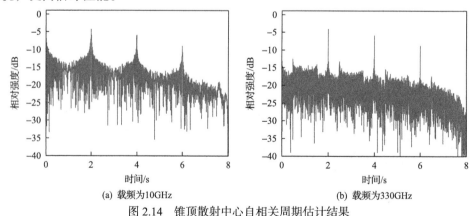

(a) 载频为10GHz (b) 载频为330GHz

图 2.14 锥顶散射中心自相关周期估计结果

2. 对微动幅度、初始相位等参数提取的影响

若发生微多普勒混叠，则传统的微动参数提取算法，如频谱分析法、逆 Radon

变换法等严重退化，甚至不再适用。图 2.15 是图 2.12 仿真的回波频谱分析结果。可以看出，在不发生微多普勒混叠的情况下，频谱峰值的位置对应目标最大微多普勒值；在发生微多普勒混叠的情况下，相当于频谱相对 PRF 进行了若干次折叠，其峰值无法对应最大多普勒值。

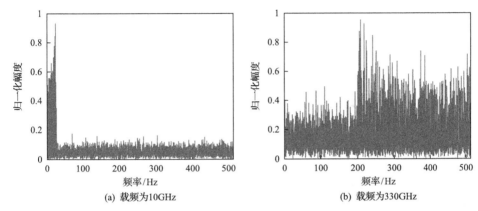

(a) 载频为10GHz

(b) 载频为330GHz

图 2.15　锥顶散射中心回波频谱分析结果

在微动幅度和初始相位等参数估计方面，逆 Radon 变换十分有效。逆 Radon 变换法是图像重建理论中的一种重要方法，可以将输入图像中的正弦曲线映射到参数空间的特显点，进而通过特显点位置与正弦曲线参数之间的关系反推目标微动参数[22-25]。逆 Radon 变换可以通过多种途径实现，如傅里叶切片法、滤波反投影法等，本节以傅里叶切片法为例简单介绍其微动参数估计原理。

假设输入图像中间有一条正弦曲线，则该输入图像可表示为

$$\hat{g}(\rho,\theta) = \delta[\rho - A\sin(\theta + \varphi_0)] \tag{2.66}$$

式中，θ 为图像横轴；ρ 为图像纵轴；φ_0 为正弦曲线的初始相位。由中心层定理可得逆 Radon 变换后的图像为

$$\begin{aligned}
g(x,y) &= \int_{-\infty}^{\infty}\int_{-\infty}^{\infty}\int_{-\infty}^{\infty} \hat{g}(\rho,\theta) \mathrm{e}^{-\mathrm{j}2\pi\rho v} \mathrm{e}^{\mathrm{j}2\pi(k_x x + k_y y)} \mathrm{d}\rho \mathrm{d}k_x \mathrm{d}k_y \\
&= \int_{-\infty}^{\infty}\int_{-\infty}^{\infty}\int_{-\infty}^{\infty} \delta[\rho - A\sin(\theta + \varphi)] \mathrm{e}^{-\mathrm{j}2\pi\rho v} \mathrm{d}\rho \cdot \mathrm{e}^{\mathrm{j}2\pi(k_x x + k_y y)} \mathrm{d}k_x \mathrm{d}k_y \\
&= \int_{-\infty}^{\infty}\int_{-\infty}^{\infty} \mathrm{e}^{-\mathrm{j}2\pi v A\sin(\theta + \varphi)} \cdot \mathrm{e}^{\mathrm{j}2\pi(k_x x + k_y y)} \mathrm{d}k_x \mathrm{d}k_y \\
&= \int_{-\infty}^{\infty}\int_{-\infty}^{\infty} \mathrm{e}^{-\mathrm{j}2\pi A k_x \sin\varphi} \cdot \mathrm{e}^{-\mathrm{j}2\pi A k_y \cos\varphi} \cdot \mathrm{e}^{\mathrm{j}2\pi(k_x x + k_y y)} \mathrm{d}k_x \mathrm{d}k_y \\
&= \int_{-\infty}^{\infty} \mathrm{e}^{\mathrm{j}2\pi(x - A\sin\varphi)k_x} \mathrm{d}k_x \cdot \int_{-\infty}^{\infty} \mathrm{e}^{\mathrm{j}2\pi(y - A\cos\varphi)k_y} \mathrm{d}k_y \\
&= \delta(x - A\sin\varphi)\delta(y - A\cos\varphi)
\end{aligned} \tag{2.67}$$

式中，$k_x = v\cos\theta$；$k_y = v\sin\theta$。也就是说通过逆 Radon 变换，输入图像上的正弦曲线 $\rho = A\cos(\theta + \varphi_0)$ 被映射到参数空间上的特显点 $(A\sin\varphi_0, A\cos\varphi_0)$。通过提取参数空间的特显点位置，推导得到正弦曲线的幅度 A 和初始相位 φ 的解析表达式分别为

$$\begin{cases} A = \sqrt{(A\sin\varphi_0)^2 + (A\cos\varphi_0)^2} \\ \varphi = \arctan\left(\dfrac{A\sin\varphi_0}{A\cos\varphi_0}\right) \end{cases} \tag{2.68}$$

因此，根据式 (2.68) 提取到参数空间特显点的位置，即可根据其位置推导得到正弦曲线的参数。在微动参数提取过程中，由目标微动带来的正弦调制在时频域表现为一系列正弦曲线，如果以其时频分布图作为输入，并对其进行逆 Radon 变换，则可根据参数空间对应特显点的位置，分别提取各个微动散射中心的参数。但是，由微多普勒混叠特性分析可知，微多普勒混叠改变了信号的性质，破坏了时频曲线的完整性，造成了时频域的混叠，基于逆 Radon 变换的传统微动参数提取算法在混叠情况下不再适用。对于时频图上混叠的微多普勒曲线，其表达式为

$$\hat{g}(\rho, \theta) = \delta\{\rho - \mathrm{mod}[A\sin(\theta + \varphi) + \mathrm{PRF}/2, \mathrm{PRF}] - \mathrm{PRF}/2\} \tag{2.69}$$

或写为

$$\hat{g}(\rho, \theta) = \delta\left[\rho - A\sin(\theta + \varphi) \pm n\mathrm{PRF}\sum_i \mathrm{rect}(i)\right] \tag{2.70}$$

式中，$n = \lfloor (A+\mathrm{PRF}/2)/\mathrm{PRF} \rfloor$ 为混叠次数。在混叠区间内矩形窗函数 $\mathrm{rect}(i)=1$，在其他区间 $\mathrm{rect}(i)=0$，则该图像经过逆 Radon 变换的结果可表示为

$$\begin{aligned} g(x, y) &= \int_{-\infty}^{\infty}\int_{-\infty}^{\infty}\int_{-\infty}^{\infty} \delta\left[\rho - A\sin(\theta + \varphi) \pm n\mathrm{PRF}\sum_i \mathrm{rect}(i)\right] \cdot \mathrm{e}^{-\mathrm{j}2\pi\rho v}\mathrm{d}\rho \cdot \mathrm{e}^{\mathrm{j}2\pi(k_x x + k_y y)}\mathrm{d}k_x\mathrm{d}k_y \\ &= \int_{-\infty}^{\infty}\int_{-\infty}^{\infty} \mathrm{e}^{\pm\mathrm{j}2\pi v n\mathrm{PRF}\sum_i \mathrm{rect}(i)} \cdot \mathrm{e}^{-\mathrm{j}2\pi v A\sin(\theta + \varphi)} \cdot \mathrm{e}^{\mathrm{j}2\pi(k_x x + k_y y)}\mathrm{d}k_x\mathrm{d}k_y \\ &= \int_{-\infty}^{\infty}\int_{-\infty}^{\infty} \mathrm{e}^{\pm\mathrm{j}2\pi n\mathrm{PRF}\sum_i \mathrm{rect}(i)\sqrt{k_x^2 + k_y^2}} \cdot \mathrm{e}^{-\mathrm{j}2\pi A k_x\sin\varphi} \cdot \mathrm{e}^{-\mathrm{j}2\pi A k_y\cos\varphi} \cdot \mathrm{e}^{\mathrm{j}2\pi(k_x x + k_y y)}\mathrm{d}k_x\mathrm{d}k_y \\ &= \delta\left(|x - A\sin\varphi| + |y - A\cos\varphi| - |n\mathrm{PRF}|\right) \end{aligned} \tag{2.71}$$

从式 (2.71) 可以看出，混叠的正弦曲线无法通过逆 Radon 变换聚焦为参数空

间的特显点，而是散焦成一个以 $(A\sin\varphi, A\cos\varphi)$ 为圆心、以 nPRF 为半径的圆。图 2.16 所示的锥顶散射中心分别在载频为 10GHz 和 330GHz 时回波信号时频分布的逆 Radon 变换结果验证了本节的结论，因此在微多普勒混叠的情况下，通过逆 Radon 变换进行微动参数估计的方法不再适用，需要研究新的方法进行微动参数估计。

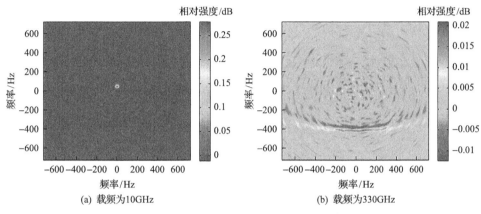

图 2.16 锥顶散射中心回波时频分布的逆 Radon 变换

为了进一步阐述时频混叠及其逆 Radon 变换域的特性，进行理想点仿真和太赫兹吸波暗室测量实验。仿真参数设置为：微动幅度为 0.2m、频率为 1Hz、初始相位为 45°、散射系数为 1、载频为 220GHz、PRF 为 1kHz、观测时间为 1s。太赫兹吸波暗室测量实验的参数设置为：旋转角反微动幅度为 0.24m、频率为 0.5Hz、载频为 221.59GHz、脉冲重复周期为 1.1ms、观测时间约为 9s。

仿真实验结果如图 2.17 所示。图 2.17(a) 为混叠的时频图，图 2.17(b) 为理论时频及其上下移位 1 倍、2 倍 PRF 得到的五条时频曲线，水平直线为不模糊区间 [−PRF/2, PRF/2]。图 2.17(c) 为图 2.17(b) 处于不模糊区间部分。对比图 2.17(a) 和图 2.17(c)，混叠时频可以建模为理论时频上下移位组合并截取。对于最大混叠次数为 2 的目标，可以等效为 5 个间歇性出现的目标，其时频分别为理论时频的移位，也即 5 个目标的微动形式一致，只是分别叠加了相应的平动（为 PRF 的整数倍）。逆 Radon 变换是提取微多普勒曲线的经典方法，能够将沿零频振荡的正弦曲线在变换域聚焦。对于多条平移曲线形成的时频分布（图 2.17(d)），跨零频成分能够在逆 Radon 变换域聚焦（图 2.17(e)），频率上移和下移信号在逆 Radon 变换域会沿着圆心聚焦为跨零频成分点、半径为平移频率数的圆弧散焦（图 2.17(f) 和图 2.17(g)），图 2.17(h) 为三成分叠加信号逆 Radon 变换域图像，为各自逆 Radon 变换域图像的叠加。图 2.17(i) 为图 2.17(a) 的逆 Radon 变换结果，可见混叠时频的逆 Radon 变换图像会沿着半径为 1 倍和 2 倍 PRF 的圆弧散焦，无法通过逆 Radon 变换提取曲线参数。

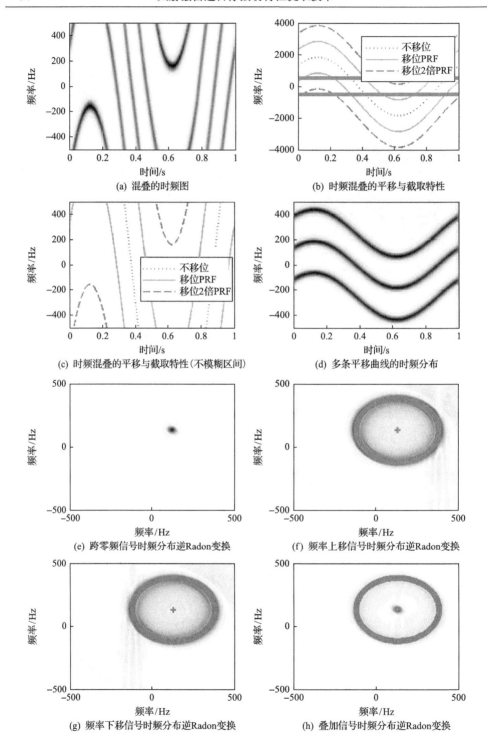

(a) 混叠的时频图

(b) 时频混叠的平移与截取特性

(c) 时频混叠的平移与截取特性（不模糊区间）

(d) 多条平移曲线的时频分布

(e) 跨零频信号时频分布逆Radon变换

(f) 频率上移信号时频分布逆Radon变换

(g) 频率下移信号时频分布逆Radon变换

(h) 叠加信号时频分布逆Radon变换

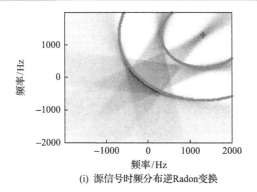

(i) 源信号时频分布逆Radon变换

图 2.17　混叠时频曲线的平移特性及变换域特性

太赫兹吸波暗室实验结果如图 2.18 所示，目标为旋转角反射器，雷达载频为 220GHz。从图中可见，混叠时频的逆 Radon 变换沿着圆心为理想不混叠时频逆 Radon 变换聚焦点（"+"表示）、半径为 PRF 的圆弧散焦，验证了本节分析的正确性。

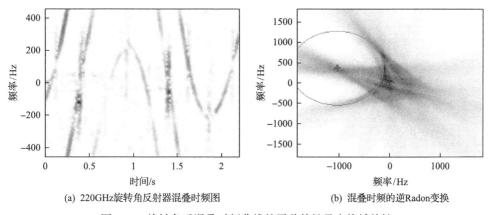

(a) 220GHz旋转角反射器混叠时频图　　　　　(b) 混叠时频的逆Radon变换

图 2.18　旋转角反混叠时频曲线的平移特性及变换域特性

2.4　太赫兹雷达微多普勒闪烁规律

太赫兹频段目标微动的第二个特点为由目标微动过程中散射强度的变化带来的微多普勒闪烁现象。该现象对于任何电磁波均存在，但是相比传统微波雷达，太赫兹频段的闪烁现象更为明显。

2.4.1　微多普勒闪烁的建模

根据式（2.36），散射中心的散射系数是姿态的函数。对于微动目标，姿态随时间发生变化，因此散射中心的散射系数随时间发生变化。目标粗糙导致散射中心数目增加，以致在一个多普勒单元内的散射子增加，使得同一多普勒单元的散射系数随时间的变化加剧。其反映在时频图上，可以很明显地发现每条正弦曲线都是明暗相间的，并且亮度差别较大，伴随很强的亮点，这是由于雷达视线垂直于锥面，将出现瞬时的镜面强散射，这种现象类似于直升机雷达回波中的"闪烁"现象，此时回波能量变化幅度很大，其他散射分量难以检测，如果不加以处理，仅能观测到周期性的冲击，无法提取其他目标特性信息。

频率色散和方位闪烁都会造成时频闪烁，为了描述闪烁程度，采用 $\exp(-k \times t^2)$ 定义闪烁幅度，k 为闪烁系数，其取值越大，闪烁幅度越大。图 2.19 给出了 220GHz 载频下，旋转理想散射点的微多普勒及其变换域特性。当 $k = 0$ 时，为不发生闪烁的理想时频图，在逆 Radon 变换域实现了清晰聚焦(图 2.19(b))。随着闪烁系数增大(图 2.19(c)中 $k = 1$，图 2.19(d)中 $k = 1$)，时频曲线的逆 Radon 变换域聚焦程度恶化，对应图像熵变大(图 2.19(g))，也就意味着，随着闪烁现象的增强，其信号时频分布的逆 Radon 变换结果散焦严重，这对微动参数的提取非常不利。

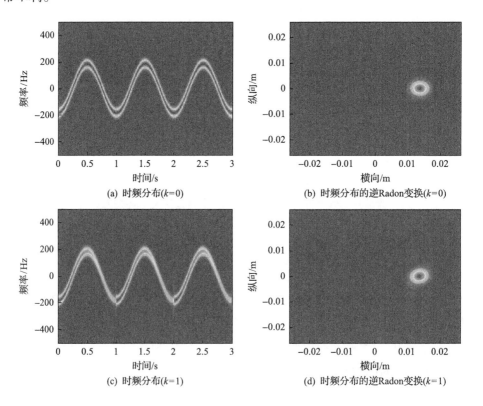

(a) 时频分布($k=0$)

(b) 时频分布的逆Radon变换($k=0$)

(c) 时频分布($k=1$)

(d) 时频分布的逆Radon变换($k=1$)

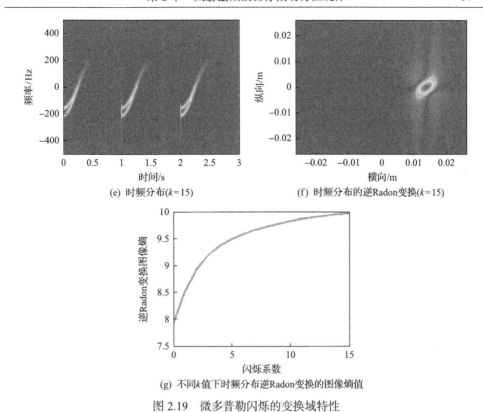

(e) 时频分布(k=15)

(f) 时频分布的逆Radon变换(k=15)

(g) 不同k值下时频分布逆Radon变换的图像熵值

图 2.19　微多普勒闪烁的变换域特性

2.4.2　微多普勒闪烁的影响

针对这种情况，通过归一化图像亮度的算法，可以很好地均匀正弦曲线亮度，大大降低了闪烁的存在给参数提取带来的影响。例如，对于锥体目标，其锥顶和锥底边缘上一个散射中心的信号，归一化处理前后的时频分布及其逆 Radon 变换结果分别如图 2.20 和图 2.21 所示。

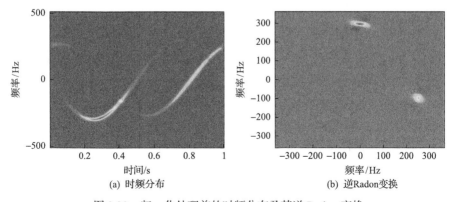

(a) 时频分布

(b) 逆Radon变换

图 2.20　归一化处理前的时频分布及其逆 Radon 变换

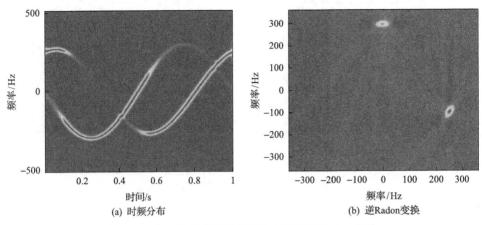

图 2.21　归一化处理后的时频分布及其逆 Radon 变换

通过对比可以发现，在归一化处理之后，闪烁现象得到了明显改善，在时频图上体现为曲线的轮廓更加清晰，明暗对比的差距变小。通过逆 Radon 变换可以发现，归一化处理后，映射到参数空间的特显点亮度更高，并且更加集中，大大提高了参数提取的精度。

2.5　太赫兹雷达粗糙目标微多普勒规律

太赫兹频段目标微动的第三个特点是目标表面粗糙度对太赫兹波精细分辨能力的影响。一般人造目标和天然目标，如飞机、舰船、地面、海面等，均具有一定的粗糙度且服从一定的分布规律，而粗糙度对目标散射特性的影响则取决于粗糙度与电磁波波长之间的相对关系。太赫兹波波长比微波短，在某些情况下甚至可与目标粗糙度相比拟，因此原来在微波频段不太显著的粗糙度影响开始凸显。

2.5.1　表面粗糙目标散射建模

1. 目标表面粗糙的数学模型

粗糙可以从广义上分为随机粗糙和周期粗糙[26]。本节在研究中通常假设目标表面是服从各向同性的高斯随机粗糙，这时可以用均方根高度 δ 和表面相关长度 l 两个参数来定量描述表面粗糙度。在工业上，通常以平均粗糙度 R_a 这一参数来表述表面粗糙度。假设随机粗糙表面的高度起伏函数为 $z = f(x)$，它的概率密度函数为 $p(f)$，则高度起伏的均值定义为

$$\bar{f} = E\big[f(x)\big]_s = \int_{-\infty}^{\infty} f(x)p(f)\mathrm{d}f(x) \tag{2.72}$$

式中，$E[\cdot]_s$ 表示沿整个粗糙表面求平均（一般选择 $z = 0$ 的平面）。均方根高度是反映粗糙表面粗糙程度的一个基本量：

$$\delta = \sqrt{\frac{1}{N-1}\left[\sum_{i=1}^{N}(f_i)^2 - N\cdot(\overline{f})^2\right]} \tag{2.73}$$

式中，$\overline{f} = \dfrac{1}{N}\displaystyle\sum_{i=1}^{N}f_i$，$N$ 为采样点数。对于特定分布的粗糙表面，只用均方根高度不能唯一描述粗糙表面特性，还需要相关系数：

$$\rho(R) = \frac{E\left[f(x)f(x+R)\right]}{\delta^2} \tag{2.74}$$

相关系数 $\rho(R)$ 在 $R = 0$ 时具有最大值 1，随着 R 的增大，$\rho(R)$ 逐渐减小，当 $R \to \infty$ 时，$\rho(R) = 0$。通常把 $\rho(R)$ 降至 $1/\mathrm{e}$ 时的 R 值称为表面相关长度，记为 l，即 $\rho(l) = 1/\mathrm{e}$。表面相关长度是描述随机粗糙表面各统计参量中的一个最基本量，提供了估计表面上两点相互独立的一种基准，即如果表面上两点在水平距离上相隔距离大于 l，那么这两点的高度值在统计意义上是近似独立的。对于高斯随机粗糙表面，常用均方根高度 δ 和表面相关长度 l 两个参数联合表述。

雷达的最终目的是获取雷达目标的信息，其中包括目标的几何形状与物理参数等特征，而雷达目标散射特性是进行目标信息获取的基础。目前，太赫兹频段的目标散射特性研究中多假设目标为光滑表面，这个假设在微波频段往往是可以满足的。然而，太赫兹频段信号波长相比微波频段较小，往往可以达到与目标表面粗糙相比拟的程度，这一假设将逐渐失效。早在 1981 年，Ulaby 等[27]详细介绍了粗糙表面目标的散射特性，经过郭立新等[28]多年的补充和完善，逐渐形成了粗糙表面目标散射特性理论。下面主要结合太赫兹频段对其进行简单介绍。

本节关注的目标表面粗糙度一般小于雷达入射波长，因此在电磁计算中采用微扰法（small perturbation method, SPM）[26, 29]。根据微扰法，高斯粗糙表面目标的散射系数 σ_{pq} 可表示为

$$\sigma_{\mathrm{pq}} = 8\left|k_1^2\delta\cos\theta_i\cos\theta_s\alpha_{\mathrm{pq}}\right|^2 W(k_{1x} + k_1\sin\theta_i, k_{1y}) \tag{2.75}$$

式中，α_{pq} 为极化系数，p 和 q 分别为散射和入射极化方式；$k_1 = \omega\sqrt{\mu_1\varepsilon_1}$ 为波数，μ_1 和 ε_1 分别为入射介质的磁导率和电导率；k_{1x} 和 k_{1y} 分别为 k_1 在 x、y 方向上的投影分量；θ_i 和 θ_s 分别为入射角和散射角；W 为高斯粗糙表面的高斯谱，其与相关长度和入射角密切相关。根据式（2.75），当满足条件 $\theta_i = \theta_s$ 和 $\theta_s = \pi$ 时，后向散射系数可表示为

$$\sigma_{pq} = 8k_1^4 \delta^2 \cos^4 \theta_i \left| \alpha_{pq} \right|^2 W(2k_1 \sin \theta_i, 0) \qquad (2.76)$$

其对应的极化系数 α_{pq} 以及粗糙表面高斯谱 W 为

$$\begin{cases} \alpha_{HH} = \dfrac{-(\varepsilon_r - 1)}{\left[\cos \theta_i + (\varepsilon_r - \sin^2 \theta_i)^{1/2} \right]^2} \\[4mm] \alpha_{VV} = \dfrac{(\varepsilon_r - 1)\left[(\varepsilon_r - 1)\sin^2 \theta_i + \varepsilon_r \right]}{\left[\varepsilon_r \cos \theta_i + (\varepsilon_r - \sin^2 \theta_i)^{1/2} \right]^2} \\[4mm] \alpha_{HV} = \alpha_{VH} = 0 \\[2mm] W(2k_1 \sin \theta_i) = \dfrac{1}{2}l^2 \exp\left[-(k_1 l \sin \theta_i)^2 \right] \end{cases} \qquad (2.77)$$

　　将式(2.77)代入散射系数式(2.76)中,即可得到高斯粗糙表面的后向散射系数。从其表达式不能直观地看出后向散射系数与粗糙度参数之间的关系,但是可以定性地得出以下结论:随着目标表面粗糙度相对入射波长的增大,镜面散射系数(当 $\theta_i \approx 0$ 时)逐渐减小,而漫反射系数(当 $\theta_i > 0$ 时)逐渐变大。因此,对于同一目标,在微波频段其表面粗糙度与入射波长的比值要远小于太赫兹频段表面粗糙度与入射波长的比值,也就是说,微波频段该粗糙表面目标散射以镜面散射分量为主,而在太赫兹频段,镜面散射分量所占比例逐渐下降,而漫反射分量逐渐凸显。因此,太赫兹频段相比微波频段较小的波长使得其对目标表面粗糙更为敏感,这种敏感性一方面会影响目标参数估计和成像研究;另一方面,如果能够实现充分有效利用,也可以为目标表面特性反演提供一种新的途径。

2. 标准粗糙体目标几何模型

　　图 2.22(a)给出了任意形状粗糙三角板几何建模结果,由粗糙平板的模板中截取得到。当对实际的粗糙表面目标建模时,可以使用许多这样的粗糙三角板来实现。图 2.22(b)给出了粗糙圆盘几何建模结果,同样由粗糙平板的模板截取而来。对于圆盘边缘的不连续光滑,可通过对粗糙平板的插值细分来实现对圆形的不断逼近。图 2.22(c)为粗糙圆柱几何建模结果。柱面的卷曲方式决定了圆柱的粗糙起伏高度均是在径向上的高度起伏,这与实际情况相符。图 2.22(d)为粗糙圆锥几何建模结果。锥面的卷曲方式决定了圆锥的粗糙起伏高度均是在曲面法矢方向上的高度起伏。以上不同类型粗糙标准体的建模方法为获取太赫兹频段粗糙目标电磁散射计算数据奠定了模型基础,可针对不同粗糙方式和水平、不同介电参数等输入条件分析太赫兹频段目标散射特性与散射规律。

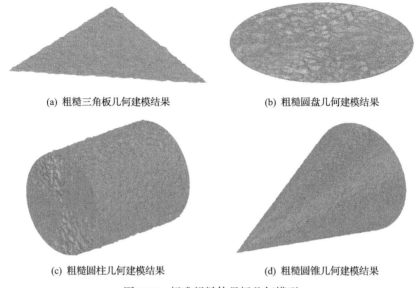

(a) 粗糙三角板几何建模结果　　　　　　(b) 粗糙圆盘几何建模结果

(c) 粗糙圆柱几何建模结果　　　　　　(d) 粗糙圆锥几何建模结果

图 2.22　标准粗糙体目标几何模型

3. 微动粗糙体目标电磁计算

常见微动目标的微动频率一般不高于百赫兹量级，由洛伦兹定理可知，此时微动目标在运动中某一时刻的电磁散射场和静态时的电磁散射场几乎相同，因此可以用一系列快拍来模拟动态过程，这样就可以通过静态计算数据合成动态回波。利用静态计算数据合成动态雷达截面积(radar cross section, RCS)的流程如图 2.23所示。回波合成的步骤如下：

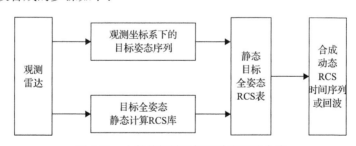

图 2.23　太赫兹粗糙目标准动态回波合成

(1)首先确定姿态随时间变化的函数——姿态时间序列。

(2)根据雷达工作参数获取同一目标的全姿态计算/太赫兹吸波暗室测量数据，并制成表。

(3)根据每个时间点的姿态查找静态目标全姿态 RCS 表，获取合成的动态RCS 时间序列或回波。

下面从几个典型类型的粗糙微动目标着手，讨论其太赫兹频段的微动特征。

2.5.2　粗糙线目标摆动微多普勒特性

1. 摆动几何模型

如图 2.24 所示，线目标 $\overline{O_1O_2}$ 以 O_1 为支点摆动，与此同时 $\overline{O_2H}$ 以 O_2 为支点摆动。

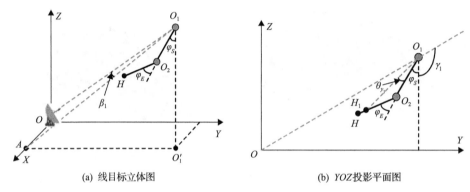

(a) 线目标立体图　　　　　　　　　(b) YOZ 投影平面图

图 2.24　摆动模型

O_1 的初始坐标为 (x_{S0}, y_{S0}, z_{S0})，$\overline{O_1O_2}$ 长度为 H_{UA}，$\overline{O_2H}$ 长度为 H_{LA}。在 $\overline{O_1O_2}$ 上与 O_1 距离为 x_1 的点和雷达原点的距离为

$$R_{UAX}(t) = R_{O_1}(t) + x_1 \cdot \cos[\beta_1(t)]\cos[\varphi_S(t) + \gamma_1(t)] \qquad (2.78)$$

式中

$$\beta_1(t) = \arctan \frac{x_{S0}}{\sqrt{(y_{S0} - vt)^2 + z_{S0}^2}} \qquad (2.79)$$

$$\gamma_1(t) = \arccos \frac{\overline{AO_1} \cdot (0,0,-1)}{|\overline{AO_1}| \cdot 1} = \arccos \frac{-z_{S0}}{\sqrt{(y_{S0} - vt)^2 + z_{S0}^2}} \qquad (2.80)$$

$$\varphi_S(t) = \varphi_{S0} + \varphi_{S\max}\sin\left(\frac{2\pi}{T}t\right) \qquad (2.81)$$

在 $\overline{O_2H}$ 上与 O_2 距离为 y_1 的点 H_1 和雷达原点的距离为

$$R_{LAY}(t) = R_{O_1}(t) + r_{y_1} \cdot \cos[\beta_1(t)]\cos[\varphi_S(t) + \gamma_1(t) + \theta_{y_1}] \qquad (2.82)$$

式中，r_{y_1} 为该点到 O_1 的距离；θ_{y_1} 为 $\angle O_2O_1H_1$，大小为

$$\theta_{y_1} = \arccos \frac{r_{y_1}^2 + H_{UA}^2 - y_1^2}{2 H_{UA} r_{y_1}} \tag{2.83}$$

式 (2.82) 右边第二项可进一步表示为

$$r_{y_1} \cdot \cos[\beta_1(t)] \cos[\varphi_S(t) + \gamma_1(t) + \theta_{y_1}] = H_{UA} \cos[\beta_1(t)] \cos[\varphi_S(t) + \gamma_1(t)]$$
$$+ y_1 \cos[\beta_1(t)] \cos[\varphi_S(t) + \gamma_1(t) + \varphi_E] \tag{2.84}$$

因此，式 (2.82) 可表示为

$$R_{LAY}(t) = R_{O_1}(t) + H_{UA} \cos\beta_1 \cos[\varphi_S(t) + \gamma_1(t)] + y_1 \cos\beta_1(t) \cos[\varphi_S(t) + \gamma_1(t) + \varphi_E]$$
$$= R_{LA}(t) + y_1 \cos\beta_1 \cos[\varphi_S(t) + \gamma_1(t) + \varphi_E] \tag{2.85}$$

式中，$R_{LA}(t) = R_{O_1}(t) + H_{UA} \cos\beta_1 \cos[\varphi_S(t) + \gamma_1(t)]$。

2. 粗糙线目标摆动回波模型

在 $\overline{O_1 O_2}$ 上均匀地取 N_{UA} 个点，其中包括两个端点，这些点的散射强度服从瑞利分布，以模拟粗糙线目标散射特性。单个散射点的强度记作 σ_{UAi}，$\overline{O_1 O_2}$ 上第 i 个点与雷达的距离为

$$R_{UAi}(t) = R_{O_1}(t) + \frac{i-1}{N_{UA} - 1} \cdot H_{UA} \cos[\beta_1(t)] \cos[\varphi_S(t) + \gamma_1(t)] \tag{2.86}$$

式中，$i = 1, 2, \cdots, N_{UA}$。

散射强度为 σ_{UAi} 的点目标的雷达回波为

$$S_{UAi}(t) = \sigma_{UAi} \exp\left(-j2\pi f_0 \frac{2 R_{UAi}}{c}\right) \tag{2.87}$$

线目标 $\overline{O_1 O_2}$ 的雷达回波相当于由 N_{UA} 个散射点的雷达回波求和，因此粗糙线目标 $\overline{O_1 O_2}$ 的雷达回波为

$$S_{UA}(t) = \sum_{i=1}^{N_{UA}} \sigma_{UAi} \exp\left(-j2\pi f_0 \frac{2 R_{UAi}}{c}\right)$$
$$= \sum_{i=1}^{N_{UA}} \sigma_{UAi} \exp\left(-j2\pi f_0 \frac{2\left\{R_{O_1}(t) + \dfrac{i-1}{N_{UA} - 1} \cdot H_{UA} \cos[\beta_1(t)] \cos[\varphi_S(t) + \gamma_1(t)]\right\}}{c}\right) \tag{2.88}$$

在 $\overline{O_2H}$ 上均匀地取 N_{LA} 个点，其中也包括两个端点，这些点的散射强度服从瑞利分布，以模拟粗糙线目标散射特性。单个散射点的强度记作 $\sigma_{\mathrm{LA}i}$，$\overline{O_2H}$ 上第 i 个点与雷达的距离为

$$R_{\mathrm{UA}i}(t) = R_{\mathrm{LA}}(t) + \frac{i-1}{N_{\mathrm{UA}}-1} \cdot H_{\mathrm{LA}} \cos[\beta_1(t)] \cos[\varphi_S(t) + \gamma_1(t) + \varphi_E] \quad (2.89)$$

式中，$i = 1, 2, \cdots, N_{\mathrm{LA}}$。

同理可得，线目标 $\overline{O_2H}$ 的雷达回波为

$$S_{\mathrm{LA}}(t) = \sum_{i=1}^{N_{\mathrm{LA}}} \sigma_{\mathrm{LA}i} \exp\left(-\mathrm{j}2\pi f_0 \frac{2\left\{ R_{\mathrm{LA}}(t) + \dfrac{i-1}{N_{\mathrm{UA}}-1} \cdot H_{\mathrm{LA}} \cos[\beta_1(t)] \cos[\varphi_S(t) + \gamma_1(t) + \varphi_E] \right\}}{c} \right)$$

$$(2.90)$$

3. 仿真实验分析

仿真实验中，信号 PRF 为 2048Hz，目标摆动频率为 1.2Hz，$\varphi_{S\max}$ 为 25°，φ_E 为 30°，$H_{\mathrm{UA}} = H_{\mathrm{LA}} = 0.36\mathrm{m}$。微波频段（载频为 12GHz）和太赫兹频段（载频为 140GHz 和 220GHz）两个粗糙线目标的微多普勒如图 2.25 和图 2.26 所示。

图 2.25 和图 2.26 是未归一化处理的粗糙线目标 $\overline{O_1O_2}$ 和 $\overline{O_2H}$ 摆动微多普勒。相较于光滑目标时频曲线，粗糙线目标的时频分析结果呈现出时频区域块的形式。光滑情况下的时频分析图是由几条时频曲线构成的，而粗糙情况下的时频分布图是以光滑情况下的时频曲线为包络的时频区域块。这是由考虑粗糙情况的目标散射特性决定的。此外，粗糙情况下微多普勒规律的混叠效应与光滑情况下类似。

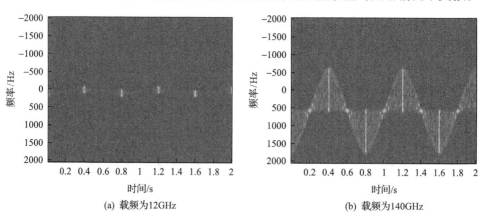

(a) 载频为12GHz　　　　　　　　(b) 载频为140GHz

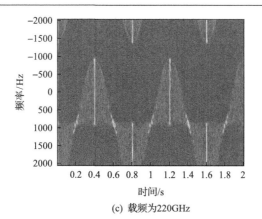

(c) 载频为220GHz

图 2.25　粗糙线目标 $\overline{O_1O_2}$ 摆动微多普勒

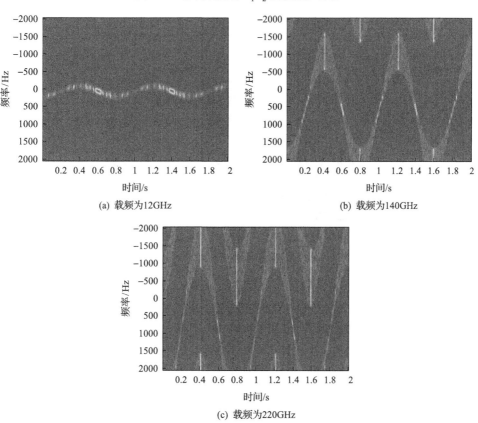

(a) 载频为12GHz

(b) 载频为140GHz

(c) 载频为220GHz

图 2.26　粗糙线目标 $\overline{O_2H}$ 摆动微多普勒

2.5.3　粗糙表面锥体进动微多普勒特性

为了进行粗糙目标微多普勒特性的分析与验证，本节以粗糙表面锥体目标为例进行仿真和计算。首先，根据粗糙类型和粗糙度参数进行粗糙表面目标建模，在建模过程中，需要先建立粗糙平面模型，进而利用坐标变换对其进行移动和变形，构造简单标准体粗糙目标；然后，将粗糙目标导入电磁计算软件进行计算，得到目标全姿态下的散射数据；最后，设定雷达观测几何和参数，并解算目标姿态，根据目标姿态变化序列生成粗糙微动目标回波。本节仿真中建立的系列粗糙表面锥体目标参数如表 2.2 所示，其中典型模型如图 2.27 所示。

表 2.2　粗糙表面锥体目标参数

参数	锥体编号			
	1	2	3	4
δ	5λ	2λ	λ	0.5λ
l	0.01λ	0.05λ	0.1λ	0.2λ

图 2.27　高斯粗糙表面锥体目标建模（$\delta = \lambda, l = 0.1\lambda$）

　　根据理论分析，当俯仰角 β =160° 时，在锥体目标进动过程中雷达视线没有垂直入射目标表面的情况，因此回波主要是漫反射分量。330GHz 下进动锥体目标的锥底散射中心多普勒曲线如图 2.28 所示，各粗糙表面锥体目标回波时频分布如图 2.29 所示。通过比较可以看出，利用电磁计算软件生成回波的时频分析与理论值较为吻合，目标散射主要集中在锥尾两端，也称为等效散射中心。然而，随着目标表面粗糙度的增大，漫反射的作用开始显现，时频分布从线状特征逐渐过渡为块状特征，等效散射中心的概念逐渐失效。

　　当俯仰角 β =90°时，在目标进动过程中雷达视线周期性垂直入射目标表面，此时目标回波既包含镜面反射分量，也包含漫反射分量，其结果如图 2.30 和图 2.31 所示。可以看出，当目标表面粗糙度较小时，目标散射以镜面反射分量为主，而随着粗糙度的增大，漫反射分量的比例逐渐增大。

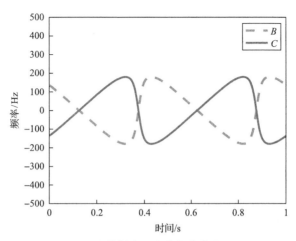

图 2.28　锥底散射中心多普勒曲线（ $\beta =160°$ ）

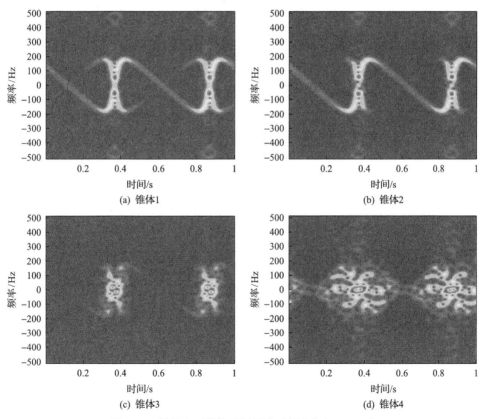

(a) 锥体1

(b) 锥体2

(c) 锥体3

(d) 锥体4

图 2.29　粗糙表面锥体目标回波时频分布（ $\beta =160°$ ）

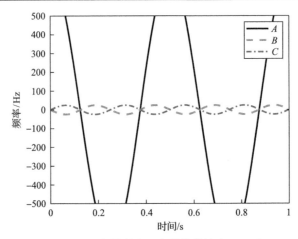

图 2.30　锥底散射中心多普勒曲线（β =90°）

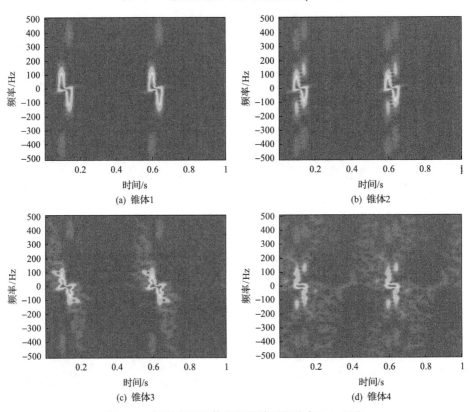

(a) 锥体1

(b) 锥体2

(c) 锥体3

(d) 锥体4

图 2.31　粗糙表面锥体目标回波时频分布（β =90°）

2.5.4　粗糙圆柱旋转微多普勒特性

为了进一步分析和验证粗糙表面目标散射特性，本节设计和加工一系列铝质粗糙表面圆柱目标，如图 2.32 所示。图中圆柱从左至右平均表面粗糙度 R_a 分别为 0.03μm、0.3μm、3μm、30μm 和 300μm。该参数通过 Taylor Hubson 接触式表面轮廓测量仪获得，具有较高的精度。圆柱高度为 20cm，底面直径为 8cm。实验中，粗糙表面圆柱目标放置在距离雷达 5m 的高精度转台上，以 15r/min 的角速度（对应微动周期 4s）旋转。实验中分别采用载频为 220GHz 和 440GHz 的两套系统进行比对验证。为了降低背景噪声的影响，实验在太赫兹吸波暗室中进行，实验场景如图 2.33 所示。

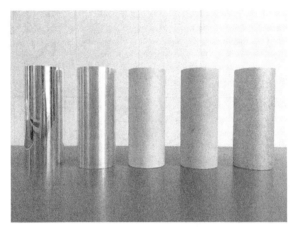

图 2.32　铝质粗糙表面圆柱目标

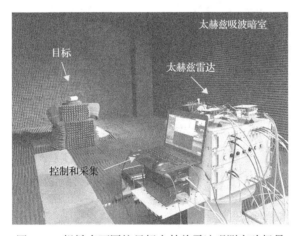

图 2.33　粗糙表面圆柱目标太赫兹雷达观测实验场景

系列粗糙表面圆柱目标在 220GHz 和 440GHz 载频系统下回波信号的时频分布分别如图 2.34 和图 2.35 所示。通过相同频段不同粗糙度的横向比较可以看出，当目标表面粗糙度较小时，垂直入射的镜面反射分量占据绝对主导地位，时频图上表现出一系列高低交错的时频峰。其中，较高的时频峰代表微多普勒值较大时的垂直入射情况，较低的时频峰代表微多普勒值较小时的垂直入射情况。

从图 2.34、图 2.35 的结果可以看出，随着目标表面粗糙度逐渐增大，镜面反射分量逐渐减弱，漫反射分量逐渐增强，时频图上逐渐表现出以时频峰为主，兼具时频包络的情况。通过不同频段结果的纵向比较可以看出，随着频率的提高，

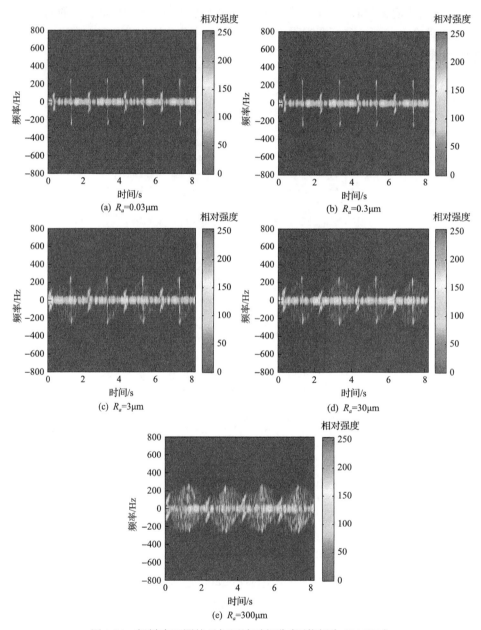

图 2.34　粗糙表面圆柱目标回波时频分布(载频为 220GHz)

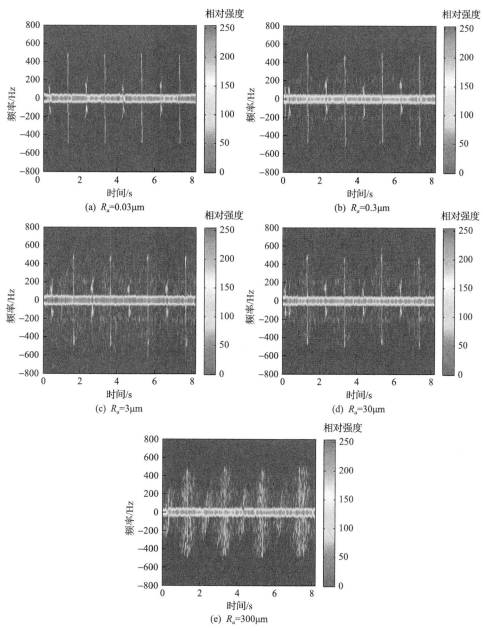

图 2.35　粗糙表面圆柱目标回波时频分布(载频为 440GHz)

目标微多普勒值变大，时频峰在多普勒轴上发生了扩展。但是，即便是在目标表面粗糙度达到 300μm 的情况下，镜面反射分量依然占据主导地位。因此，在太赫兹低频段利用镜面反射带来的时频峰进行微动参数估计或目标尺寸反演是可行的。为了定量比较图 2.34 和图 2.35 的结果，本节采用图像熵作为图像聚焦性能的衡量指标。熵是信息论中用来衡量混乱程度的一个重要概念，目前也多应用于 SAR/ISAR 成像系统中，用来衡量成像结果的聚焦程度，其定义式为

$$
\begin{cases}
\mathrm{En} = \iint -f(x,y) \cdot \ln f(x,y)\mathrm{d}x\mathrm{d}y \\[2mm]
f(x,y) = \dfrac{|F(x,y)|^2}{\iint |F(x,y)|^2 \mathrm{d}x\mathrm{d}y}
\end{cases}
\tag{2.91}
$$

式中，$f(x,y)$ 为归一化的图像。当熵被用来衡量图像聚焦程度时，它的物理意义在于图像像素越均匀，图像熵值越大；反之，则越小。例如，对于具有固定像素点数的图像，当所有像素点的值相等时，图像最均匀，图像熵值最大。图 2.34、图 2.35 中粗糙旋转圆柱目标时频分布图的图像熵如图 2.36 所示。从图 2.34 和图 2.35 可以明显看出，随着目标表面粗糙度的增大，时频分布图中镜面反射分量逐渐减弱，漫反射分量逐渐增强，时频图在时间轴上出现扩散，带来图像熵值的增大；对于同一粗糙度目标，440GHz 下的时频分布图的图像熵值明显大于 220GHz 下的时频分布图的图像熵值，主要是因为多普勒值的增大带来了时频分布图在多普勒轴的扩展。图 2.36 的结果解释和验证了图 2.34、图 2.35 的变化，也为目标粗糙度反演提供了依据。如果针对某个特定目标，能够得到其在不同微动参数、不同粗糙度情况下的时频分布图的图像熵值，建立目标表面粗糙度与时频分布图的图像熵值之间的对应关系，就有可能利用雷达回波反演目标表面粗糙度参数。

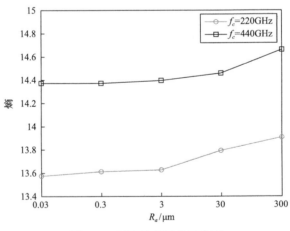

图 2.36　时频分布图的图像熵

2.6　太赫兹雷达微动目标微距离调制规律

相比传统微波频段，太赫兹频段目标微动具有目标细微运动的感知能力。其

本质是：①太赫兹频段的微多普勒敏感性，使得原来在低频段无法观测到的小幅微动可以通过太赫兹雷达进行提取；②太赫兹雷达易于实现大带宽，可以进行距离维度的精细分辨。

2.6.1 微距离特性

相比微波频段，太赫兹频段容易实现大带宽，有望获取微动目标的微距离调制信息。以下通过仿真实验对比分析微波频段和太赫兹频段的微距离调制特性。

设雷达频率 f_0=10GHz，带宽为 1GHz，脉宽为 100μs，PRF 为 1kHz。目标为一个锥体，该锥体高为 2m，半锥角为 8°，质心距锥体底面中心距离为 0.4m，进动角频率为 $\omega_0 = 2\pi\mathrm{rad/s}$，目标质心在雷达坐标系中的初始位置为 (1000m, 5000m, 5000m)，目标由目标坐标系变换到参考坐标系的初始欧拉角为 ϕ=30°、θ=30°、ψ = 45°，进动轴在参考坐标系中的方位角和俯仰角分别为 α_N=30°、β_N=40°。考察锥体上锥顶散射点 P_1，在目标坐标系中的坐标为 (0m, 0m, 1.6m)；散射点 P_2 位于锥体底面圆周上，在目标坐标系中的坐标为 (0.1987m, 0.1987m, –0.4m)。微波频段锥体散射点微距离调制如图 2.37 所示。可见，由于微动幅度较小，P_1、P_2 对应的距离像峰值位置已不能明显看出正弦调制的变化。

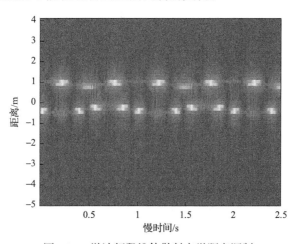

图 2.37 微波频段锥体散射点微距离调制

太赫兹频段可以实现大带宽，有望通过距离分辨能力提取微动特征。微动对距离的调制称为微距离调制。下面以一个微动幅度为 20cm 的理想散射中心为例进行仿真分析，220GHz 下的仿真结果如图 2.38 所示，从该图可以得到以下三点结论：

(1) 相比微多普勒调制，微距离调制具有不模糊特性(图 2.38(a))。在变换域(如 Radon 变换、逆 Radon 变换、Hough 变换等)可以实现聚焦并提取调制参数

(图 2.38(b))。

(2)微距离调制具有周期性(图 2.38(c)),其周期与微动周期一致。与平动对时频切片的影响相似,平动对微距离调制也产生整体平移作用,因此通过平移相关可以估计平动条件下的微动周期。

(3)微距离调制在变换域的3dB宽度与距离分辨单元处于同一量级(图2.38(d)),且与观测时长无关。可见,宽带限制了依据微距离调制提取微动参数的精度。

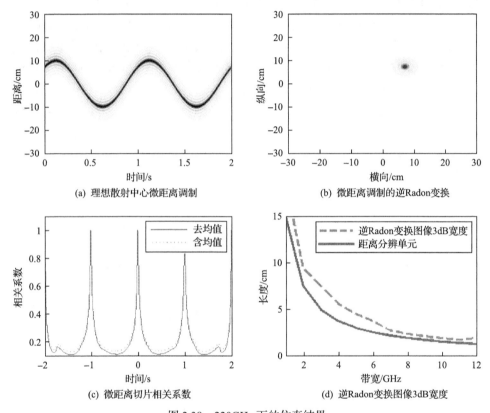

(a) 理想散射中心微距离调制　　　　　　　　(b) 微距离调制的逆Radon变换

(c) 微距离切片相关系数　　　　　　　　(d) 逆Radon变换图像3dB宽度

图 2.38　220GHz 下的仿真结果

2.6.2　图像域规律

1. 小角度 ISAR 图像特性

1)仿真参数设置

以两个旋转的散射中心为仿真对象,旋转半径分别为 0.04m 和 0.1m,旋转频率为 1Hz,初始相位分别为 0°和 180°(垂直于视线方向),散射系数为 1,载频为 220GHz,带宽为 12GHz,PRF 为 1kHz。

2)结果及分析

混叠条件下的 ISAR 图像如图 2.39 所示。初始时刻和旋转 180°、旋转半径为 0.1m 的散射点方位向发生混叠(图 2.39(a)),而旋转 90°和 270°时没有出现方位混叠。因此,微多普勒混叠会使得 ISAR 图像产生方位混叠。此外,在距离分辨率较高时,目标可能会同时出现越距离单元徙动和方位混叠,这给 ISAR 成像带来了挑战。

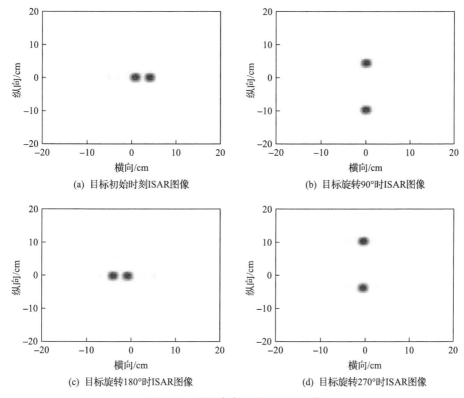

(a) 目标初始时刻ISAR图像

(b) 目标旋转90°时ISAR图像

(c) 目标旋转180°时ISAR图像

(d) 目标旋转270°时ISAR图像

图 2.39　混叠条件下的 ISAR 图像

2. 大角度层析图像特性

1)仿真参数设置

仿真载频为 220GHz,带宽为 12GHz,PRF 为 1kHz,观测时间为 1s。

2)结果及分析

图 2.40 为窄带大角度层析点扩展函数。对比 220GHz 和 10GHz 的点扩展函数,220GHz 出现了环带混叠现象,环带半径对应的多普勒频率为 PRF。图 2.41 为宽带大角度层析点扩展函数。与窄带相似,宽带也在相应位置出现了环带混叠。然而相比窄带,宽带时环带混叠得到了一定程度的抑制。

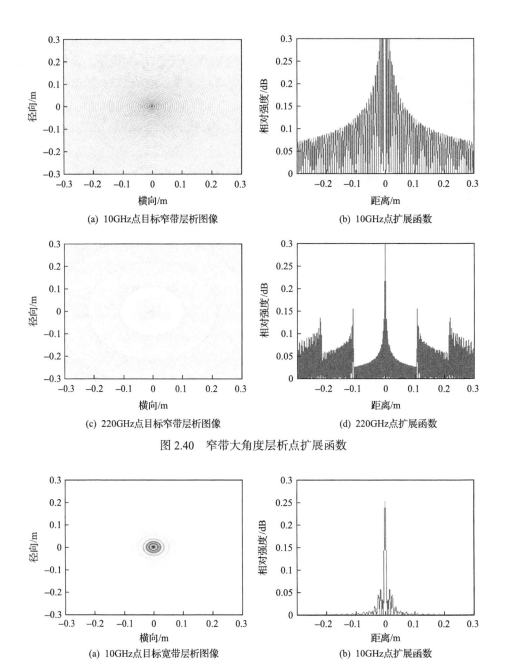

(a) 10GHz点目标窄带层析图像

(b) 10GHz点扩展函数

(c) 220GHz点目标窄带层析图像

(d) 220GHz点扩展函数

图 2.40　窄带大角度层析点扩展函数

(a) 10GHz点目标宽带层析图像

(b) 10GHz点扩展函数

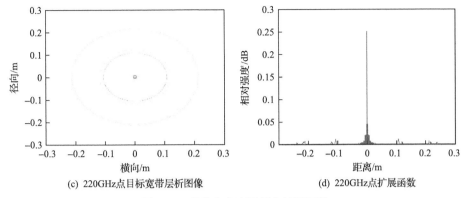

(c) 220GHz点目标宽带层析图像　　　　　　(d) 220GHz点扩展函数

图 2.41　宽带大角度层析点扩展函数

2.7　本　章　小　结

太赫兹频段较高的载频决定了其具有微多普勒高分辨的优势和潜力，但是较高的载频也使得一些原本在微波频段影响不大的因素变得十分重要，带来新的问题。由本章的分析可知，微多普勒混叠特性会带来目标时频分布的混叠，致使传统的微动特征提取算法失效；目标表面粗糙会使等效散射中心的概念逐渐弱化，呈现统计型散射中心的特点。这些都是太赫兹频段微动参数估计面临的难题，需要根据其特性研究新的微动特征提取算法。需要指出的是，大带宽太赫兹雷达微动目标微距离调制规律为微动特征提取提供了新的途径。

参 考 文 献

[1] Chen S, Feng C, Zhang R. Separation of midcourse multiple micro-motion targets based on DSFMT[J]. Journal of Beijing University of Aeronautics and Astronautics, 2020, 46(2): 371-378.

[2] Choi I O, Park S H, Kim S, et al. Estimation of the micro-motion parameters of a missile warhead using a micro-Doppler profile[C]. 2016 IEEE Radar Conference, Philadelphia, 2016.

[3] Wang W L, Chen L, Lei Y J. Micro-motion analysis of decoy in midcourse of ballistic missile[J]. Systems Engineering and Electronics, 2016, 38(3): 487-492.

[4] 陈行勇, 刘永祥, 黎湘, 等. 雷达目标微多普勒特征提取[J]. 信号处理, 2007, 23(2): 5.

[5] 高红卫, 谢良贵, 文树梁, 等. 基于微多普勒分析的弹道导弹目标进动特性研究[J]. 系统工程与电子技术, 2008, 30: 50-52.

[6] 王光远, 周东强, 赵煜. 遥感卫星在轨微振动测量数据分析[J]. 宇航学报, 2015, 36: 261-267.

[7] Sun Z Q, Li B Z, Lu Y B. Research on micro-Doppler of ballistic midcourse target with precession[J]. Systems Engineering & Electronics, 2009, 31(3): 537-538.

[8] 陈行勇, 黎湘, 郭桂蓉, 等. 微进动弹道导弹目标雷达特征提取[J]. 电子与信息学报, 2006,

28(4): 643-646.

[9] 金文彬, 刘永祥, 任双桥, 等. 锥体目标空间进动特性分析及其参数提取[J]. 宇航学报, 2004, 25(4): 408-410.

[10] 杨琪. 太赫兹雷达微动目标参数估计与成像研究[D]. 长沙：国防科学技术大学, 2014.

[11] 李康乐. 雷达目标微动特征提取与估计技术研究[D]. 长沙：国防科学技术大学, 2010.

[12] Gerry M J, Potter L C, Gupta I J, et al. A parametric model for synthetic aperture radar measurements[J]. IEEE Transactions on Antennas & Propagation, 1999, 47(7):1179-1188.

[13] 马梁, 刘进, 王涛, 等. 旋转对称目标滑动型散射中心的微 Doppler 特性[J]. 中国科学(信息科学), 2011, 41: 605-616.

[14] 徐志明, 艾小锋, 刘晓斌, 等. 基于散射中心滑动特性的双基地雷达锥体目标微动特征提取算法[J]. 电子学报, 2021, 49: 461-469.

[15] Gröchenig K. Foundations of Time-Frequency Analysis[M]. Berlin: Birkhäuser, 2001.

[16] Cohen L. Time-frequency analysis: Theory and applications[J]. Journal of the Acoustical Society of America, 1994, 134(5): 4002.

[17] Karlsson S, Yu J, Akay M. Time-frequency analysis of myoelectric signals during dynamic contractions: A comparative study[J]. IEEE Transactions on Biomedical Engineering, 2002, 47(2): 228-238.

[18] Barbarossa S, Farina A. Detection and imaging of moving objects with synthetic aperture radar. part2: Joint time-frequency analysis by Wigner-Ville distribution[J]. IEEE Proceedings F-Radar and Signal Processing, 1992, 139(1): 89-97.

[19] Han L, Zhang J, Huang Z. Time-frequency analysis of seismic data using synchro-squeezing S transform[J]. Oil Geophysical Prospecting, 2017, 52(4): 689-695.

[20] Li T, Fu X, Shi L, et al. Micro-motion period estimation of coning target using four-point method[C]. 2013 IET International Radar Conference, Xi'an, 2013.

[21] Zhang W, Li K, Jiang W. Parameter estimation of radar targets with macro-motion and micro-motion based on circular correlation coefficients[J]. IEEE Signal Processing Letters, 2015, 22(5): 633-637.

[22] Niu J, Kangle L I, Jiang W D, et al. A new method of micro-motion parameters estimation based on cyclic autocorrelation function[J]. Science China (Information Sciences), 2013, 56(10): 1-11.

[23] He J. A characterization of inverse Radon transform on the laguerre hypergroup[J]. Journal of Mathematical Analysis & Applications, 2006, 318(1): 387-395.

[24] Stankovic L, Dakovic M, Thayaparan T, et al. Inverse Radon transform-based micro-Doppler analysis from a reduced set of observations[J]. IEEE Transactions on Aerospace & Electronic Systems, 2015, 51(2): 1155-1169.

[25] Zhao T L, Liao G S, Yang Z W. Micro-Doppler extraction based on short-time iterative adaptive

approach and inverse Radon transform[J]. Acta Electronics Sinica, 2016, 44(3): 505-513.

[26] Li K L, Liu Y X, Jiang W D, et al. Reconstruction of target with micro-motions based on inverse Radon transform[J]. Radar Science & Technology, 2010, 8(1): 74-79, 86.

[27] Ulaby F. Microwave remote sensing : Active and passive Vol. 1: Microwave remote sensing fundamentals and radiometry[J]. Remote Sensing: A Series of Advanced Level Textbooks and Reference Works, 1981, 2(5): 1223-1227.

[28] 郭立新, 王蕊, 吴振森. 随机粗糙面散射的基本理论与方法[M]. 北京: 科学出版社, 2010.

[29] Ulaby F T, Moore R K, Fung A K. Microwave Remote Sensing: Active and Passive. Vol. 3: From Theory to Applications[M]. Boston: Artech House Inc, 1986.

第 3 章　窄带太赫兹雷达微多普勒解模糊

3.1　引　　言

太赫兹频段的微多普勒敏感性虽然有其特殊优势，但是多普勒过于敏感，极易带来微多普勒混叠问题。该问题是影响太赫兹频段优势发挥的主要问题，若得不到有效解决，则会严重影响太赫兹雷达目标微动参数估计，更不用说实现高精度参数估计。本章和第 4 章着重解决微多普勒混叠条件下的微动参数高精度估计问题。本章聚焦窄带太赫兹雷达微多普勒解模糊。相比宽带太赫兹雷达，窄带太赫兹雷达携带的目标信息更少，微多普勒解模糊的难度更大。

3.2 节提出基于时频拼接的微多普勒解模糊算法。该算法将传统的逆 Radon 变换进行理论和应用拓展，使其适用于太赫兹频段微多普勒时频分布混叠的情况，算法简单易行、计算量小、性能优异。3.3 节提出一种基于模值 Hough 变换的混叠微动参数提取算法，该算法的主要思想是匹配搜索时频图中目标曲线的参数，而为了兼顾混叠情况下的匹配搜索，需要对参考曲线进行取模操作，使其限定在观测范围内。该算法能有效提取出时频分布图中混叠目标曲线的参数。3.4 节提出基于逆问题求解的微多普勒解模糊重建方法，将微多普勒模糊造成的时频分布图混叠建模为图像的降质过程，解模糊问题转化为图像复原问题，利用真实时频图在逆 Radon 变换域稀疏这一先验信息求解。3.5 节将微多普勒解模糊问题转化为相位解缠问题，利用经典的相位解缠方法实现相位解缠后即可重建实际的不模糊微多普勒，该方法也是本章复杂度最低的方法。

3.2　基于时频拼接的抗混叠参数估计

已有基于微多普勒时频分布估计微动参数的方法主要是基于逆 Radon 变换的方法。首先通过逆 Radon 变换将时频曲线映射为参数空间聚焦的峰值，然后依据峰值与微动参数的对应关系估计微动参数。根据图像重建理论，逆 Radon 变换可以将正弦曲线映射到其参数空间。然而，逆 Radon 变换不能将混叠的微多普勒时频曲线直接映射到其参数空间。

3.2.1　算法原理

根据图像重建理论，逆 Radon 变换可以将正弦曲线映射到其参数空间[1]。若

一条理想的正弦曲线位于图像中央,则该图像的二维表达式为

$$\hat{g}(\rho,\theta) = \delta[\rho - A\sin(\theta + \varphi_0)] \qquad (3.1)$$

式中, θ 为图像横轴; ρ 为图像纵轴。由中心层定理可得逆 Radon 变换后的图像为

$$g(x,y) = \delta(x - A\sin\varphi)\delta(y - A\cos\varphi) \qquad (3.2)$$

可见,利用逆 Radon 变换,时频面上的正弦曲线 $\rho = A\cos(\theta + \varphi_0)$ 被映射到参数空间上的特显点 $(A\sin\varphi_0, A\cos\varphi_0)$。通过提取参数空间的特显点位置,可以推导得到幅度 A 和初始相位 φ 的解析表达式。

假设一个微动散射点 P,其微动角速度为 $2\pi\ \mathrm{rad/s}$,微动幅度为 $0.05\mathrm{m}$,发射信号的 PRF 为 1kHz。微动散射点 P 在载频为 60GHz 下回波信号的时频分布及其逆 Radon 变换如图 3.1 所示。

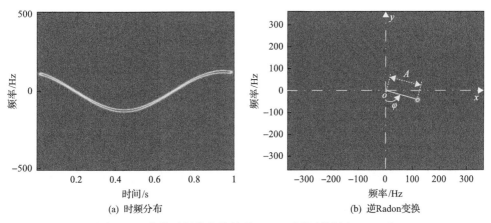

(a) 时频分布 (b) 逆Radon变换

图 3.1 P 点的时频分布及其逆 Radon 变换(载频为 60GHz)

由图 3.1(a)可知,微动散射点 P 的回波时频分布受正弦调制。由图 3.1(b)可知,经过逆 Radon 变换,时频分布图中的正弦曲线可以聚焦为参数空间的特显点。本节以逆 Radon 变换结果图的几何中心为坐标原点建立直角坐标系,则特显点到原点的距离表征最大多普勒值,特显点与原点连线偏离 $-y$ 轴的夹角表征初始相位。

在 3.1 节的分析中,默认时频分布图中的正弦曲线是完整的,且位于图像中心,这种时频曲线可以通过逆 Radon 变换聚焦。但是在本节,需要考虑上下移位和混叠的时频曲线的逆 Radon 变换。

假设时频图中存在一条上下移位的正弦曲线(图 3.2(a)),则该时频图可表示为

$$\hat{g}(\rho,\theta) = \delta[\rho - A\sin(\theta + \varphi) + K] \qquad (3.3)$$

式中, K 为偏移量。该图像经过逆 Radon 变换的结果可表示为[2]

$$
\begin{aligned}
g(x,y) &= \int_{-\infty}^{\infty}\int_{-\infty}^{\infty}\int_{-\infty}^{\infty} \delta[\rho - A\sin(\theta+\varphi)+K] \cdot \mathrm{e}^{-\mathrm{j}2\pi\rho\nu}\mathrm{d}\rho \cdot \mathrm{e}^{\mathrm{j}2\pi(k_x x+k_y y)}\mathrm{d}k_x\mathrm{d}k_y \\
&= \int_{-\infty}^{\infty}\int_{-\infty}^{\infty} \mathrm{e}^{\mathrm{j}2\pi\nu K} \cdot \mathrm{e}^{-\mathrm{j}2\pi\nu A\sin(\theta+\varphi)} \cdot \mathrm{e}^{\mathrm{j}2\pi(k_x x+k_y y)}\mathrm{d}k_x\mathrm{d}k_y \\
&= \int_{-\infty}^{\infty}\int_{-\infty}^{\infty} \mathrm{e}^{\mathrm{j}2\pi K\sqrt{k_x^2+k_y^2}} \cdot \mathrm{e}^{-\mathrm{j}2\pi A k_x\sin\varphi} \cdot \mathrm{e}^{-\mathrm{j}2\pi A k_y\cos\varphi} \cdot \mathrm{e}^{\mathrm{j}2\pi(k_x x+k_y y)}\mathrm{d}k_x\mathrm{d}k_y \\
&= \delta\big(|x-A\sin\varphi|+|y-A\cos\varphi|-|K|\big)
\end{aligned}
\tag{3.4}
$$

由式 (3.4) 可以看出，上下移位正弦曲线无法聚焦为参数空间的特显点，而是散焦成一个圆。该圆的圆心坐标为 $(A\sin\varphi, A\cos\varphi)$，也就是不移位情况下特显点的位置坐标，半径为 K，也就是偏移量。本节对微动散射点 P 的时频分布曲线移位 PRF/4 之后进行逆 Radon 变换的结果如图 3.2(b) 所示。图 3.3(b) 的结果验证了式 (3.4) 的正确性。

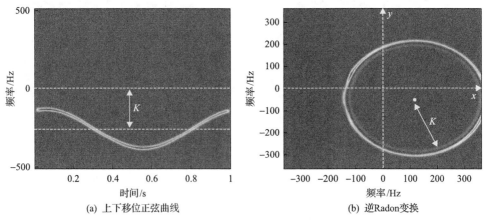

(a) 上下移位正弦曲线　　　　　　　　　(b) 逆 Radon 变换

图 3.2　上下移位正弦曲线及其逆 Radon 变换

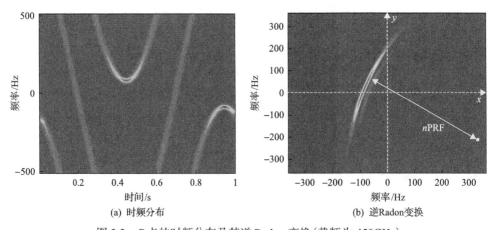

(a) 时频分布　　　　　　　　　　　　(b) 逆 Radon 变换

图 3.3　P 点的时频分布及其逆 Radon 变换 (载频为 450GHz)

同理，假设时频图中存在一条混叠的时频曲线(图 3.3(a))，该时频图可表示为

$$\hat{g}(\rho,\theta) = \delta\{\rho - \mathrm{mod}[A\sin(\theta+\varphi)+\mathrm{PRF}/2,\mathrm{PRF}] - \mathrm{PRF}/2\} \tag{3.5}$$

也可以写作

$$\hat{g}(\rho,\theta) = \delta\left[\rho - A\sin(\theta+\varphi) \pm n\mathrm{PRF}\sum_i \mathrm{rect}(i)\right] \tag{3.6}$$

式中，$n = \lfloor (A+\mathrm{PRF}/2)/\mathrm{PRF} \rfloor$ 为混叠次数。在混叠区间内矩形窗函数 $\mathrm{rect}(i)=1$ ，在其他区间 $\mathrm{rect}(i)=0$ ，则该图像经过逆 Radon 变换的结果可表示为

$$g(x,y) = \delta\left(|x - A\sin\varphi| + |y - A\cos\varphi| - |n\mathrm{PRF}|\right) \tag{3.7}$$

由式(3.7)可以看出，混叠的正弦曲线无法聚焦为参数空间的特显点，也是散焦成一个圆。该圆的圆心坐标为 $(A\sin\varphi, A\cos\varphi)$ ，即不移位情况下特显点的位置坐标，半径为 $n\mathrm{PRF}$ ，但是逆 Radon 变换结果的可观测区间为 $\left[-\mathrm{PRF}/(2\sqrt{2}), \mathrm{PRF}/(2\sqrt{2})\right]$ ，因此观测到的只是一段圆弧。本节对微动散射点 P 在载频 450GHz 下回波信号的时频分布图进行逆 Radon 变换，结果如图 3.3(b)所示。图 3.3(b)的结果验证了式(3.7)的正确性。

由上面的分析可知：只有位于时频分布图中心且完整的正弦曲线才能通过逆 Radon 变换聚焦为参数空间的特显点，进而估计微动参数，上下移位或混叠的正弦曲线经过逆 Radon 变换会发生不同形式的散焦。根据这一特点，本节提出一种基于时频拼接和逆 Radon 变换相结合的太赫兹频段混叠微动参数提取算法。其中心思想是：将若干混叠的时频分布图进行上下拼接，以得到位于中心的、完整的正弦曲线(图 3.4 中的粗线)，进而通过逆 Radon 变换估计时频曲线参数。基于时频拼接的微动参数估计算法原理图如图 3.4 所示。

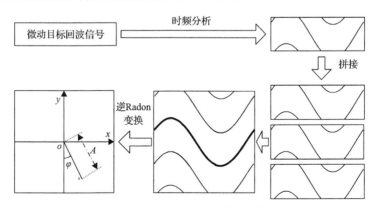

图 3.4　基于时频拼接的微动参数估计算法原理图

根据微多普勒值与 PRF 之间的关系，过大的微多普勒值有可能带来时频分布的混叠。按照本节算法思路，若微多普勒值较小，没有发生混叠，则无论进行多少次拼接(这里的拼接个数必须为奇数，以保证任何时候总能有完整正弦曲线位于图像中间)，中间的完整正弦曲线都会存在，只是在其上下方各存在若干条移位的完整正弦曲线，根据第 2 章的理论，这些移位的完整正弦曲线通过逆 Radon 变换会散焦成一个圆；若发生混叠，则只要通过足够多个拼接，肯定能够在图像中间拼接得到完整正弦曲线。

通过简单分析可知，最佳拼接个数 N 与微多普勒混叠次数 n 的关系为 $N=2n+1$。因此，拼接之前，需要预先估计混叠次数 n，以确定最佳的拼接个数。当 $N<2n+1$ 时，无法得到完整正弦曲线；当 $N>2n+1$ 时，会形成不止一条完整正弦曲线，但只有位于中心的正弦曲线会聚焦，因而选择较大的拼接个数 N 对逆 Radon 变换结果影响不大。因此，在无法粗略估计混叠次数的情况下，可以适当选择较大的拼接个数，以保证至少能够拼接得到一条位于中心的完整正弦曲线。但是，在仿真实验中也发现，拼接个数的选择不宜过大，因为拼接个数越大，时频拼接图中的断裂曲线和移位曲线越多，这些断裂和移位的时频曲线映射到参数空间会对应弧线或圆，给特显点的提取带来一定的干扰，尤其是一些弧线的交点，其能量往往可以和特显点相比拟，这就使得提取算法将这些交点误判为特显点。因此，选择合适的拼接个数显得尤为重要。

3.2.2　算法流程

基于时频拼接的抗微多普勒混叠算法流程图如图 3.5 所示，具体步骤如下：

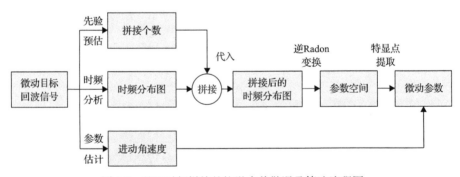

图 3.5　基于时频拼接的抗微多普勒混叠算法流程图

(1)选择合适的时频分析工具，对信号进行时频分析，得到时频分布图。本节算法是在时频分布图中提取微动参数，因此首先需要对回波信号进行分析，得到信号中频率随时间的变化曲线，即时频分布。本节选用 STFT 进行时频分析。

(2)估计进动角速度 ω 。由于噪声和微多普勒混叠不影响时频分布图的周期性，所以可采用自相关算法估计进动角速度[2]，即微多普勒表达式中的 ω 可以提前得到，以降低参数空间的维数，本节假设 $\omega=2\pi$ rad/s。

(3)根据目标尺寸和信号载频预先粗略估计混叠次数 n ，并据此确定拼接个数 N ，以保证能够得到完整正弦曲线且所受干扰尽可能小。

(4)对拼接得到的时频分布图进行逆 Radon 变换,则位于中间且完整的正弦曲线可以聚焦为特显点,而上下移位或混叠的正弦曲线无法聚焦。

(5)提取参数空间特显点的位置,推导得出微动散射点的最大微多普勒值和初始相位。

3.2.3　实验验证

为了验证本节算法的有效性,本节设计一组仿真实验。实验目标中包含三个微动散射点 A 、 B 和 C ,其微动幅度分别为 0.10m、0.08m 和 0.06m,初始相位分别为 120°、–120°和–60°,其进动角速度均为 2π rad/s,观测时间为一个周期。载频、混叠次数以及拼接个数等各项参数如表 3.1 所示。

表 3.1　仿真参数表

实验	载频/GHz	混叠次数	拼接个数	信噪比/dB
1	60	0	1	0
2	60	0	3	0
3	220	1	3	−3
4	450	2	5	−3

各仿真实验的结果如图 3.6～图 3.9 所示。

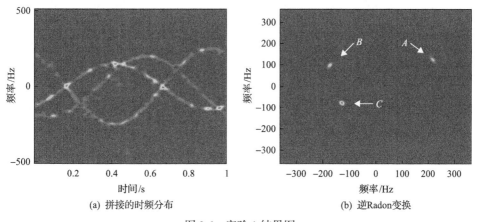

(a) 拼接的时频分布　　　　　　　　(b) 逆Radon变换

图 3.6　实验 1 结果图

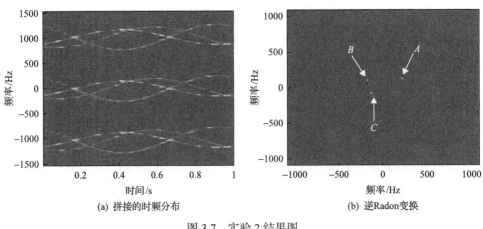

(a) 拼接的时频分布

(b) 逆Radon变换

图 3.7　实验 2 结果图

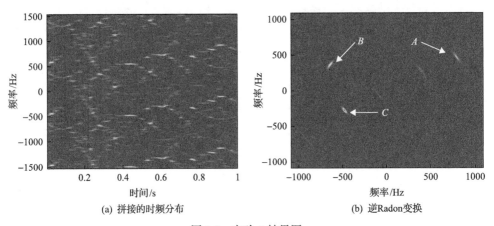

(a) 拼接的时频分布

(b) 逆Radon变换

图 3.8　实验 3 结果图

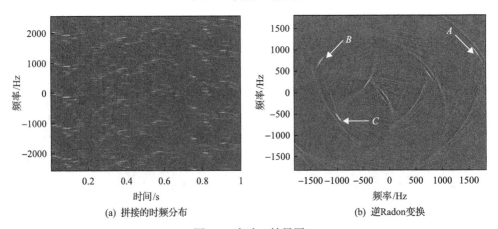

(a) 拼接的时频分布

(b) 逆Radon变换

图 3.9　实验 4 结果图

在每组实验结果图中, 图(a)为经过拼接得到的回波信号时频分布图, 图(b)

为拼接的时频分布图的逆 Radon 变换结果图，该图中的每个特显点分别对应于每个拼接得到的位于中心的、完整的时频曲线。提取逆 Radon 变换结果图中特显点的位置即可得到所对应时频曲线的参数。四次实验的估计参数如表 3.2 所示。

表 3.2　四次实验的估计参数

参数	实验	理论值	估计值
幅度	1	251.327,201.062,150.796	250.064, 201.062, 150.586
	2	251.327,201.062,150.796	250.570,201.062,150.586
	3	921.534,737.223,552.920	921.224,734.685,552.461
	4	1884.956,1507.964,1130.973	1880.641,1508.254,1129.034
初始相位	1	$120°, -120°, -60°$	$120.257°, -119.497°, -59.689°$
	2	$120°, -120°, -60°$	$120.454°, -119.498°, -59.689°$
	3	$120°, -120°, -60°$	$120.885°, -119.251°, -59.818°$
	4	$120°, -120°, -60°$	$121.646°, -120.512°, -59.641°$

将上面这些结果进行分析比较，可以得出如下结论：

(1)由实验 1 和实验 2 的结果比较可知，上下移位的多普勒曲线在参数空间无法聚焦，同时，从实验 2 逆 Radon 变换的结果可以看出，当拼接个数 $N > 2n+1$ 时，对算法的性能影响不大。

(2)由实验 3、实验 4 可以看出，算法在微多普勒混叠情况下具有较好的参数估计性能，能够将拼接得到的完整正弦曲线聚焦成参数空间的特显点。

(3)由各次实验的逆 Radon 变换结果可以看出，上下移位的正弦曲线和混叠的正弦曲线在参数空间映射形成的圆和弧线对特显点提取有一定的干扰，尤其是若干弧线的交点，有可能会被误判为微动目标，因此所选的拼接次数不宜过大，同时，为了提高参数估计性能，在特显点提取之前可以对逆 Radon 变换的结果进行一些适当的图像增强处理，如灰度级修正或对比度增强，这些属于数字图像处理领域的内容，本书不做详细介绍。

逆 Radon 变换本身对图像中的正弦曲线有较好的积累增益，因此本节算法的抗噪性能良好。本节对微动散射点 A 在信噪比[-15,5]dB 内进行 100 次蒙特卡罗仿真，画出参数估计相对误差随信噪比的变化曲线，如图 3.10 所示。

由图 3.10 可以看出，在信噪比大于-5dB 时，本节算法参数估计性能稳定且精度较高，平均估计相对误差小于 2%；当信噪比小于-5dB 时，由于时频分布图受噪声污染严重，所以本节算法失效，已经不能有效检测出正确的特显点。此外，本节算法的参数估计性能也受到其他因素的影响，如目标的微动散射点数目、回波信号的混叠次数和时频拼接个数等。

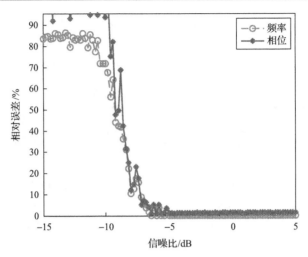

图 3.10 不同信噪比下的相对误差曲线

3.3 基于模值 Hough 变换的微动参数估计

由于逆 Radon 变换只对正弦曲线具有很好的聚焦效果，当目标进动角速度较大时，时频曲线受散射中心滑动等因素的影响较大，不再为类正弦形式，所以该算法只适用于较小进动角速度目标。针对这一问题，本节提出一种基于模值 Hough 变换的混叠微动参数提取算法，该算法的主要思想是匹配搜索时频图中目标曲线的参数，而为了兼顾混叠情况下的匹配搜索，需要对参考曲线进行取模操作，使其限定在观测范围内。该算法能有效提取出时频分布图中混叠目标曲线的参数，基于电磁计算数据的仿真实验验证该算法具有较高的参数估计精度和较强的抗噪性。

3.3.1 算法原理

本节算法在检测过程中采用了积累方法，对时频分布的要求不高，而 STFT 本身具有较高的时频分辨率且没有交叉项的影响，因此选择 STFT 进行时频分析可以获得很好的效果。

在得到回波信号的时频分布之后，就可以利用模值 Hough 变换提取微动参数。基于模值 Hough 变换的混叠微动参数提取算法的思想来源于广义 Hough 变换，广义 Hough 变换是图像处理中曲线检测的一种有效算法，可用于识别形状已知的图形，也可用于识别不能用解析式表示的比较复杂的图形，广泛应用于图像识别、目标检测和特征提取等领域[3-5]。其基本思想是：首先将测量空间的曲线映射到参数空间的点，具有相同参数的曲线所对应的点在参数空间累积，然后通过检测参数空间特显点的位置来获得曲线参数。对于本节的问题，将时频分布图中的正弦曲线或混叠的正弦曲线映射到参数空间的点[6]。根据微多普勒 $f_d(t)$ 的表达式，本节建立参数空间 $K = (A_k, \varphi_k, \omega_k)$（如果要考虑散射中心滑动的影响，还需要在此参数空间中加入 l_1、r 等信息，在这种情况下参数搜索的运算量很大，因此本节在实验仿真中暂未考虑搜索参数 l_1、r，将其默认为已知，只估计微动参数）。多普勒混叠和噪声等不影响信号时频分布图的周期性，因此微动角速度 ω 可以很容易地由时域自相关法或频域倒谱法求得。因此，为了提高搜索效率，本节将参数空间简化为 $K = (A_k, \varphi_k)$。在时频图中，若存在一条表达式为 $f(t) = A_\omega \cos(\omega t + \varphi_\omega)$ 的曲线（图 3.11(a)），则坐标为 $(t, A_k \cos(\omega t + \varphi_k))$ 的像素点所组成的曲线与该时频曲线形状类似，只是参数不同，这组坐标位置的像素点称为参考像素点，当参考像素点的参数与时频曲线参数一致，即 $A_k = A_\omega$、$\varphi_k = \varphi_\omega$ 时，坐标 $(t, A_\omega \cos(\omega t + \varphi_\omega))$ 的像素值相对较大，称为相关像素点（图 3.12(a)）。对所有相关像素点的像素值取平均，其均值相对较大，反映到参数空间，即是对应参数处的一个特显点。如果微多普勒值较大，时频曲线发生了混叠（图 3.11(b)），那么相关像素点的纵坐标

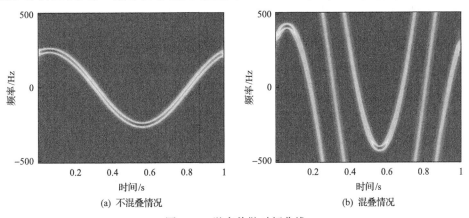

图 3.11　微多普勒时频曲线

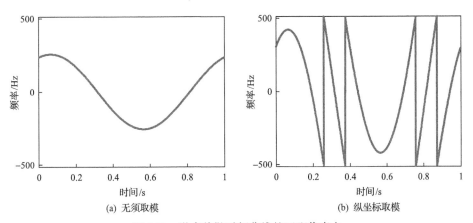

图 3.12　微多普勒时频曲线的匹配像素点

也要进行相应的混叠，即纵坐标对 PRF 取模(图 3.12(b))。选择合适的参数搜索范围和步长，经过参数的遍历搜索，提取参数空间特显点位置，即可得到相应的参数。考虑到计算量问题，可以设计一种变步长搜索算法，即首先通过大步长进行粗搜索，初步确定可能的参数区间，然后通过小步长对可能的参数区间进行精搜索。本节基于模值 Hough 变换的混叠微动参数提取算法适用于混叠和不混叠两种情况且无须提前判断是否混叠，算法复杂性较低。

3.3.2　算法流程

综上所述，基于模值 Hough 变换的混叠微动参数提取算法流程图如图 3.13 所示，具体步骤如下：

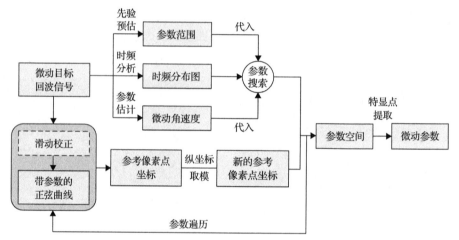

图 3.13　基于模值 Hough 变换的混叠微动参数提取算法流程图

(1)选择合适的时频分析工具，对信号进行时频分析，得到时频图。本节算法对时频分布的要求不高，选用 STFT 即可得到很好的结果。

(2)估计进动角速度 ω。由于噪声和混叠不影响时频分布图的周期性，所以可采用自相关算法估计进动角速度，本节假设 $\omega = 2\pi \text{rad/s}$。

(3)确定参数空间 $K = (A_k, \varphi_k)$，并综合考虑仿真效率和参数估计精度，选择合适的参数范围和搜索步长。本节频率搜索上限 F 根据实验参数合理选取，保证每个分量都能搜索到。积累时间 $T=1\text{s}$，多普勒频率搜索步长 $\Delta f = 1\text{Hz}$，初始相位搜索步长 $\Delta \varphi = 1°$。

(4)确定时频分布图中参考像素点坐标位置的表达式。进动目标的微多普勒为正弦调制形式，其参考像素点的坐标为 $(t, A_k \cos(\omega t + \varphi_k) + \text{PRF}/2)$，为了兼顾微多普勒混叠的情况，需要将参考像素点的纵坐标对 PRF 取模，即为 $(t, \text{mod}(A_k \cos(\omega t + \varphi_k) + \text{PRF}/2, \text{PRF}))$。

（5）对参数进行匹配搜索。在搜索过程中，将时频分布图中每组搜索参数所对应的参考像素点位置处的像素值进行平均，以尽量降低噪声和遮挡等因素的影响，将各组参数所对应的均值以伪彩色图的形式表现出来，即为参数空间。

（6）利用 houghpeaks 函数提取参数空间的特显点位置。其横坐标表示时频分布图中正弦曲线的初始相位，纵坐标表示幅度，即为最大微多普勒值。

3.3.3　实验验证

1. 仿真实验

首先采用点散射模型进行仿真实验。点散射模型在太赫兹低频段、粗糙表面的影响不大时依然成立。为此，本书设计一组仿真实验来验证本节算法的有效性。仿真中假定的进动锥体目标尺寸参数和散射点位置示意图如图 3.14 所示。

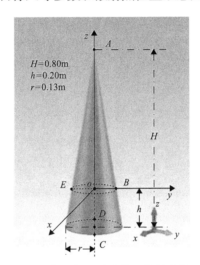

图 3.14　进动锥体目标尺寸参数和散射点位置示意图

由于目标为旋转对称，所以不考虑自旋的影响，可认为自旋角速度 $\Omega=0\mathrm{rad/s}$。在各组实验中，目标进动角速度 $\omega=2\pi\mathrm{rad/s}$，积累时间 $T=1\mathrm{s}$，其他参数如表 3.3 所示。

表 3.3　仿真实验参数表

实验	参数		
	载频/GHz	信噪比/dB	散射点
1	40	0	A，B，C
2	220	0	A，B，C
3	220	−3	A，B，C
4	340	0	A，B，C
5	340	0	A，B，C，D，E

各组实验的结果分别如图 3.15～图 3.19 所示。

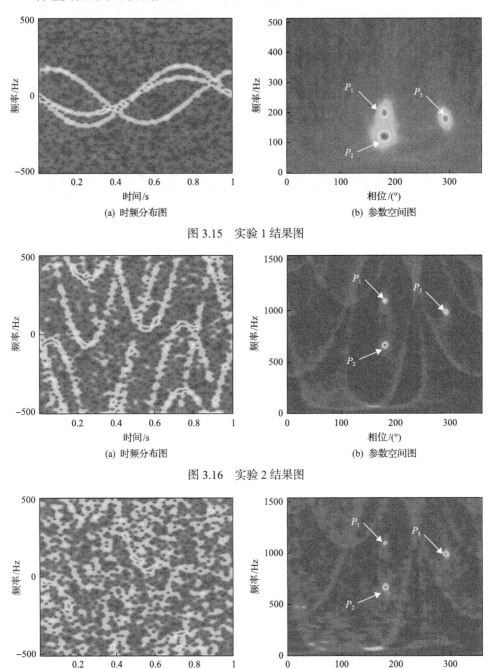

(a) 时频分布图　　　　　　　　(b) 参数空间图

图 3.15　实验 1 结果图

(a) 时频分布图　　　　　　　　(b) 参数空间图

图 3.16　实验 2 结果图

(a) 时频分布图　　　　　　　　(b) 参数空间图

图 3.17　实验 3 结果图

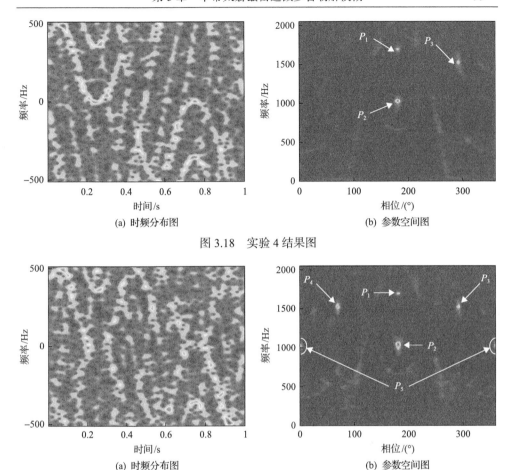

(a) 时频分布图　　　　　　　　　　　　(b) 参数空间图

图 3.18　实验 4 结果图

(a) 时频分布图　　　　　　　　　　　　(b) 参数空间图

图 3.19　实验 5 结果图

在每组仿真实验结果图中，图 (a) 为回波信号时频分布图，图 (b) 为匹配搜索后的参数空间图。参数空间中每一个特显点分别对应每一个散射点的时频分布曲线。提取参数空间中特显点的位置即可得到对应时频曲线的参数。五组实验的估计参数如表 3.4 所示，其微多普勒幅度和初始相位估计相对误差如图 3.20 所示。

表 3.4　五组实验的估计参数表

参数	实验	理论值	估计值
	1	199.3,120.9,180	200,121,180
	2	1096.3,664.8,987.8	1097,666,989
幅度	3	1096.3,664.8,987.8	1097,666,989
	4	1694.2,1027.5,1526.6	1693,1030,1525
	5	1694.2,1027.5,1526.6,1525.6,1027.5	1693,1022,1521,1525,1025

参数	实验	理论值	估计值
	1	180,180,292	181,181,293
	2	180,180,292	181,181,293
初相	3	180,180,292	181,181,293
	4	180,180,292	181,181,293
	5	180,180,292,68,0	181,181,293,70,1

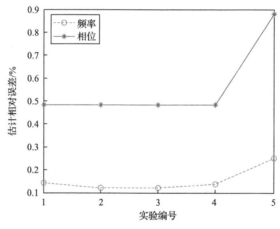

图 3.20　五次实验估计相对误差

2. 太赫兹吸波暗室测量实验

为了进一步验证本节算法的效果，采用 330GHz 雷达系统测量模拟进动弹头目标数据。弹头目标模型如图 3.21 所示。

图 3.21　弹头目标模型

进动弹头目标一维距离像序列如图 3.22 所示。现抽取点所在距离单元,图 3.23 给出了不混叠和混叠两种参数设置下锥顶散射的时频分布。

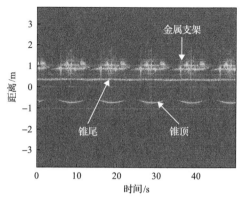

图 3.22　进动弹头目标一维距离像序列

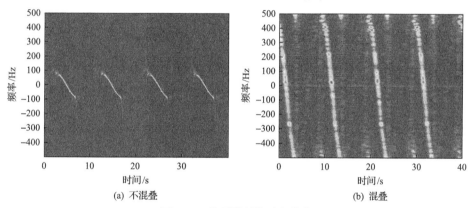

(a) 不混叠　　　　　　　　　　　　　(b) 混叠

图 3.23　锥顶散射的时频分布

图 3.24 给出了对图 3.23 所示两种情况分别进行模值 Hough 变换后的参数空

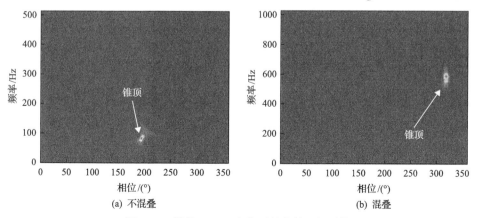

(a) 不混叠　　　　　　　　　　　　　(b) 混叠

图 3.24　模值 Hough 变换后的参数空间图像

间图像，从图中可以看出，模值 Hough 变换能够在参数空间实现正确聚焦，表明本节算法能够有效提取不混叠和混叠两种情况下的微动参数。

3.4 基于逆问题求解的解模糊重建

3.4.1 不模糊时频图重建的逆问题建模

根据 2.3 节的分析，微多普勒混叠由于 PRF 不满足奈奎斯特采样要求，微多普勒值超出不模糊频率范围 $(-PRF/2,PRF/2)$ 的部分经过 n 倍 PRF 的移动后出现在不模糊范围，所以时频混叠过程可以建模为真实微多普勒图像到混叠微多普勒图像的退化或降质过程，而根据混叠的微多普勒图像重建真实微多普勒图像可以建模为图像复原问题，这是一个典型的线性逆问题。以频率宽度为 PRF 划分子块，真实微多普勒时频图可建模为

$$\mathrm{TF} = (\mathrm{TF}_K^\mathrm{T}, \mathrm{TF}_{K-1}^\mathrm{T}, \cdots, \mathrm{TF}_0^\mathrm{T}, \cdots, \mathrm{TF}_{-K+1}^\mathrm{T}, \mathrm{TF}_{-K}^\mathrm{T})^\mathrm{T} \tag{3.8}$$

于是，混叠后的时频图可表示为

$$\mathrm{TF}_a = \sum_{-K}^{K} \mathrm{TF}_i \tag{3.9}$$

式中，TF 为不模糊时频图(待重建的真实时频图或理论时频图)，是 $(2K+1)N_f \times M_t$ 矩阵；K 为最大模糊数；TF_i 为 $N_f \times M_t$ 矩阵，由 TF 的第 $(K-i)N_f+1$ 至 $(K-i)N_f + N_f$ 行构成，为 TF 的子块；TF_a 为混叠以后的时频图，是 $N_f \times M_t$ 矩阵，N_f 为频率单元数，M_t 为时间点数。可见，混叠时频图由理论时频图移动和叠加而成。

将式(3.8)代入式(3.9)，可得

$$\mathrm{TF}_a = \left[I_{N_f \times N_f}, \cdots, I_{N_f \times N_f} \right]_{N_f \times (2K+1)N_f} \mathrm{TF} = A \times \mathrm{TF} \tag{3.10}$$

由于 $N_f < (2K+1)N_f$，式(3.10)为不定线性方程，所以混叠时频图为理论时频图的线性退化，$A = \left[I_{N_f \times N_f}, \cdots, I_{N_f \times N_f} \right]_{N_f \times (2K+1)N_f}$ 为混叠矩阵。对于矩阵 A，从第二行开始每一行都是上一行的循环右移，因此式(3.10)表示的退化过程也可以看作一个卷积过程，表明时频模糊实质上是一个频域的卷积模糊过程。此外，式(3.10)也可以看作一个压缩感知模型，也即混叠时频图可以建模为理论时频图的压缩感知，且压缩观测矩阵为 A。不模糊时频图重建即为压缩感知二维信号恢复/重构问题。

为了求解式 (3.10) 表示的线性逆问题，需要挖掘 TF 蕴含的低维或低秩先验信息。根据微动目标时频图的特点，理论时频分布 TF 由若干正弦曲线组成。根据 Radon 变换的性质，图像中的点经过 Radon 变换变成 Radon 变换域的正弦曲线，因此理论时频分布 TF 可建模为稀疏或低秩图像的 Radon 变换，式 (3.10) 可进一步表示为

$$\mathrm{TF}_a = A \times (R \cdot I) = A \times R_I \times I \tag{3.11}$$

式中，R 为 Radon 变换算子；I 为稀疏或低秩图像。由于 Radon 变换算子 R 为线性算子，Radon 变换可表示为矩阵 R_I 乘积的形式。此时，式 (3.11) 即为一个标准的压缩感知模型，A 为压缩观测矩阵，R_I 为稀疏表示矩阵。因此，不模糊时频图重建转化为压缩感知稀疏重构问题。考虑模型误差以及噪声的混叠模型可表示为

$$\mathrm{TF}_a = A \times R_I \times I + \varepsilon \tag{3.12}$$

式中，ε 为噪声。

3.4.2　不模糊时频重建算法

根据压缩感知理论，可通过求解以下优化问题重建真实的不模糊时频分布：

$$\min_I \left(\left\| \mathrm{TF}_a - A \times R_I \times I \right\|_2^2 + \lambda \left\| I \right\|_0 \right) \tag{3.13}$$

由于式 (3.13) 表示的是非凸的优化问题，直接求解计算复杂度高，所以出现了一系列低复杂度的算法，如著名的基追踪去噪算法、匹配追踪类算法等[9-13]。为了兼顾稀疏恢复性能和算法复杂度，以稀疏贝叶斯为代表的算法也得到了快速发展[14-17]。本节涉及的矩阵维数较高，因此采用匹配追踪类算法求解式 (3.13)，算法流程如下所示。

(1) 获得混叠时频分布 TF_a。

通过短时傅里叶变换或高分辨二次时频分析方法，获得高分辨的时频分布 TF_a，时频分辨越高，理论时频在变换域的稀疏性越好，求解效果越好。

(2) 确定强分量，更新支集。

确定观测矩阵 $A \times R_I$ 中与残差信号 r 相关性最大的列及其对应的列序号 I_k，即 $I_k = \arg\max\limits_{1 \leqslant n \leqslant (2K+1)^2 N^2} \left(\left| R_I^H A^H r \right| \right)$。新的支集更新为 $\Omega = \Omega \cup \{I_k\}$；$A^H r$ 为残差时频分布的时频拼接结果，R_I^H 为逆 Radon 变换，也即残差时频分布经过时频拼接、逆 Radon 变换，取强分量，得到图像支集更新结果。

(3)强分量参数精估计。

求解最小二乘估计：$\hat{\sigma}_k = \arg\min_{\sigma}\|\mathrm{TF}_a - A \times R_I \times \sigma\|_2$，其中 $(A \times R_I)_\Omega$ 是由 $A \times R_I$ 中序号为 Ω 的列组成的子矩阵。

(4)滤除强分量并更新残差时频分布。

更新残差信号：$r = \mathrm{TF}_a - (A \times R_I)_\Omega \hat{\sigma}_k$。

(5)判断停止条件是否得到满足。

若 $k = K$ 或 $\|r\|_2 \leqslant \Delta\varepsilon$，则停止迭代；若不满足，则令 $k = k + 1$，返回步骤(2)；若满足停止条件，则输出 $\hat{I}$ 以及重构的 $\hat{\mathrm{TF}} = (R \cdot \hat{I})$。

3.4.3　实验验证

1. 仿真实验

在仿真实验中，载频为 220GHz，脉冲重复频率为 1kHz，微动周期为 2s，观测时长为 3s。四个散射点的幅度分别为 0.16m、0.18m、0.22m 和 0.24m，对应的初始相位分别为 0°、20°、180°、200°，散射强度分别为 1、1.5、0.5 和 0.8。

图 3.25 为不模糊时频图重建结果，图 3.25(a)～(d)分别为第 1～4 次迭代的结果。第 1 次迭代前(图 3.25(a))，四个信号成分的时频图都发生了混叠，而且所有的时频图都混叠在一起(左图)，难以区分。经过第 1 次迭代滤除强分量后，残差信号的时频分布如图 3.25(b)左图所示。对比图 3.25(b)和图 3.25(a)的左图可以看出强分量滤除后的痕迹，此时图 3.25(b)左图的残差时频图实际上是剩余三个分量的混叠时频分布，第 2 次迭代后提取出的强分量(图 3.25(b)右图)，以及继续滤除该分量后的残差混叠时频分布(图 3.25(c)左图)，以此迭代循环，从第 4 次迭代时的残差时频分布(图 3.25(d)左图)中可清晰看见一个分量以及其他被滤除分量的痕迹，继续提取强分量，可得到第四个信号成分的参数(图 3.25(d)右图)。

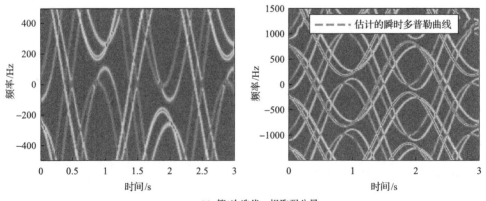

(a) 第1次迭代，提取强分量

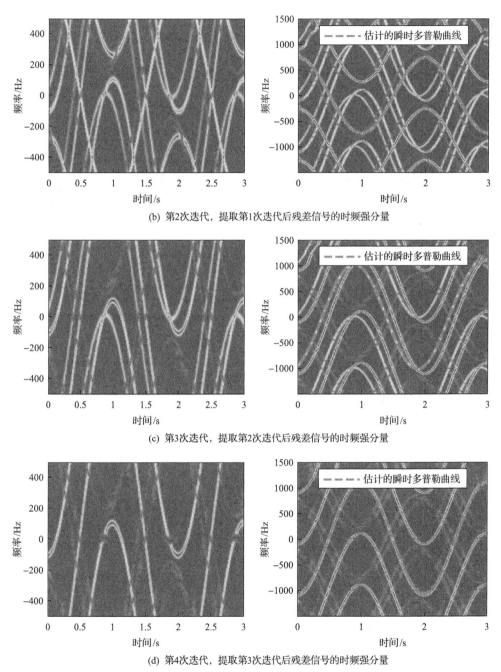

(b) 第2次迭代，提取第1次迭代后残差信号的时频强分量

(c) 第3次迭代，提取第2次迭代后残差信号的时频强分量

(d) 第4次迭代，提取第3次迭代后残差信号的时频强分量

图 3.25　不模糊时频图重建结果

图 3.26 是信噪比为 0dB 条件下不模糊时频图重建结果，其他实验参数与图 3.25 相同。由图 3.26 可见，重建时频分布与理论时频分布吻合很好，表明本节算法在信噪比为 0dB 条件下依然可以精确估计微动参数。

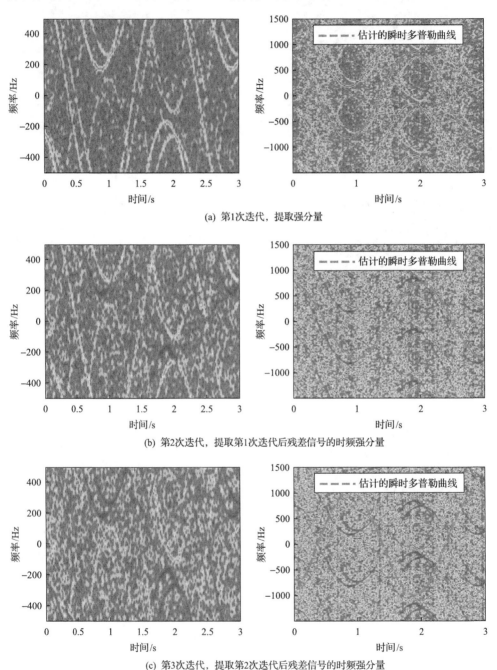

(a) 第1次迭代，提取强分量

(b) 第2次迭代，提取第1次迭代后残差信号的时频强分量

(c) 第3次迭代，提取第2次迭代后残差信号的时频强分量

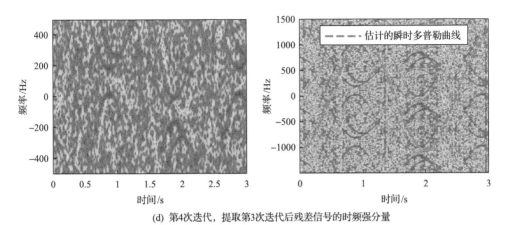

(d) 第4次迭代，提取第3次迭代后残差信号的时频强分量

图 3.26　不模糊时频图重建结果(信噪比为 0dB)

进一步，对算法的抗噪性进行分析和验证。信号的信噪比通常对参数估计性能具有较大影响。为了进行定量分析，设计一个蒙特卡罗仿真实验，统计 200 次实验结果。实验场景和参数与本次实验保持一致，信噪比从-10dB 到 5dB，仿真结果如图 3.27 所示。可以看出，由于信号或其时频分布的周期性受噪声影响较小，微动周期估计相对误差在信噪比-10～5dB 一直保持较低水平。微多普勒幅度和初始相位估计相对误差在信噪比大于-6dB 时始终保持在 10%以内，当信噪比在-6dB 以下时，由于噪声的影响，已经很难提取参数。因此，总体来说，不模糊时频重建算法在信噪比-6dB 以上情况下具有很好的性能，可以广泛应用于多种微动场景。

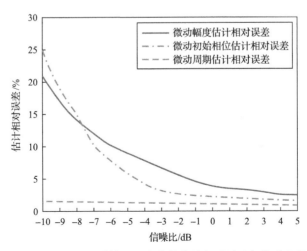

图 3.27　不模糊时频重建算法微多普勒估计相对误差与信噪比的关系

2. 太赫兹吸波暗室测量实验

为了对不模糊时频重建算法进行验证，本节利用载频为 220GHz、带宽为 12.8GHz 的雷达系统进行实验，雷达采用线性调频连续波体制。目标为两个旋转角反射器，可以视作点目标，旋转半径分别为 16cm 和 24cm。两组实验中目标转速分别为 20r/min 和 40r/min，对应旋转周期分别为 3s 和 1.5s。由于实验条件限制，每组实验中的目标都以某单一频率微动，实验场景如图 3.28 所示。在实验中，每个扫频周期内的采样点数 N=4096，雷达系统的扫频周期为 1ms，对应的等效 PRF 为 1000Hz。

图 3.29 和图 3.30 分别是转速为 20r/min 和 40r/min 旋转角反射器数据处理结果。图 3.29(a)为混叠的时频分布，图 3.29(b)由混叠的时频分布图拼接而成，此时完整的时频曲线处于中间，采用逆 Radon 变换并取峰值可以得到强散射分量。时频混叠会造成时频干扰，难以同时提取强分量和弱分量。在估计强分量之后，

图 3.28　微多普勒解模糊实验场景

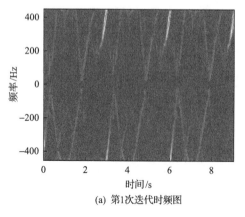

(a) 第1次迭代时频图

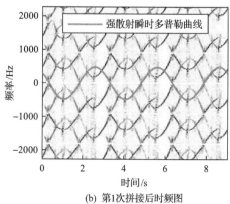

(b) 第1次拼接后时频图

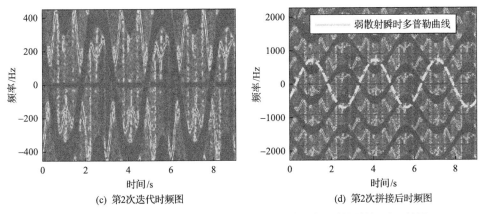

(c) 第2次迭代时频图   (d) 第2次拼接后时频图

图 3.29 不模糊时频重建算法转速为 20r/min 旋转角反射器数据处理结果

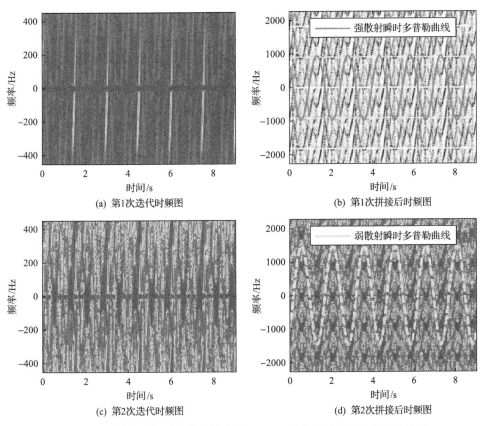

(a) 第1次迭代时频图   (b) 第1次拼接后时频图

(c) 第2次迭代时频图   (d) 第2次拼接后时频图

图 3.30 不模糊时频重建算法转速为 40r/min 旋转角反射器数据处理结果

使用其参数构造混频信号，通过混频、高通滤波滤除强分量，得到剩余成分信号，时频图如图 3.29(c)所示。将剩余成分信号的时频图进行第二次拼接，时频图如

图 3.29(d)所示。以此类推,估计出所有的信号成分。对于转速为 20r/min 的情形,两散射点的微动幅度估计值分别为 15.57cm 和 23.55cm,参数估计精度小于 3%。对于转速为 40r/min 的情形,两散射点的微动幅度估计值分别为 15.60cm 和 23.23cm,参数估计精度约为 3%。

3.5 基于相位解缠的解模糊

3.2～3.4 节介绍了三种仅利用窄带信息的微多普勒解模糊算法,这些方法的优点是性能优良,缺点是计算复杂度较高。本节提出一种低计算复杂度的基于相位解缠的微多普勒解模糊算法,其核心思想是将微多普勒解模糊问题转化为经典的相位解缠问题,通过相位解缠实现微多普勒解模糊,并通过仿真和实测数据验证该方法的有效性。

3.5.1 相位解缠模型

通过获取 $n\Delta t$(Δt 为脉冲重复时间间隔)时刻的时频峰值,可以估计瞬时频率(微多普勒):

$$\hat{f}_h(n\Delta t) = \arg\max_f \left\{ \left| \mathrm{STFT}_h(n\Delta t, f) \right| \right\} \tag{3.14}$$

式(3.14)为微多普勒估计器。式中,$\hat{f}_h(n\Delta t)$ 为 $n\Delta t$ 时刻的微多普勒估计值;h 为短时傅里叶变换窗函数;STFT 为短时傅里叶变换获得的时频分布,其表达式为

$$\mathrm{STFT}_h(n\Delta t, f) = \sum_{m=-h/2}^{h/2-1} x\big[(n+m)\Delta t\big]\exp(-\mathrm{j}2\pi f m\Delta t) \tag{3.15}$$

式中,$n \in \big[-N/2+h/2, \cdots, N/2-h/2\big)$。

对于发生微多普勒混叠的情况,$\hat{f}_h(n\Delta t)$ 并不是 $n\Delta t$ 时刻视在瞬时频率的估计值,而是该时刻视在瞬时频率对应混叠频率的估计值。根据微多普勒混叠规律,相邻时刻的微多普勒具有"连续性",对应的相位也具有"连续性",于是将微多普勒解模糊问题转化为相位解缠问题:

$$\hat{f}_h^u(n\Delta t) = \mathrm{unwrap}\left\{2\pi\hat{f}_h(n\Delta t)\Delta t\right\} / \Delta t \tag{3.16}$$

式(3.16)为微多普勒解模糊估计器。式中,$\mathrm{unwrap}\{\cdot\}$ 为相位解缠算子,其表达式为

$$\text{unwrap}\{\phi(n)\} = \phi(n-1) + \Delta W(n)$$

$$\Delta W(n) = \begin{cases} \Delta\phi + 2\pi, & \Delta\phi \leqslant -\pi \\ \Delta\phi - 2\pi, & \Delta\phi \geqslant \pi \\ \Delta\phi, & |\Delta\phi| < \pi \end{cases} \quad (3.17)$$

$$\Delta\phi = \phi(n) - \phi(n-1)$$

由于解缠过程存在整体平移模糊，解平移模糊后瞬时频率解缠估计为

$$\tilde{\hat{f}}_h(n\Delta t) = \hat{f}_h^u(n\Delta t) + d_{\text{opt}} \times \text{PRF} \quad (3.18)$$

$$d_{\text{opt}} = \arg\max_{d \in [-D,D]} \sum_n \left| \hat{f}_h(n\Delta t) - \left[\hat{f}_h^u(n\Delta t) + d \times \text{PRF} \right] \right| \quad (3.19)$$

式中，$\tilde{\hat{f}}_h(n\Delta t)$ 为解模糊后的微多普勒；PRF 为脉冲重复频率；D 为根据先验知识选择的正整数，若无法准确获得相关先验，则在求解过程中通过优化式 (3.19) 估计 D。

3.5.2 解模糊算法

瞬时频率估计精度受时频分析方法的限制，因此 3.5.1 节只能获得瞬时频率粗估计，为了进一步提高微动参数估计精度，需要采用精估计策略。基于相位解缠的微多普勒解模糊算法主要包括粗估计和精估计两个过程，算法流程如图 3.31 所示。

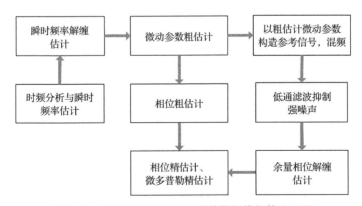

图 3.31 基于相位解缠的微多普勒解模糊算法流程

1. 微动参数粗估计

依据式 (3.14)～式 (3.19)，可以获得微多普勒解模糊估计结果，对于正弦调制类微动信号：

$$s(t) = A \exp\left[ja \sin(\omega \cdot n\Delta t + \theta)\right] \tag{3.20}$$

式中，a、ω、θ 分别为微动幅度、频率以及初始相位。对应的微多普勒为

$$f(n\Delta t) = \frac{ab \cos(\omega \cdot n\Delta t + \theta)}{2\pi} \tag{3.21}$$

采用 3.5.1 节获得的不模糊微多普勒估计结果 $\tilde{f}_h(n\Delta t)$（式(3.18)）以及式(3.21)，基于傅里叶谱分析方法即可获得 a、ω、θ 三个微动参数的粗估计结果 $\hat{a}_h$、$\hat{\omega}_h$、$\hat{\theta}_h$。

2. 微动参数精估计

基于相位解缠的微动参数精估计主要包括以下四个过程。

1）混频

采用粗估计结果构造参考信号，并对原信号进行混频，以降低信号的相位起伏。参考信号为

$$\exp\left[j\hat{a}_h \sin\left(\hat{\omega}_h \cdot n\Delta t + \hat{\theta}_h\right)\right] \tag{3.22}$$

混频后的信号为

$$\tilde{s}_h(n) = s(n) \exp\left[-j\hat{a}_h \sin\left(\hat{\omega}_h \cdot n\Delta t + \hat{\theta}_h\right)\right] \tag{3.23}$$

由式(3.23)可以看出，由于粗估计结果接近真实值，所以混频后的信号为低频信号。

2）滤波

由于混频后的信号(3.23)为低通信号，所以采用低通滤波可以抑制强噪声，信号经低通滤波为

$$\check{s}_h(n) = \frac{1}{L} \sum_{l=-(L-1)/2}^{(L-1)/2} \tilde{s}_h(n+l) \tag{3.24}$$

3）相位解缠

高频振荡信号(3.20)经过混频（式(3.23)）变成低通信号，又经低通滤波（式(3.24)）抑制强噪声，为余量相位解缠估计创造了条件，余量相位解缠估计为

$$\Delta \hat{\phi}_h(n) = \mathrm{unwrap}\left\{\mathrm{angle}[\check{s}_h(n)]\right\} \tag{3.25}$$

4）相位、微多普勒频率、微动参数精估计

精估计相位包括粗估计得到的相位和解缠得到的余量相位：

$$\overline{\dot{\phi}}_h(n) = \hat{a}_h \sin(\hat{\omega}_h \cdot n\Delta t + \hat{\theta}_h) + \Delta\dot{\phi}_h(n) \tag{3.26}$$

对应的微多普勒精估计为

$$\overline{\hat{f}}(n\Delta t) = \hat{a}_h \hat{\omega}_h \cos(\hat{\omega}_h \cdot n\Delta t + \hat{\theta}_h)/(2\pi) + \mathrm{d}\Delta\dot{\phi}_h(n)/\mathrm{d}n/(2\pi) \tag{3.27}$$

基于式(3.26)和式(3.27)，采用傅里叶谱分析方法即可获得 a、b、c 三个微动参数的更新估计结果 $\hat{a}_h^{(1)}$、$\hat{b}_h^{(1)}$、$\hat{c}_h^{(1)}$，重复精估计过程 G 次，可以获得微动参数精估计结果。对于最优窗函数选择，求解以下优化模型：

$$\hat{h} = \arg\max_h \left| \sum_n s(n)\exp\left[-\mathrm{j}\overline{\phi}_h(n)\right] \right| \tag{3.28}$$

综上，微动参数估计结果为 $\hat{a}_{\hat{h}}^{(G)}$、$\hat{\omega}_{\hat{h}}^{(G)}$、$\hat{\theta}_{\hat{h}}^{(G)}$。

3.5.3　实验验证

1. 仿真实验

在仿真实验中，载频为 220GHz，脉冲重复频率为 1kHz，微动周期为 1s，观测时长为 4s，散射点的幅度为 0.24m，初始相位为 0°，散射强度均为 1。

图 3.32 为相位解缠微多普勒解模糊结果。左图为混叠的时频分布，右图给出了基于左图的瞬时频率估计结果以及瞬时频率解模糊估计结果。从图中可以看出，所提方法能够有效解缠微多普勒解模糊。图 3.33 为 2dB 信噪比条件下的结果，从图中可以看出所提方法仍然能够有效解缠微多普勒解模糊。值得一提的是，该方法的计算复杂度低，主要计算量来自时频分析。图 3.34 为 200 次蒙特卡罗实验得到的微动参数估计性能与信噪比的关系，从图中可以看出，当信噪比高于 0dB 时，相位解缠微多普勒解模糊算法的微动参数估计相对误差小于 5%。

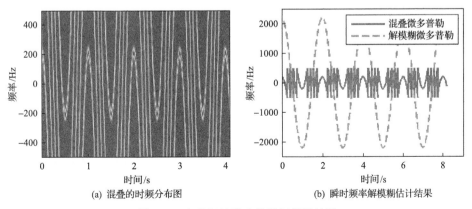

(a) 混叠的时频分布图　　　　　　　　(b) 瞬时频率解模糊估计结果

图 3.32　相位解缠微多普勒解模糊结果

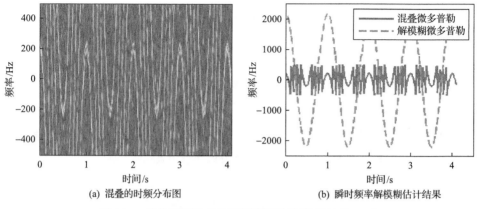

(a) 混叠的时频分布图　　　　　　　　　(b) 瞬时频率解模糊估计结果

图 3.33　相位解缠微多普勒解模糊结果(信噪比为 2dB)

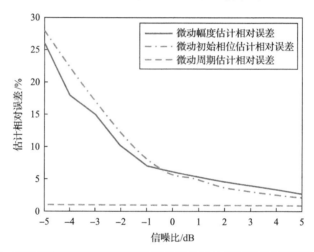

图 3.34　基于相位解缠的解模糊算法微多普勒估计相对误差与信噪比的关系

2. 太赫兹吸波暗室测量实验

图 3.35～图 3.37 分别给出了转速为 20r/min、40r/min 和 60r/min 旋转角反射器数据处理结果，左图为混叠的时频分布，右图给出了混叠瞬时频率估计结果及基于混叠瞬时频率的解模糊结果。从图中可以看出，该方法不需要宽带信息就可以准确解多普勒模糊。以解模糊结果作为粗估计，构造混频信号并对源信号进行实时混频、低通和相位解缠精估计，可以进一步提高参数估计精度。对于转速为 20r/min 的情形，微动周期估计值为 3.0157s，微动幅度估计值为 24.0383cm，估计精度小于 1%。对于转速为 40r/min 的情形，微动周期估计值为 1.5018s，微动幅度估计值为 24.0405cm，估计精度小于 1%。对于转速为 60r/min 的情形，微动周期估计值为 0.991s，微动幅度估计值为 23.2608cm，估计精度不低于 3%。

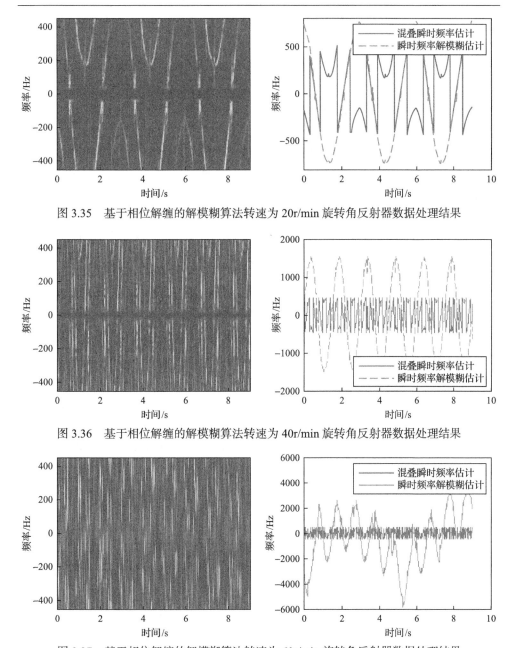

图 3.35　基于相位解缠的解模糊算法转速为 20r/min 旋转角反射器数据处理结果

图 3.36　基于相位解缠的解模糊算法转速为 40r/min 旋转角反射器数据处理结果

图 3.37　基于相位解缠的解模糊算法转速为 60r/min 旋转角反射器数据处理结果

3.6　本　章　小　结

目前，传统微波频段的雷达目标微动特征提取研究已经比较成熟。然而，太赫兹雷达常见的微多普勒混叠现象使得传统微动特征提取算法失效。本章针对这一问题，提出了四种适合窄带体制的微多普勒解模糊算法。基于时频拼接的微多普勒解模糊算法适合小角度进动、微多普勒曲线满足正弦调制的情形，计算复杂度低、参数估计性能好。基于模值 Hough 变换的混叠微动参数提取算法，适合微多普勒为任意调制规律的情形（前提是能够建模），但是算法基于参数匹配搜索的思想，计算复杂度较高。基于逆问题求解的微多普勒解模糊重建方法，为微多普勒解模糊提供了新的视角，利用混叠多普勒图像与实际多普勒图像的关系，将多普勒混叠过程建模为图像降秩过程。因此，实际微多普勒图像的重建可建模为图像复原这一逆问题的求解问题，利用变换域先验信息进行求解。该方法能够重构微动目标在太赫兹雷达上产生的实际的微多普勒，参数估计精度高。基于相位解缠的方法的优势是计算复杂度低、参数估计精度较高，不足之处是，直接利用相位解缠方法只能处理单分量或单个强分量的情形。对于多分量信号，需要与信号分解或分离方法配合使用。

参 考 文 献

[1] 鄢宏华, 傅雄军, 栗苹, 等. 基于逆 Radon 变换的多散射点微动检测与测量[J]. 北京理工大学学报, 2012, 32(5): 526-530, 539.

[2] Yang Q, Deng B, Wang H Q, et al. Doppler aliasing free micro-motion parameter estimation algorithm based on the spliced time-frequency image and inverse Radon transform[C]. 2014 International Conference on Information and Communications Technologies, Nanjing, 2014.

[3] Sun Z, Li B, Lu Y. Research on micro-motion and micro-Doppler of ballistic targets[C]. 2009 IET International Radar Conference, Guilin, 2009.

[4] 刘德刚, 余旭初, 张鹏强. 基于广义 Hough 变换的不规则形状目标提取算法[J]. 测绘学院学报, 2005, 22(2): 125-127.

[5] 汤亚波, 王希强, 徐守时. 一种基于广义Hough变换的遥感图像船舶横波自动检测与速度估计方法[J]. 国防科技大学学报, 2006, 28(1): 43-47.

[6] 姚立健, 丁为民, 赵三琴, 等. 广义 Hough 变换在遮挡图像识别中的应用[J]. 农业工程学报, 2008, 24(12): 97-101.

[7] 艾小锋, 邹小海, 李永祯, 等. 基于时间-距离像分布的锥体目标进动与结构特征提取[J]. 电子与信息学报, 2011, 33(9): 2083-2088.

[8] Yang Q, Deng B, Wang H, et al. A Doppler aliasing free micro-motion parameter estimation method in the terahertz band[J]. EURASIP Journal on Wireless Communications and Networking, 2017, (1): 61.

[9] 邵然, 沈军. 二维逐步正交匹配追踪算法[J]. 计算机工程与应用, 2020, 56: 209-215.

[10] 孙林慧, 杨震. 基于自适应基追踪去噪的含噪语音压缩感知[J]. 南京邮电大学学报（自然

科学版), 2011, 31: 1-6.

[11] 吴梦行, 伍飞云, 杨坤德, 等. 改进的稀疏度自适应多路径匹配追踪算法[J]. 哈尔滨工程大学学报, 2021, 42: 1611-1617.

[12] 宇哲伦, 杨帆, 曾璇. 基追踪去噪的高效向量匹配算法[J]. 复旦学报(自然科学版), 2016, 55: 425-430, 441.

[13] 张旭, 徐永海, 秦本双, 等. 基于正交匹配追踪算法的谐波源定位方法[J]. 电测与仪表, 2021, 58: 44-51.

[14] Pan T, Wu C, Chen Q. Sparse reconstruction using block sparse Bayesian learning with fast marginalized likelihood maximization for near-infrared spectroscopy[J]. IEEE Transactions on Instrumentation and Measurement, 2022, 71: 1-10.

[15] Sandhu R, Khalil M, Pettit C, et al. Nonlinear sparse Bayesian learning for physics-based models[J]. Journal of Computational Physics, 2021, 426: 109728.

[16] 陈兵飞, 江兵兵, 周熙人, 等. 基于稀疏贝叶斯的流形学习[J]. 电子学报, 2018, 46(1): 98-103.

[17] 董道广, 芮国胜, 田文飚, 等. 基于稀疏贝叶斯学习的时域流信号鲁棒动态压缩感知算法[J]. 电子学报, 2020, 48: 990-996.

第4章 宽带太赫兹雷达微多普勒解模糊

4.1 引　言

第 3 章对窄带情况下的太赫兹频段微多普勒解模糊进行了讨论，所提方法适用于大多数窄带探测跟踪场景，但是对于太赫兹雷达，其重要特点是大带宽信号带来的距离像高分辨[1-3]。对于高分辨宽带成像雷达系统，微多普勒模糊有新的处理方法，可以在发挥太赫兹频段距离高分辨优势的基础上，实现微多普勒解模糊，并准确获取微动参数。

针对宽带太赫兹雷达的微多普勒模糊问题，4.2 节提出基于脉内干涉的微多普勒解模糊算法。该算法充分利用宽带回波带宽内多个采样点的数据进行干涉处理，在实现微多普勒模糊分辨的同时，有效抑制交叉项的影响，利用太赫兹雷达系统对旋转目标进行实验验证，并分析算法性能。然而，脉内干涉处理方法的本质是一种降分辨处理，牺牲了一定的分辨能力，针对这一缺点，4.3 节提出一种基于联合幅度-相位调制的微多普勒解模糊算法，充分发挥太赫兹频段高距离分辨优势，可以在不牺牲微多普勒精度的同时实现解模糊处理。4.4 节对本章内容进行总结。

4.2　基于脉内干涉的微多普勒解模糊

目标微动带来的微多普勒是目标探测与识别的重要特征之一。然而，由于太赫兹频段的微多普勒敏感性，同一微动目标在太赫兹频段的微多普勒值数倍甚至数十倍于其在传统微波频段的微多普勒值，进而带来微多普勒模糊问题，表现在时频域即为时频分布图的混叠[4, 5]。针对这一问题，本节提出一种基于脉内干涉的太赫兹雷达微多普勒解模糊算法，其核心在于将 dechirp 接收的宽带回波信号看作若干个单频回波，并对其进行干涉处理，以缩小微多普勒值来防止模糊。本节通过实验验证该算法的有效性，并进行算法性能分析，给出回波信噪比与参数估计相对误差的关系曲线。

4.2.1　算法原理

1. 微动目标回波模型

由于本节算法针对的是宽带太赫兹雷达系统，其信号体制一般为 LFM 或线性 FMCW，发射信号的表达式为

$$s(\hat{t}, t_m) = \text{rect}\left(\frac{\hat{t}}{T_p}\right)\exp\left[\text{j}2\pi\left(f_c t + \frac{1}{2}\gamma\hat{t}^2\right)\right] \tag{4.1}$$

式中，$\hat{t}$ 和 t_m 分别为距离快时间和方位慢时间；T_p 为 LFM 体制中的脉宽或 FMCW 体制中的扫频周期；f_c 为雷达载频；γ 为信号调频率。

典型的微动形式包括旋转、进动、振动等，当不考虑目标与雷达之间的平动时，其在雷达视线上的投影一般可以简化为简谐运动[6]。因此，对一个包含 K 个散射中心的微动目标，其运动模型可写为

$$R_k = R_0 + a_k\sin(\omega_k t_m + \varphi_k), \quad k = 1, 2, \cdots, K \tag{4.2}$$

式中，a_k、ω_k 和 φ_k 分别为第 k 个散射中心的微动幅度、微动角速度和初始相位；R_0 为目标和雷达之间的初始距离。因此，该微动目标的回波信号可表示为

$$s_r(\hat{t}, t_m) = \sum_{k=1}^{K}\text{rect}\left(\frac{t - 2R_k/c}{T_p}\right)\exp\left\{\text{j}2\pi\left[f_c\left(t - \frac{2R_k}{c}\right) + \frac{1}{2}\gamma\left(\hat{t} - \frac{2R_k}{c}\right)^2\right]\right\} \tag{4.3}$$

式中，c 为真空中的光速。根据多普勒定义，每个散射中心的微多普勒表达式为

$$f_{dk} = \frac{2\omega_k f_c a_k}{c}\cos(\omega_k t_m + \varphi_k), \quad k = 1, 2, \cdots, K \tag{4.4}$$

可以看出，微动目标上每个微动散射中心的微多普勒值都是正弦调制的，且其最大微多普勒值取决于信号载频、微动幅度以及微动角速度。也就是说，在同一运动情况下，太赫兹频段的微多普勒值要远大于传统微波频段的微多普勒值，带来的好处是，多普勒敏感性使得原本在微波频段不易观测或不易分离的目标在太赫兹频段易于观测和分离。但是，多普勒敏感性也会使得原本在微波频段能够观测和分离的微动目标发生微多普勒模糊，例如，某系统的 PRF 为 1000Hz，当某个微动散射中心的最大微多普勒值在 10GHz 载频下为 100Hz 时，其微多普勒不会发生模糊；而当载频为 220GHz 时，其最大微多普勒值可达 2200Hz，这将远远超出其不模糊范围 $[-\text{PRF}/2, \text{PRF}/2]$。式 (4.4) 再一次印证了太赫兹频段的微多普勒敏感性，这种敏感性对微多普勒精细分辨具有十分重要的意义，但是 PRF 的不足也往往带来微多普勒模糊问题。

在信号接收和数据采集方面，由于太赫兹雷达收发都是大时宽带宽积信号，根据奈奎斯特采样定理，如果直接进行采样和处理，对硬件要求比较高。因此，在实际中经常采用 dechirp 接收体制，即将回波信号与参考信号进行混频以降低系统采集和处理的难度[7, 8]。这时一般需要以目标附近某一参考距离 R_{ref} 处的强散射中心回波为参考信号，其表达式为

$$s_{\text{ref}}(\hat{t}, t_m) = \text{rect}\left(\frac{t - 2R_{\text{ref}}/c}{T_p}\right) \exp\left\{ j2\pi\left[f_c\left(t - \frac{2R_{\text{ref}}}{c}\right) + \frac{1}{2}\gamma\left(\hat{t} - \frac{2R_{\text{ref}}}{c}\right)^2 \right] \right\} \tag{4.5}$$

dechirp 接收后的中频信号为

$$
\begin{aligned}
s_{\text{if}}(\hat{t}, t_m) &= s_r(\hat{t}, t_m) \cdot s_{\text{ref}}^*(\hat{t}, t_m) \\
&= \sum_{k=1}^{K} \text{rect}\left(\frac{\hat{t} - 2R_k/c}{T_p}\right) \exp\left[-j\frac{4\pi}{c}\gamma\left(\hat{t} - \frac{2R_{\text{ref}}}{c}\right)R_{\Delta k} - j\frac{4\pi}{c}f_c R_{\Delta k} + j\frac{4\pi}{c^2}R_{\Delta k}^2 \right]
\end{aligned}
\tag{4.6}
$$

式中，$R_\Delta = R_k - R_{\text{ref}}$（$R_{\text{ref}}$ 一般设置为 R_0）。式 (4.6) 的最后两个相位项分别为残余视频相位 (residual video phase, RVP) 和包络斜置项。距离像序列一般为若干主瓣很窄的 sinc 函数形式，因此这两项都是比较容易进行补偿的。通过相位补偿，式 (4.6) 可写为

$$s_{\text{if}}(\hat{t}, t_m) = \sum_{k=1}^{K} \text{rect}\left(\frac{\hat{t} - 2R_k/c}{T_p}\right) \exp\left[-j\frac{4\pi}{c}\gamma\left(\hat{t} - \frac{2R_{\text{ref}}}{c}\right) a_k \sin(\omega_k t_m + \varphi_k) \right] \tag{4.7}$$

2. 脉内干涉算法

若将式 (4.7) 的回波信号写成矩阵形式，则矩阵的列代表随慢时间变化的脉冲数，矩阵的行代表随快时间变化的每个脉冲或每个扫频周期内的采样点[9]。在这种方式下，回波矩阵的每一行可以看作一个单频雷达系统的回波，即

$$s_i(t) = \sum_{k=1}^{K} \exp\left[-j\frac{4\pi\gamma\hat{t}_i a_k}{c}\sin(\omega_k t + \varphi_k) \right], \quad i = 1, 2, \cdots, N; k = 1, 2, \cdots, K \tag{4.8}$$

式中，N 为一个脉冲或一个扫频周期内的采样点数；$\hat{t}_i$ 为第 i 个采样时刻。回波矩阵第 i 行对应的等效载频 f_i 为

$$f_i = f_c - \frac{B}{2} + \gamma\hat{t}_i \in \left[f_c - \frac{B}{2}, f_c + \frac{B}{2} \right] \tag{4.9}$$

式中，B 为信号带宽。为了实现微多普勒解模糊，对回波矩阵的第 i 行和第 j 行进行共轭相乘，得到了一个新的信号矢量，即

$$
\begin{aligned}
s_{i,j}(t) = s_i(t) \cdot s_j^*(t) &= \sum_{k=1}^{K} \exp\left[-j\frac{4\pi\gamma(\hat{t}_i - \hat{t}_j)a_k}{c}\sin(\omega_k t + \varphi_k) \right] \\
&+ \sum_{\substack{m=1,2,\cdots,K \\ n=1,2,\cdots,K \\ m \neq n}} \exp\left\{ -j\frac{4\pi\gamma}{c}\left[a_m\hat{t}_i\sin(\omega_m t + \varphi_m) - a_n\hat{t}_j\sin(\omega_n t + \varphi_n) \right] \right\}
\end{aligned}
\tag{4.10}
$$

由式(4.10)可以明显看出，微动散射中心的微多普勒信息包含在前面 K 个相位项中，其余相位项则为交叉项干扰相位。为了抑制交叉项干扰，首先设 $i=1,2,\cdots,N/2$，$j=N/2+1,N/2+2,\cdots,N$，然后分别将回波矩阵的第 i 行和第 j 行进行共轭相乘以获得共计 $N/2$ 个信号矢量，最后将其累加得到新的信号 $s(t)$：

$$
\begin{aligned}
s(t) &\approx \sum_{i=1}^{N/2}\sum_{k=1}^{K}\exp\left[-\mathrm{j}\frac{4\pi\gamma(\hat{t}_i-\hat{t}_{i+N/2})a_k}{c}\sin(\omega_k t+\varphi_k)\right] \\
&= \frac{N}{2}\sum_{k=1}^{K}\exp\left[-\mathrm{j}\frac{2\pi B a_k}{c}\sin(\omega_k t+\varphi_k)\right]
\end{aligned}
\tag{4.11}
$$

至此，通过式(4.11)可以看出，微动目标上每个散射中心的微多普勒分布可以通过对信号 $s(t)$ 进行时频分析得到，且经过脉内干涉处理的微多普勒理论表达式为

$$
f_{dk}' = \frac{\omega_k B a_k}{c}\cos(\omega_k t_m+\varphi_k),\quad k=1,2,\cdots,K
\tag{4.12}
$$

与式(4.4)中的微多普勒表达式相比，脉内干涉处理将原公式中的载频 f_c 变成等效值 $\tilde{f}=B/2$。也就是说，微动目标的微多普勒值统一缩小了 $B/2f_c$，这个数值在很多应用中足以使得微多普勒不发生模糊。基于脉内干涉的微多普勒解模糊算法原理如图 4.1 所示。

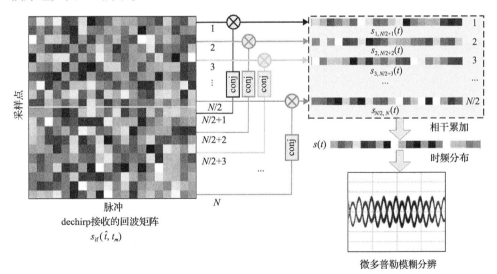

图 4.1　基于脉内干涉的微多普勒解模糊算法原理

通过分析可知，基于脉内干涉的微多普勒解模糊算法的本质是利用宽带回波不同频点进行干涉来缩小其等效微多普勒值以防止模糊，而本节提供的只是其中

一种干涉方案。微多普勒表达式中的 f_c，在脉内干涉处理后变为其等效值 $\tilde{f}$。其中，$\tilde{f}$ 为进行干涉的若干频段之间的频率差。$\tilde{f}$ 的最小值可为 B/N，也就是相邻两行进行干涉并相干累加，这时微多普勒值缩小了 B/Nf_c；$\tilde{f}$ 的最大值可为 B，也就是第一个回波矩阵第一行和最后一行进行干涉，这时微多普勒值缩小了 B/f_c，但是这种情况下参与相干累加的信号矢量只有一组，交叉项干扰较大。因此，本质上本节算法可以有多种实现方法和参数组合，而在实际处理中，需要根据雷达载频、目标运动、信噪比等信息综合选择干涉方案，在保证解模糊效果的同时尽量提高算法抵抗交叉项干扰的能力。此外，本节算法的最大微多普勒缩小了 B/Nf_c，该缩小值可以满足太赫兹频段绝大多数应用场景。但是不排除存在微多普勒模糊极为严重的情况，其微多普勒值通过脉内干涉处理缩小了 B/Nf_c 之后依然存在模糊，这时可以根据实际情况进行二次干涉处理以达到解模糊分辨的目的。

4.2.2 实验验证

为了对本节算法进行验证，这里利用载频为 220GHz、带宽为 12.8GHz 的雷达系统进行实验，雷达采用线性调频连续波体制。目标为两个旋转角反射器，可以视作点目标，旋转半径分别为 16cm 和 24cm。三组实验中目标转速分别为 20r/min、40r/min 和 60r/min，对应旋转周期分别为 3s、1.5s 和 1s。需要指出的是，本节算法的核心是将目标微多普勒值缩小了 $\tilde{f}/f_c$ 以避免发生模糊，与目标微动频率无关，因此本节算法完全适用于变速微动目标。但是受实验条件限制，每组实验中的目标都以某单一频率微动，实验场景与第 3 章一致。

在实验中，每个扫频周期内的采样点数 $N=4096$，雷达系统的扫频周期为 1ms，对应的等效 PRF 为 1000Hz。在这样的设置下，根据本节干涉方案，采样点 1 将与采样点 2049 进行干涉，采样点 2 将与采样点 2050 进行干涉，以此类推得到共计 2048 个信号矢量，将其进行累加，则脉内干涉处理后的等效载频 $\tilde{f}=B/2$，此时微多普勒缩小倍数为

$$\frac{f_c}{\tilde{f}} = \frac{2f_c}{B} = 34.375 \tag{4.13}$$

由于 RSPWVD 具有较高的时频分辨率，且交叉项干扰较小，所以本节实验中采用 RSPWVD 作为时频分析工具。旋转角反射器解模糊前后的时频分布如图 4.2～图 4.4 所示。从图中可以明显看出，220GHz 下旋转角反射器的微多普勒是严重模糊的，通过本节算法将其缩小 $2f_c/B$ 之后，时频图中旋转微多普勒曲线的正弦调制清晰可见，这将为微动参数的提取带来极大便利。例如，可以通过时域自相关算法提取微动周期[10]，通过逆 Radon 变换提取微动幅度等信息。本节实验中解模糊之后分别进行微动周期估计和微动参数估计，结果如图 4.5 和图 4.6 所示。

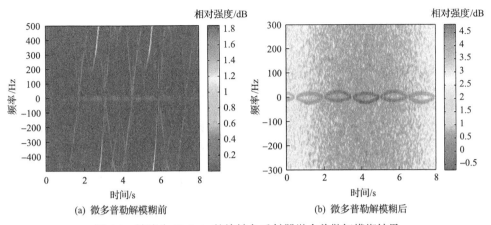

(a) 微多普勒解模糊前　　　　　　　　　　(b) 微多普勒解模糊后

图 4.2　转速为 20r/min 的旋转角反射器微多普勒解模糊结果

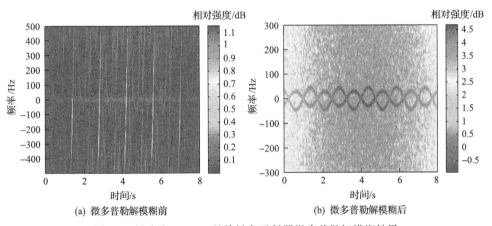

(a) 微多普勒解模糊前　　　　　　　　　　(b) 微多普勒解模糊后

图 4.3　转速为 40r/min 的旋转角反射器微多普勒解模糊结果

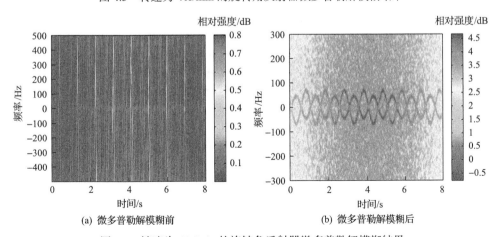

(a) 微多普勒解模糊前　　　　　　　　　　(b) 微多普勒解模糊后

图 4.4　转速为 60r/min 的旋转角反射器微多普勒解模糊结果

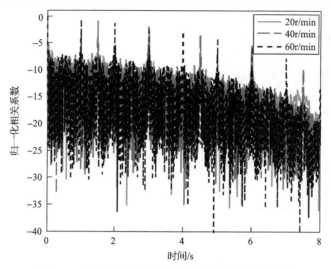

图 4.5　基于时域自相关算法的微动周期估计结果

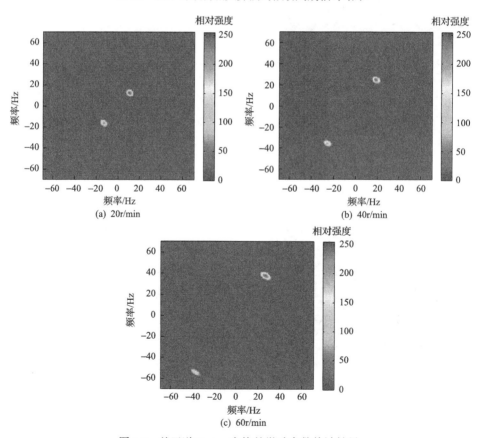

图 4.6　基于逆 Radon 变换的微动参数估计结果

为了进一步验证本节算法的实用性，这里采用同一套雷达系统对进动弹头目标进行实验，弹头进动角速度为 πrad/s。由微动参数和弹体尺寸粗略估计可知，弹顶的最大微多普勒值约为 1000Hz，超过了不模糊范围，其时频分布如图 4.7(a) 所示。根据之前的分析，在此参数下，脉内干涉解模糊的微多普勒缩小范围在 $[B/Nf_c, B/f_c]$，即 17～70400。如果采用如图 4.1 所示的干涉方案，其微多普勒缩小倍数为 $2f_c/B \approx 34$，则解模糊后的最大微多普勒值为十几赫兹。由于微多普勒值过小也不利于精确的参数估计，人们希望微多普勒值在不模糊的范围内适当大一点，这样既可以避免模糊的影响，又有利于参数估计。因此，针对该弹顶实测数据，令每个脉冲内部的第一个采样点分别与最后一个采样点进行干涉，此时的微多普勒缩小倍数最小，解模糊效果如图 4.7(b) 所示。可以看出，通过脉内干涉处理，微多普勒模糊问题得到了解决，但是在此实验的干涉方案中参与相干累加的信号矢量只有一组，交叉项干扰较大，好在交叉项干扰并非正弦调制形式，对于微动参数估计的影响不是很大。估计得到的微动周期为 2s，解模糊后微多普勒值为 61.25Hz，换算到解模糊前的值为 1052.7Hz，与实际值吻合较好。

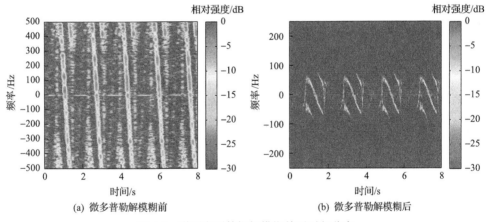

(a) 微多普勒解模糊前　　　　　　　　　(b) 微多普勒解模糊后

图 4.7　弹顶实测数据解模糊前后时频分布

4.2.3　性能分析

为了分析本节算法的性能，这里首先对三组实验中旋转半径为 24cm 的角反射器进行数值分析，其理论微多普勒值、解模糊后微多普勒值、估计微多普勒值及估计相对误差分别如表 4.1 所示。可以看出，通过本节算法处理之后，用常规方法进行参数估计即可得到较高的精度，三组实验的估计相对误差均小于 4%，验证了本节算法的性能。

表 4.1　旋转半径为 24cm 的角反射器解模糊参数对比

参数	转速		
	20r/min	40r/min	60r/min
理论微多普勒值/Hz	742.59	1485.18	2227.77
解模糊后微多普勒值/Hz	21.45	42.89	64.34
估计微多普勒值/Hz	22.10	44.47	66.58
估计相对误差/%	3.03	3.68	3.48

　　此外，作者对本节算法的抗噪性进行了分析和验证。信噪比通常对参数估计性能具有较大影响。然而，由于本节算法在解模糊中采用了相干累加，在参数估计中采用的是时域自相关算法、逆 Radon 变换等，这些方法都可以看作一个相干累加/积分的过程，所以本节算法具有良好的抗噪性能。为了对其进行定量分析，本节设计一个蒙特卡罗仿真实验。实验场景和参数基本与 4.2.2 节保持一致，即设置两个点目标，旋转半径分别为 16cm 和 24cm，仿真载频为 220GHz，信噪比为 −30～0dB，仿真结果如图 4.8 所示。可以看出，由于信号或其时频分布的周期性受噪声影响较小，微动周期估计相对误差在信噪比为 −30～0dB 时一直保持较低水平。微多普勒幅度和初始相位估计相对误差在信噪比大于 −17dB 时始终保持在 5%以内，当信噪比在 −17dB 以下时，由于噪声的影响，已经很难提取参数。因此，总体来说，本节算法在 −17dB 信噪比以上的情况下，具有很好的性能，可以广泛应用于多种微动场景。

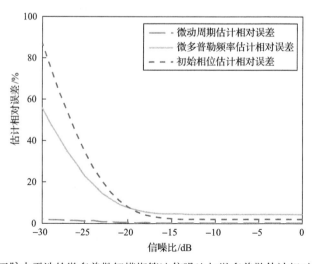

图 4.8　基于脉内干涉的微多普勒解模糊算法信噪比与微多普勒估计相对误差的关系

4.3　基于联合幅度-相位调制的微多普勒解模糊

基于脉内干涉的微多普勒解模糊算法能够实现宽带条件下的微多普勒解模糊,具有解模糊性能好且计算复杂度低等优势。然而,该算法本质上是将高载频退化为低载频,进而避免了高载频带来的混叠问题,但也丢失了太赫兹微多普勒敏感性这一优势。本节提出的基于联合幅度-相位调制的微多普勒解模糊算法能够充分利用这一优势,有望真正提高微多普勒以及微动参数提取性能。

4.3.1　算法原理

根据第 2 章的分析,微多普勒混叠部分可以通过时频分析获得,若能够准确估计出模糊数 n ,则解模糊后的微多普勒可表示为

$$f = f_a + n \times \mathrm{PRF} \tag{4.14}$$

式中, f_a 为微多普勒混叠部分(或称为小数部分); n 为模糊数; PRF 为脉冲重复频率。对于单分量信号,通过短时傅里叶变换可以获得混叠时频分布 $\mathrm{TF}_a(t,f)$,若能够准确估计出各时刻的模糊数 $n(t)$,则可以将 t_0 时刻的时频切片 $\mathrm{TF}_a(t_0,f)$ 移位 $n(t_0) \times \mathrm{PRF}$ ($n(t_0) > 0$ 时上移, $n(t_0) < 0$ 时下移, $n(t_0) = 0$ 时保持不变)。对于多分量信号,可采取两种思路:一种思路是首先将混叠时频分布按照某一个分量的模糊数进行时频切片移位,然后在移位后的时频图中采用逆 Radon 变换提取出该分量[11, 12],由于其他分量按照该模糊数移位不会形成标准的正弦曲线,所以不会影响提取预定分量;另一种思路是将多分量信号逐个离析转化为单分量,采用单分量信号的处理方法[13, 14]。

根据太赫兹频段微动目标的微距离调制规律,由于太赫兹频段容易实现大带宽,所以能够获得微动的微距离调制。假设太赫兹雷达发射信号为

$$s(t) = p(t) \exp(\mathrm{j}2\pi f_c t) \tag{4.15}$$

式中, $p(t)$ 为信号包络; f_c 为载频。解调回波为

$$r(t) = \sum_i \sigma_i p\left[t - \frac{2R_i(t)}{c}\right] \exp\left[-\mathrm{j}\frac{4\pi f_c}{c} R_i(t)\right] \tag{4.16}$$

式中, σ_i 为第 i 个散射点的散射系数; $R_i(t)$ 为第 i 个散射点的径向距离变化规律; $p\left[t - \dfrac{2R_i(t)}{c}\right]$ 为包络调制。脉冲压缩后的信号可表示为

$$S_r(t) = \sum_i A_i \mathrm{psf}\left[t - \frac{2R_i(t)}{c}\right] \exp\left[-\mathrm{j}\frac{4\pi f_c}{c} R_i(t)\right] \tag{4.17}$$

式中，$\mathrm{psf}\left[t - \dfrac{2R_i(t)}{c}\right]$ 为包络调制或幅度调制；$\exp\left[-\mathrm{j}\dfrac{4\pi f_c}{c}R_i(t)\right]$ 为相位调制。可见，这两种调制都直接与散射点的微距离调制规律有关，也就是说，幅度调制和相位调制都携带了距离信息。与相位调制相比，幅度调制通常不存在模糊。因此，首先通过距离调制提取微距离参数，然后获得不模糊微动参数的粗估计，据此估计模糊数。需要指出的是，估计模糊数本身并不需要很高的微多普勒估计精度，另外，即使少量时刻的模糊数估计有误，也不会影响逆 Radon 变换沿着时频图上正弦曲线进行能量累加，以及基于逆 Radon 变换参数估计的峰值提取。

4.3.2 算法流程

1. 基于幅度调制的模糊数估计

根据式(4.17)，散射点在包络上表现为微距离调制，假定目标平动已被精确补偿(第 6 章有详细处理方法)，则微距离调制表现为微动对距离像序列的调制。因此，可以从距离像序列形成的二维图像中提取微动曲线(对应 $R_i(t)$)以及估计微动参数。

广义 Radon 变换(generalized Radon transform，GRT)是图像中的曲线检测算法，类似 Radon 变换，其将图像空间中的曲线转化为参数空间中的参数表示[15, 16]。若曲线可由 η 维参数表示为

$$\zeta = (\zeta_1, \zeta_2, \cdots, \zeta_\eta) \tag{4.18}$$

则广义 Radon 变换的定义式为

$$\mathcal{R}(\zeta) = \int_{-\infty}^{\infty}\int_{-\infty}^{\infty} f(x,y)\delta[y - \phi(x,\zeta)]\,\mathrm{d}x\mathrm{d}y = \int_{-\infty}^{\infty} f[x, \phi(x,\zeta)]\,\mathrm{d}x \tag{4.19}$$

式(4.19)表示广义 Radon 变换是图像 $f(x,y)$ 沿曲线 $y = \phi(x;\zeta)$ 的积分，当图像 $f(x,y)$ 中包含参数 ζ 的曲线分量时，广义 Radon 变换将图像中 $y^* = \phi(x;\zeta)$ 转化为参数空间中的 ζ 表示，进而实现图像中曲线的检测。

若图像是由一族曲线组成的：

$$f(x,y) = \sum_{k=1}^{M} \delta[y - \phi(x;\zeta_k^*)] \tag{4.20}$$

则式(4.20)表示对图像中的曲线沿参数空间中已知参数的曲线进行积分，积分过程遍历组成图像的曲线族，积分过程推导如下：

$$\mathcal{R}(\zeta) = \int_{-\infty}^{\infty} \int_{-\infty}^{\infty} \sum_{k=1}^{M} \delta[y - \phi(x; \zeta_k^*)] \delta[y - \phi(x, \zeta)] \mathrm{d}x \mathrm{d}y$$

$$= \sum_{k=1}^{M} \int_{-\infty}^{\infty} \delta[\phi(x; \zeta_k^*) - \phi(x, \zeta)] \mathrm{d}x$$

$$= \sum_{k=1}^{M} \int_{-\infty}^{\infty} \sum_{i=1}^{N} \frac{\delta(x - x_k^i)}{\left| \dfrac{\partial \phi(x; \zeta_k^*)}{\partial x} - \dfrac{\partial \phi(x; \zeta)}{\partial x} \right|} \mathrm{d}x \qquad (4.21)$$

$$= \sum_{k=1}^{M} \sum_{i=1}^{N} \frac{1}{\left| \dfrac{\partial \phi(x; \zeta_k^*)}{\partial x} - \dfrac{\partial \phi(x; \zeta)}{\partial x} \right|}$$

式中，x_k^i 满足

$$\phi(x_k^i; \zeta_k^*) = \phi(x_k^i; \zeta) \qquad (4.22)$$

显然，当 $\phi(x; \zeta_k^*) = \phi(x; \zeta)$ 时，$\mathcal{R}(\zeta)$ 为参数空间中坐标 $\zeta = \zeta_k^*$ 处的无限冲激响应。当 $\phi(x; \zeta_k^*) \neq \phi(x; \zeta)$ 时，$\mathcal{R}(\zeta)$ 在参数空间中坐标 $\zeta = \zeta_k^*$ 值由式 (4.22) 表示。综上，广义 Radon 变换可以直观地解释为实现图像空间中满足 $\phi(x; \zeta_k^*) = \phi(x; \zeta)$ 条件的曲线段到参数空间中对应曲线参数的映射，如图 4.9 所示。

需要指出的是，若距离调制曲线是均值为零的正弦曲线，则可以采用逆 Radon 变换提取微距离调制参数。假设估计的微距离调制为

$$\hat{R}(t) = \hat{a} \sin(\hat{\omega} t + \hat{\theta}) \qquad (4.23)$$

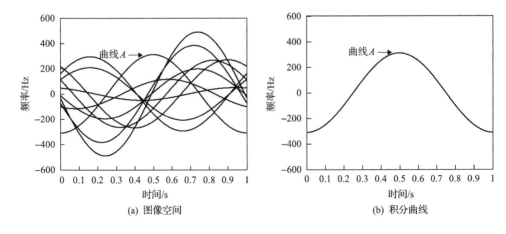

(a) 图像空间　　　　　　　　　　(b) 积分曲线

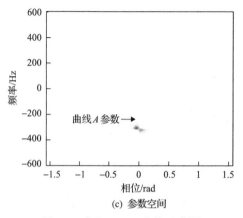

(c) 参数空间

图 4.9　广义 Radon 变换示意图

则对应的微多普勒调制为

$$\hat{f}(t) = -2f_c \hat{a}\hat{\omega}\cos(\hat{\omega}t + \hat{\theta}) / c \tag{4.24}$$

模糊数的估计值为

$$\hat{n}(t) = \left\langle \left[\hat{f}(t) + \operatorname{sgn}(\hat{f}(t)) \cdot \frac{\mathrm{PRF}}{2} \right] \middle/ \mathrm{PRF} \right\rangle_0 \tag{4.25}$$

式中，符号函数 $\operatorname{sgn}(x) = \begin{cases} 1, & x \geqslant 0 \\ -1, & x < 0 \end{cases}$；$\langle x \rangle_0 = \begin{cases} \lfloor x \rfloor, & x \geqslant 0 \\ \lceil x \rceil, & x < 0 \end{cases}$ 为沿 0 方向取整，不模糊

频率区间为 $\left[-\dfrac{\mathrm{PRF}}{2}, \dfrac{\mathrm{PRF}}{2} \right)$。

2. 基于相位调制的微多普勒重建

在基于微距离调制获得微动参数的粗估计后，按照以下步骤实现重建视在微多普勒以及精估计微动参数。

1) 混频

采用粗估计结果构造参考信号，并对原信号进行混频，以降低信号的相位起伏。参考信号为

$$\exp\left[\mathrm{j}\hat{a}_h \sin\left(\hat{\omega}_h \cdot n\Delta t + \hat{\theta}_h \right) \right] \tag{4.26}$$

混频后的信号为

$$\tilde{s}_h(n) = s(n) \exp\left[-\mathrm{j}\hat{a}_h \sin\left(\hat{\omega}_h \cdot n\Delta t + \hat{\theta}_h \right) \right] \tag{4.27}$$

由于粗估计结果接近真实值，所以混频后的信号为低频信号。

2）滤波

由于混频后的信号(4.27)为低通信号，采用低通滤波可以抑制其他信号分量和噪声，以提取该信号本身，信号经低通滤波为

$$\breve{s}_h(n) = \frac{1}{L} \sum_{l=-(L-1)/2}^{(L-1)/2} \tilde{s}_h(n+l) \tag{4.28}$$

3）重调制

在滤除其他信号分量后，重新调制得到待分析信号为

$$\bar{s}_h(n) = \breve{s}_h(n) \exp\left[j\hat{a}_h \sin\left(\hat{\omega}_h \cdot n\Delta t + \hat{\theta}_h\right) \right] \tag{4.29}$$

4）时频分析、微多普勒重建及微动参数估计

首先对重新调制后的信号 $\bar{s}_h(n)$ 进行时频分析，得到该分量混叠的时频分布 $\text{TF}_a(t, f)$，然后按照估计的模糊数 $\hat{n}(t)$ 对各时刻时频切片进行移位，实现微多普勒重建，对重建的时频图采用逆 Radon 变换提取微动参数。

4.3.3　实验验证

1. 仿真实验

在仿真实验中，载频设置为 1THz，PRF 为 1kHz，带宽为 10GHz，微动周期为 2s，观测时长为 2s。两个散射点的幅度分别为 0.16m 和 0.24m，对应的初始相位分别为 180° 和 0°，散射强度均为 1。

图 4.10 和图 4.11 为基于联合幅度-相位调制的微多普勒重建结果。每组图中，图(a)为微距离调制结果，图(b)为图(a)的逆 Radon 变换结果，可见通过提取逆 Radon 变换参数空间的峰值获得微动参数粗估计。图(c)为混叠时频图，图(d)为利

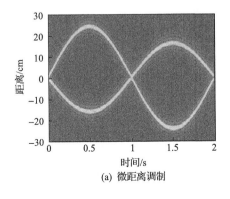

(a) 微距离调制

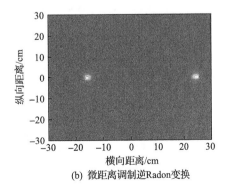

(b) 微距离调制逆Radon变换

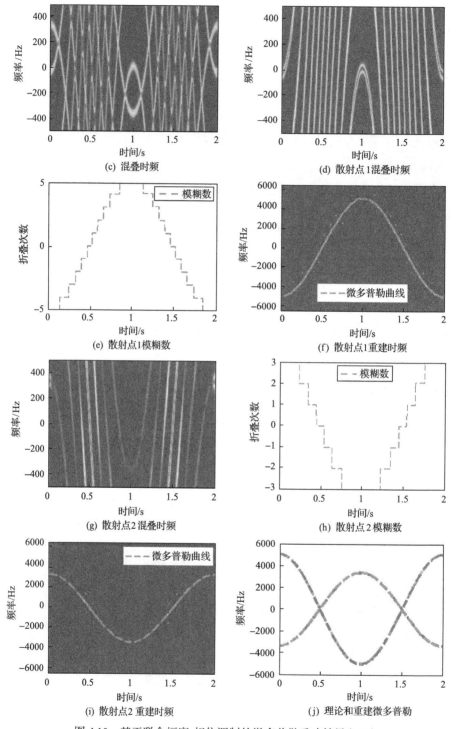

图 4.10 基于联合幅度-相位调制的微多普勒重建结果(0dB)

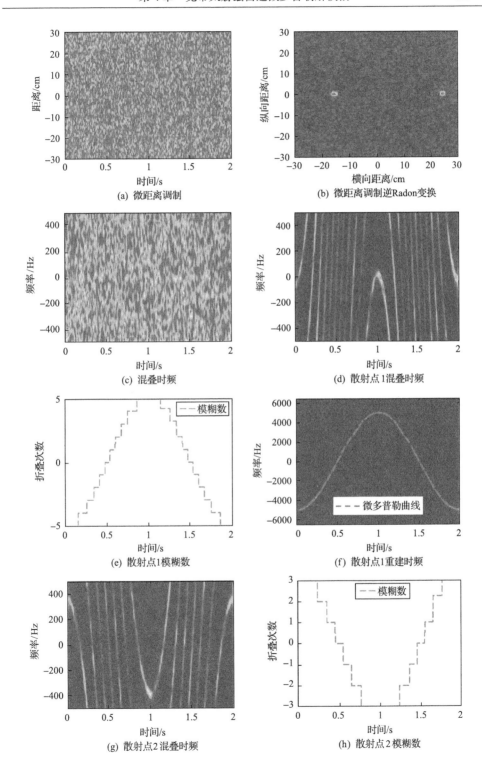

(a) 微距离调制

(b) 微距离调制逆Radon变换

(c) 混叠时频

(d) 散射点1混叠时频

(e) 散射点1模糊数

(f) 散射点1重建时频

(g) 散射点2混叠时频

(h) 散射点2模糊数

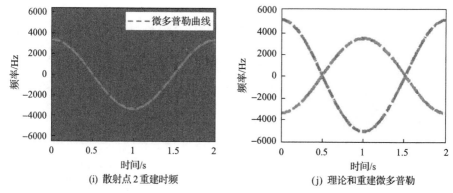

(i) 散射点2重建时频   (j) 理论和重建微多普勒

图 4.11 基于联合幅度-相位调制的微多普勒重建结果(–25dB)

用粗估计微动参数提取出该分量获得的混叠时频图,图(e)为利用粗估计微动参数获得的模糊数估计结果,图(f)为图(d)时频切片按照图(e)给出的模糊数重建结果,从图中可以看出,重建的时频图与理论结果一致。图(g)、图(h)、图(i)分别为散射点2的混叠时频图、模糊数以及重建的时频图,图(j)为理论微多普勒与重建微多普勒对比图,从图中可以看出,本节算法能够准确重建不模糊的微多普勒。由图 4.11 可以看出,本节算法在信噪比 –25dB 条件下依然有效。

进一步,对本节算法的抗噪性进行分析和验证,设计一个蒙特卡罗仿真实验。实验场景和参数与本次实验保持一致,信噪比为 –30~0dB。仿真结果如图 4.12 所示。可以看出,由于信号或其时频分布的周期性受噪声影响较小,微动周期估计相对误差在信噪比为 –30~0dB 时一直保持较低水平。微多普勒幅度和初始

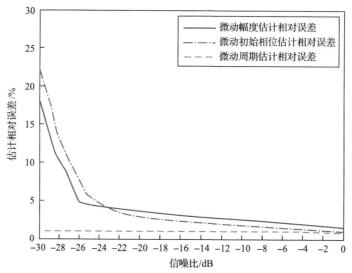

图 4.12 基于联合幅度-相位调制的微多普勒解模糊算法估计相对误差与信噪比的关系

相位估计相对误差在信噪比大于 –25dB 时始终保持在 5%以内,当信噪比在 –28dB 以下时, 由于噪声的影响, 已经很难提取参数。因此, 总体来说, 基于联合幅度-相位调制的微多普勒解模糊算法在 –25dB 信噪比以上情况下具有很好的性能,可以广泛应用于多种微动场景。

2. 太赫兹吸波暗室测量实验

图 4.13、图 4.14 分别给出了转速为 20r/min 和 40r/min 旋转角反射器数据处理结果。每组图中, 图(a)和图(b)分别为去直流前后的微距离调制图像(一维距离像), 从图中可看出, 微距离调制具有正弦调制特性, 不会发生混叠。图(c)所示混叠次数是根据图(b)的逆 Radon 变换峰值估计获得的。图(d)为混叠时频图。在图(b)的逆 Radon 变换中提取强峰, 得到强分量微动参数的粗估计, 据此构造参考函数对原信号进行混频、低通滤波和重调制, 可以离析并重构强分量, 采用短时傅里叶变换等时频分析方法得到强分量的混叠时频图(图(e)), 根据时频混叠特性, 基于强分量混叠时频图和混叠次数重建完整的时频分布(图(f)), 同时根据重建的时频分布估计目标微动参数。采用这一思路离析并重构弱分量, 进而重建其完整的时频分布。对于转速为 20r/min 的情形, 两散射点的微动幅度估计值分别为 15.73cm 和 24.87cm, 参数估计精度小于 5%。对于转速为 40r/min 的情形, 两散射点的微动幅度估计值分别为 15.77cm 和 24.81cm, 参数估计精度同样小于 5%。

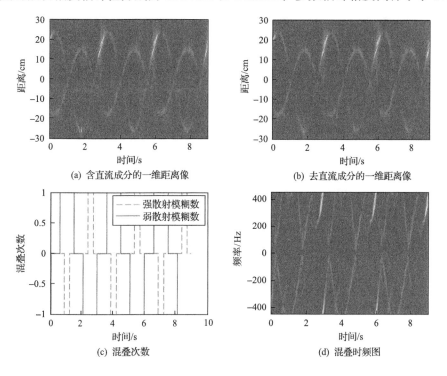

(a) 含直流成分的一维距离像

(b) 去直流成分的一维距离像

(c) 混叠次数

(d) 混叠时频图

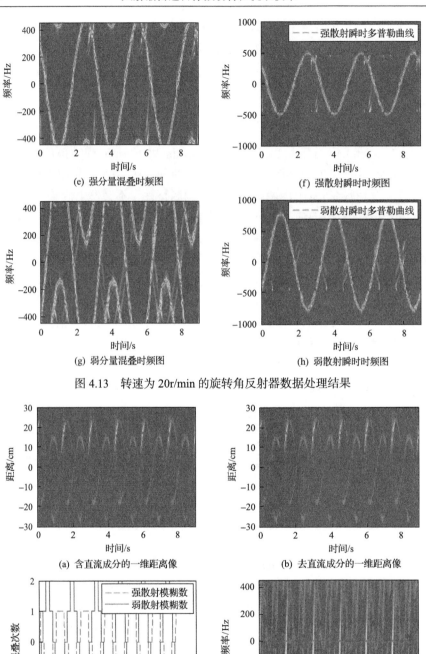

(e) 强分量混叠时频图

(f) 强散射瞬时时频图

(g) 弱分量混叠时频图

(h) 弱散射瞬时时频图

图 4.13 转速为 20r/min 的旋转角反射器数据处理结果

(a) 含直流成分的一维距离像

(b) 去直流成分的一维距离像

(c) 混叠次数

(d) 混叠时频图

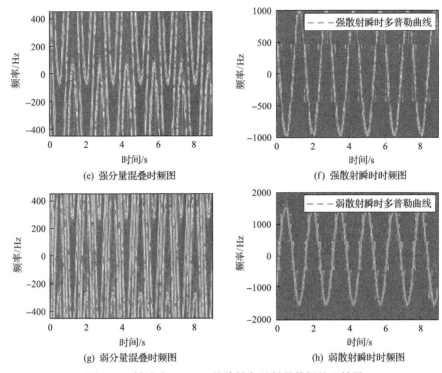

(e) 强分量混叠时频图

(f) 强散射瞬时时频图

(g) 弱分量混叠时频图

(h) 弱散射瞬时时频图

图 4.14 转速为 40r/min 的旋转角反射器数据处理结果

4.4 本 章 小 结

成像雷达一般采用宽带调频信号，而太赫兹频段高分辨雷达信号带宽往往达到十几到几十吉赫兹，这么大的带宽对精细的距离分辨十分有益，但是对微动目标的解模糊却是一个难题。本章针对这一难题，从两个角度分别提出相应的处理策略：一是将大带宽信号进行拆分，通过脉内的干涉处理降低等效载频来实现解模糊，由实验效果可知，算法在 −17dB 以上信噪比下效果良好；二是充分利用大带宽信号的微动距离微调制，先进行粗估计，再进行精估计，对实验数据可以做到 5%以内的微动参数估计相对误差。

参 考 文 献

[1] 蔡英武, 杨陈, 曾耿华, 等. 太赫兹极高分辨力雷达成像试验研究[J]. 强激光与粒子束, 2012, 24: 7-9.

[2] 梁美彦, 曾邦泽, 张存林, 等. 频率步进太赫兹雷达的一维高分辨距离像[J]. 太赫兹科学与电子信息学报, 2013, 11(3): 336-339.

[3] 梁美彦, 张存林. 相位补偿算法对提高太赫兹雷达距离像分辨率的研究[J]. 物理学报, 2014, (14): 148701-1-148701-6.

[4] Yang Q, Deng B, Wang H, et al. A Doppler aliasing free micro-motion parameter estimation method in the terahertz band[J]. EURASIP Journal on Wireless Communications and Networking, 2017, (1): 61.

[5] 秦玉亮, 邓彬, 游鹏, 等. 基于脉内干涉的太赫兹宽带雷达微多普勒解模糊方法: CN2017101678-46.8[P]. 2017.

[6] Chen V C. Advances in applications of radar micro-Doppler signatures[C]. 2014 IEEE Conference on Antenna Measurements and Applications, Antibes Juan-les-Pins, 2014.

[7] 卢铮, 李超, 方广有. 调频连续波太赫兹雷达方案研究及系统验证[J]. 电子测量技术, 2015, 38(8): 58-63.

[8] 申辰. 太赫兹雷达数据采集与信号处理研究[D]. 成都: 电子科技大学, 2013.

[9] Yang Q, Qin Y, Deng B, et al. Micro-Doppler ambiguity resolution for wideband terahertz radar using intra-pulse interference[J]. Sensors, 2017, 17(5): 993.

[10] 金家伟, 阮怀林. 基于循环自相关/平均幅度差函数的弹道目标微动周期估计[J]. 空军工程大学学报(自然科学版), 2021, 22: 74-81.

[11] 段晨东, 高强. 基于时频切片分析的轴承微弱损伤特征提取方法[C]. 2012 年全国振动工程及应用学术会议, 郑州, 2012.

[12] 段晨东, 高强. 基于时频切片分析的故障诊断方法及应用[J]. 振动与冲击, 2011, 30: 1-5, 45.

[13] 韩红霞. 基于时频同步压缩变换的多分量信号分离研究[D]. 西安: 西安电子科技大学, 2018.

[14] 刘歌, 张国毅, 胡鑫磊, 等. 基于时频图像处理的多分量 LFM 信号分离[J]. 航天电子对抗, 2015, 31: 46-49, 59.

[15] 高建, 石娟, 秦前清. 一种基于广义 Radon 变换的目标识别方法[J]. 计算机技术与发展, 2010, 20: 33-35.

[16] 岳军. 广义 Radon 变换及其应用[D]. 西安: 西安电子科技大学, 1989.

第5章　太赫兹雷达微动目标参数估计

5.1　引　　言

第3章和第4章分别针对窄带和宽带太赫兹雷达下的微多普勒解模糊问题进行了研究，探讨的问题只包含太赫兹频段微多普勒敏感带来的模糊问题。然而在实际情况下，太赫兹频段的微多普勒敏感性也使得原来在传统微波频段无法测量得到的参数可以被测量得到，或使得原来在传统微波频段影响不大的要素开始产生影响[1,2]，其中的两个重要方面就是太赫兹频段对微小振动的敏感性和对目标表面粗糙的敏感性。

5.2节和5.3节分别针对太赫兹频段对微小振动的探测敏感性，从两个方面开展研究。从不利的一方面考虑，微小振动的微多普勒干扰会影响正常微动参数的提取，需要对其进行分离和补偿；从有利的一方面考虑，可以对这种微小振动进行准确测量。5.4节和5.5节针对太赫兹波与目标粗糙表面的相互作用，从两个角度提出粗糙表面微动目标精确的参数估计方法。

5.2　振动干扰情况下目标微动参数估计

太赫兹频段微多普勒敏感性带来的另一个问题是微小振动的干扰。在微动目标雷达观测过程中，雷达平台或目标本身往往存在微小振动，其振动幅度一般为毫米级甚至微米级，对于飞艇载平台或星载平台，其振动幅度更大。这种微小振动很难在传统微波频段雷达回波中反映出来，也就自然不会对其参数估计与成像产生影响。太赫兹频段微多普勒敏感性使得这种微小振动的影响被放大，会对目标微动参数估计和成像产生一定的影响。本节针对这种微小振动干扰，提出一种基于时频域滤波的估计算法，其能够将微小振动从目标微动中分离出来并进行估计和补偿。

5.2.1　算法原理

1. 振动干扰下微动目标回波模型

在微动目标雷达观测过程中，雷达平台或目标的微小振动干扰往往是不可避免的。与目标的微动相比，这种微小振动往往具有振幅小、频率高等特点。在

SAR/ISAR 领域，平台或目标的微小振动往往被视作一种干扰，尤其是当信号载频较高时，其影响更为显著[3,4]。2.2 节已经对微动目标进行了运动建模和回波建模，本节主要考虑振动干扰下微动目标的运动建模和回波建模。

根据前面的分析，微动目标的运动模型可表述为

$$r_k(t) = a_k \sin(\omega_k t + \varphi_k), \quad k = 1, 2, \cdots, K \tag{5.1}$$

式中，a_k、ω_k 和 φ_k 分别为第 k 个散射中心的微动幅度、角频率和初始相位。对于单频雷达系统，其发射信号的形式比较简单，可表示为

$$s_r(t) = \exp(\mathrm{j}2\pi f_c t) \tag{5.2}$$

因此，对于包含 K 个散射中心的目标，其回波信号可表示为

$$s_r(t) = \sum_{k=1}^{K} \sigma_k(t) \exp\left[\mathrm{j}2\pi f_c (t - \tau_k)\right] \tag{5.3}$$

式中，σ_k 为第 k 个散射中心的散射强度；$\tau_k = 2r_k(t)/c$ 为第 k 个散射中心的回波延迟。经过混频的基带信号可表示为

$$s_b(t) = \sum_{k=1}^{K} \sigma_k(t) \exp\left[-\mathrm{j}\frac{4\pi f_c a_k}{c} \sin(\omega_k t + \varphi_k)\right] = \sum_{k=1}^{K} \sigma_k(t) \exp(\mathrm{j}\Phi_k) \tag{5.4}$$

式中，Φ_k 为第 k 个散射中心的回波相位。

根据多普勒的定义，第 k 个散射中心的微多普勒表达式为

$$f_k(t) = \frac{1}{2\pi} \frac{\mathrm{d}\Phi_k}{\mathrm{d}t} = -\frac{2\omega_k f_c a_k}{c} \cos(\omega_k t + \varphi_k), \quad k = 1, 2, \cdots, K \tag{5.5}$$

当目标或雷达存在微小振动干扰时，微小振动会带来目标与雷达之间距离的微小变化。通常，目标或雷达的微小振动可建模为

$$r_{vk}(t) = a_{vk} \sin(\omega_{vk} t + \varphi_{vk}), \quad k = 1, 2, \cdots, K \tag{5.6}$$

式中，a_{vk}、ω_{vk} 和 φ_{vk} 分别为第 k 个散射中心受到的微小振动的幅度、角频率和初始相位。因此，在考虑微小振动干扰的情况下，微动目标的运动模型 (5.1)、回波模型 (5.4) 和微多普勒表达式 (5.5) 分别变为

$$r_k(t) = a_k \sin(\omega_k t + \varphi_k) + a_{vk} \sin(\omega_{vk} t + \varphi_{vk}), \quad k = 1, 2, \cdots, K \tag{5.7}$$

$$s_b(t) = \sum_{k=1}^{K} \sigma_k(t) \exp\left[-\mathrm{j}\frac{4\pi f_c a_k}{c} \sin(\omega_k t + \varphi_k) - \mathrm{j}\frac{4\pi f_c a_{vk}}{c} \sin(\omega_{vk} t + \varphi_{vk})\right] \tag{5.8}$$

$$f_k(t) = -\frac{2\omega_k f_c a_k}{c}\cos(\omega_k t + \varphi_k) - \frac{2\omega_{vk} f_c a_{vk}}{c}\cos(\omega_{vk} t + \varphi_{vk}), \quad k = 1, 2, \cdots, K \quad (5.9)$$

可以看出，微小振动会带来额外的微多普勒干扰，给微动参数提取带来困难，且微多普勒干扰的大小与信号载频呈正比关系。相比传统的微波雷达系统，太赫兹雷达具有更高的载频，因此在相同的干扰情况下，微小振动干扰对太赫兹雷达具有更大的影响，也即太赫兹雷达的微多普勒敏感性能够使原本在微波频段难以观测的微小振动的影响放大，有利于微小振动的检测和估计。例如，某一目标受幅度为 1mm、频率为 5Hz 的微小振动干扰，当载频为 10GHz 时，其微多普勒干扰为 2.1Hz，而当载频为 330GHz 时，微多普勒干扰可达 67Hz。相比 2.1Hz，67Hz的微多普勒干扰给目标特征提取和成像带来的影响显然更大，但是如果能够通过信号处理手段对这一信息进行有效利用，那么 67Hz 的微多普勒干扰也显然更容易实现精确观测和补偿。

对于宽带系统，考虑微小振动干扰之后的回波为

$$s_{\mathrm{if}}(\hat{t}, t_m) = \sum_{k=1}^{K} \mathrm{rect}\left(\frac{\hat{t} - 2R_k/c}{T_p}\right) \exp\left[-\mathrm{j}\frac{4\pi}{c}\gamma\left(\hat{t} - \frac{2R_{\mathrm{ref}}}{c}\right)R_{\Delta k}\right] \quad (5.10)$$

与微动目标不同的是，式 (5.10) 中的 $R_{\Delta k}$ 不仅包含目标微动信息，也包含所受微小振动信息，即

$$R_{\Delta k} = R_k - R_{\mathrm{ref}} = a_k \sin(\omega_k t + \varphi_k) + a_{vk}\sin(\omega_{vk} t + \varphi_{vk}), \quad k = 1, 2, \cdots, K \quad (5.11)$$

由式 (5.10) 可以看出，在宽带系统的情况下，微小振动不仅会影响目标距离像位置，使其产生一个小的位移，也会影响回波相位，进而影响微动目标微多普勒估计。但是，微小振动对距离像位置的影响是相对振动幅度的，一般为毫米级，甚至更小，影响十分有限；微小振动对回波相位的影响是相对雷达波长的，太赫兹雷达波长短，毫米级甚至微米级的微小振动也会对回波相位产生较大影响。因此，在进行微动目标特征提取和成像之前，首先需要进行微小振动的补偿。

2. 振动干扰下微动目标参数估计

为了便于分析微小振动干扰条件下的微动目标，本节建立一个包含三个微动散射中心的仿真场景，如图 5.1 所示。仿真载频为 322GHz，旋转角速度为 5r/min，对应的旋转周期为 12s，散射中心 P_1、P_2 和 P_3 的旋转半径分别为 0.25m、0.2m 和 0.15m，初始相位分别为 $-30°$、$30°$ 和 $100°$。微小振动干扰的幅度和频率分别为 1mm 和 2Hz。下面结合仿真对本节算法进行分析。

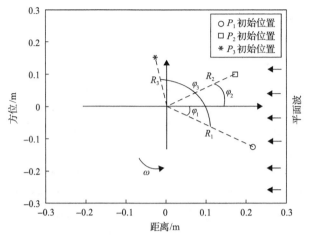

图 5.1　基于时频域滤波的估计算法仿真场景

　　微动散射中心不考虑振动干扰和考虑振动干扰两种情况下的仿真时频分布如图 5.2 所示。可以看出，当不考虑振动干扰时，微动目标时频分布只受目标微动调制，呈现与微动周期一致的正弦形式；当考虑振动干扰时，微动目标时频分布不仅受目标微动调制，还受微小振动调制，表现为两者效果的叠加。分别对这两种情况下的时频分布进行逆 Radon 变换，结果如图 5.3 所示。可以看出，当微动目标不受微小振动干扰时，其时频分布的逆 Radon 变换结果聚焦较好，可以通过其变换结果进行微动参数的准确估计；当微动目标受微小振动干扰时，其时频分布的逆 Radon 变换结果发生散焦，给微动参数精确提取带来困难。但是，通过分析可知，这种散焦不会影响变换结果中特显点的位置，只是使其以原位置为中心发生了散焦，散焦程度与微小振动干扰多普勒值有关。因此，仍然可以简单地以其散焦区域的质心或几何中心来进行微动参数的粗估计。利用逆 Radon 变换的微动参数粗估计结果如图 5.4 所示。

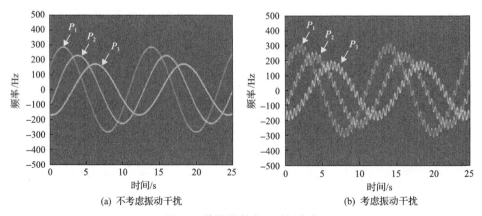

(a) 不考虑振动干扰　　　　　　　　　　(b) 考虑振动干扰

图 5.2　旋转散射中心时频分布

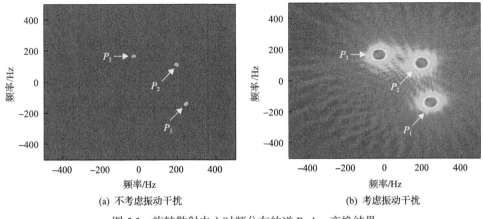

(a) 不考虑振动干扰　　　　　　　　(b) 考虑振动干扰

图 5.3　旋转散射中心时频分布的逆 Radon 变换结果

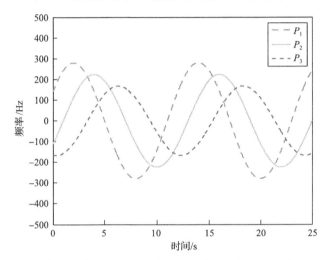

图 5.4　利用逆 Radon 变换的微动参数粗估计结果

在得到目标微动参数粗估计结果之后，为了进行多散射中心微动目标参数精估计，本节在时频域设计矩形窗滤波器来对多个散射中心进行分离和提取。根据微动散射中心在时频域的正弦调制特点，矩形窗滤波器的形状也为正弦形式，其位置与每个散射中心的参数粗估计结果有关，其宽度根据该散射中心对应的特显点的散焦程度来调整。假如某个微动散射中心的粗估计参数为 $\hat{a}$、$\hat{\omega}$ 和 $\hat{\varphi}$，其对应特显点的最大散焦半径为 r，则其在时频域上微多普勒曲线的表达式为

$$\hat{f}(t) = -\frac{2\hat{\omega} f_c \hat{a}}{c} \cos(\hat{\omega} t + \hat{\varphi}) \tag{5.12}$$

为了能够准确地分离出该散射中心，时频域矩形窗的表达式应该为

$$F = \begin{cases} 1, & F \in \left[\hat{f} - r - \xi, \hat{f} + r + \xi \right] \\ 0, & F \notin \left[\hat{f} - r - \xi, \hat{f} + r + \xi \right] \end{cases} \tag{5.13}$$

式中，ξ 为一个较小的值。其作用是使矩形窗滤波器的宽度略大于目标散射中心在频率轴上的散焦程度，以保证目标时频分布的所有部分均包含在滤波器内，也就是说，在考虑振动干扰的情况下，该散射中心在时频域上可能出现的区域均包含在滤波器内，而不出现的区域尽可能少地包含在滤波器内。在本节仿真情况下，根据微动参数粗估计结果设计的时频域矩形窗滤波器示意图如图 5.5 所示。

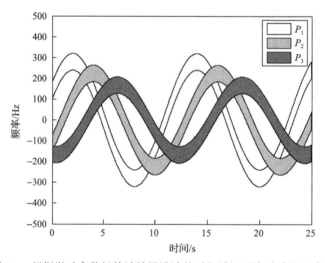

图 5.5　根据微动参数粗估计结果设计的时频域矩形窗滤波器示意图

将设计的二维矩形窗滤波器与微动目标时频分布图相乘，可以得到微动目标上若干散射中心独立的时频分布，如图 5.6 所示，此时可以将其视为若干单散射中心目标来进行微多普勒曲线的提取。

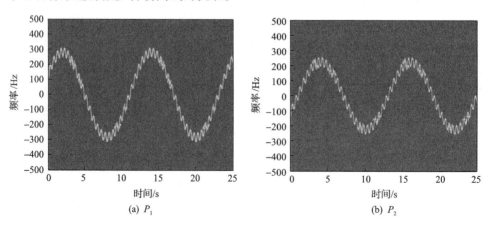

(a) P_1　　　　　　　　　　　　　　　　(b) P_2

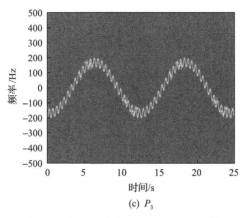

(c) P_3

图 5.6　各散射中心时频分布分离结果

对于单散射中心目标，常用的提取算法有 Viterbi 算法、质心提取算法和最大值提取算法等[5-8]。为了抑制噪声，本节采用如下质心提取算法进行微多普勒曲线提取：

$$\hat{f}_d(t) = \frac{\int_{-\infty}^{\infty} f \cdot |\mathrm{TF}(t,f)|^2 \, \mathrm{d}f}{\int_{-\infty}^{\infty} |\mathrm{TF}(t,f)|^2 \, \mathrm{d}f} \tag{5.14}$$

式中，$\mathrm{TF}(t,f)$ 为时频分布图；f 为频率。本节仿真目标三个散射中心时频图经过质心提取的微多普勒曲线如图 5.7 所示。这就相当于通过时频域滤波将图 5.2(b) 的二维时频分布转换成三个独立的一维时频曲线，为后面的参数估计和振动补偿提供了便利。

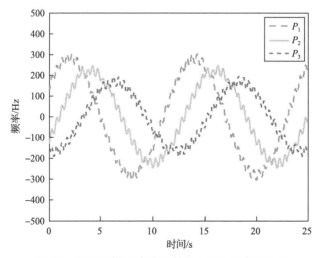

图 5.7　振动干扰下旋转散射中心的微多普勒曲线

在得到各个散射中心独立的时频分布曲线之后，可根据目标微动频率和振动干扰频率的差异，利用时频域滤波进行简单分离，分别得到目标微动多普勒曲线和振动干扰多普勒曲线，如图 5.8 所示。对图 5.8 进行简单的参数提取可以得到如表 5.1 所示的估计结果，可以看出分离得到的目标微动和振动干扰与仿真设置吻合较好，目标微动多普勒估计相对误差控制在 2%以内，振动干扰多普勒估计相对误差控制在 7%以内。

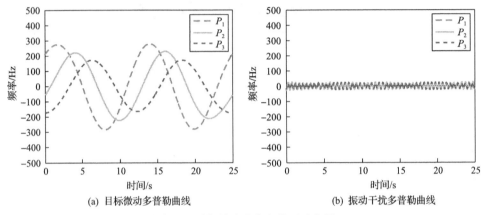

(a) 目标微动多普勒曲线　　　　　　　　　　(b) 振动干扰多普勒曲线

图 5.8　时频域滤波分离的运动分量

表 5.1　仿真微动目标参数估计结果

参数	散射中心		
	P_1	P_2	P_3
理论目标微动多普勒值/Hz	281.14	224.91	168.69
目标微动多普勒估计值/Hz	278.06	228.77	171.39
估计相对误差/%	1.10	1.72	1.60
理论振动干扰多普勒值/Hz	26.99	26.99	26.99
振动干扰多普勒估计值/Hz	25.43	25.61	25.14
估计相对误差/%	5.78	5.11	6.85

综上，本节关于振动干扰情况下的微动参数提取算法的具体步骤如下：

(1) 对微动周期进行估计。

(2) 对回波信号进行时频分析。

(3) 对回波信号时频分布图进行逆 Radon 变换。

(4) 根据逆 Radon 变换结果进行微动参数粗估计。

(5) 根据目标微动参数粗估计结果设计二维时频域滤波器并进行滤波。

(6) 对分离得到的各个散射中心的时频分布提取质心曲线。

(7)根据目标微动和振动干扰频率差异进行滤波分离。

(8)分别估计目标微动参数和振动干扰参数。

3. 振动干扰下微动目标图像重建

逆 Radon 变换对正弦曲线具有聚焦特性，可以将正弦曲线变换成参数空间的特显点，因此一般用来进行微动参数估计。但是，从另一个角度看，特显点的位置反映了微动散射中心之间的位置关系，也可以将其看作微动目标的图像。因此，图 5.3 给出了微动目标的图像和受微小振动干扰的微动目标的图像，而微小振动干扰下微动目标的图像出现了散焦。为了获得振动干扰下微动目标的高分辨图像，需要从回波域对微小振动进行补偿，而之前已经实现了微动目标上各散射中心的分离和微小振动参数的估计，这使振动补偿变得容易很多。

由于散射中心分离是在时频域进行的，为了得到各个散射中心的回波，需要根据时频分析的可逆性对其进行逆时频变换。根据之前的模型，逆时频变换得到的各个微动散射中心的回波信号为

$$s_k(t) = \sigma_k(t) \exp\left[-j \frac{4\pi f_c a_k}{c} \sin(\omega_k t + \varphi_k) - \frac{4\pi f_c R_{vk}}{c} \sin(\omega_{vk} t + \varphi_{vk}) \right], \quad k = 1, 2, \cdots, K \tag{5.15}$$

为了补偿各个微动散射中心的振动干扰，本节根据提取出来的振动参数，构造如下补偿信号 $s_{vk}(t)$：

$$s_{vk}(t) = \exp\left[j \frac{\int \hat{f}_{vk}(t) \mathrm{d}t}{\hat{f}_{vk}} \right], \quad k = 1, 2, \cdots, K \tag{5.16}$$

式中，$\hat{f}_{vk}(t)$ 为分离出的振动干扰信号的微多普勒。利用式(5.16)对各个微动散射中心进行补偿，将各个微动散射中心的回波信号累加起来，就可以得到不受振动干扰的微动目标回波 $s(t)$：

$$s(t) = \sum_{k=1}^{N} s_k(t) \cdot s_{vk}^{*}(t) \tag{5.17}$$

此时，对信号 $s(t)$ 进行时频分析就可以得到不受振动干扰的微动目标时频分布。本节仿真场景补偿后回波的时频分布如图 5.9 所示。通过与图 5.2(b)的比较可以看出，振动干扰补偿之后得到的时频分布中微动散射中心的正弦曲线表现为比较标准的正弦调制，不受振动干扰的影响。但是相比图 5.2(a)的理想情况，在进行各个散射中心分离时采用了时频域矩形窗滤波器，各散射中心时频曲线交叉

的地方分离得不够彻底,致使振动干扰补偿后在时频曲线交叉的地方依然存在干扰,但这种干扰不会影响参数估计和图像重建。对图 5.9 的结果进行逆 Radon 变换,得到的微动目标图像如图 5.10 所示。相比图 5.3(b),振动干扰补偿后的图像聚焦性能得到大幅改善,也验证了本节算法的有效性。

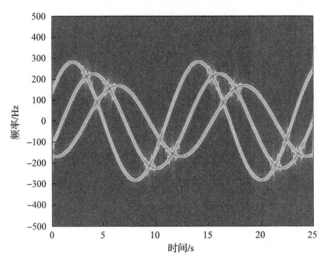

图 5.9　振动干扰补偿后的旋转散射中心时频分布

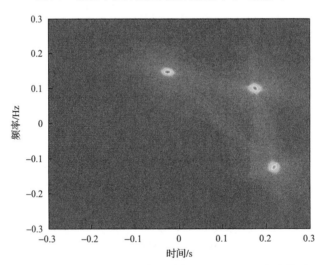

图 5.10　振动干扰补偿后旋转散射中心逆 Radon 变换结果

本节振动干扰情况下微动目标图像重建算法的具体步骤如下:

(1)利用时频分析的可逆性获得每个散射中心的回波信号。

(2)根据估计得到的振动干扰参数构建补偿函数。

(3)实现振动补偿并重建微动目标回波信号。

(4)对重建的微动目标回波信号进行时频分析。

(5)利用逆 Radon 变换重建微动目标图像。

综上，本节微小振动干扰情况下微动目标参数估计和图像重建算法流程如图 5.11 所示。图中两个虚线框中的内容分别对应参数估计和图像重建。

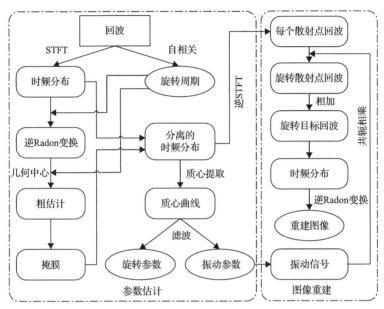

图 5.11　微动目标参数估计和图像重建算法流程

5.2.2　实验验证

1. 太赫兹雷达验证实验

为了对本节算法进行验证，利用 330GHz 太赫兹雷达系统进行实验，实验目标为两个旋转角反射器，旋转半径约为 32cm，旋转角速度为 5r/min。在实验中，为了模拟目标的微小振动干扰，在室外微风环境下进行实验。旋转角反射器距离像序列及时频分布如图 5.12 所示。自然风带来的旋转角反射器的微小振动约为毫米级，相比雷达分辨率较小，难以从距离像上进行观测，但是其多普勒干扰比较显著，表现在时频图中即为正弦曲线上叠加的小幅扰动。图 5.12(b) 中的两个类正弦曲线为旋转角反射器目标的微多普勒曲线，位于时频图中心的直线为电机、背景等静止目标的零多普勒分量。

在进行逆 Radon 变换之前，需要知道目标的微动周期。因此，在实际处理中，利用时域自相关算法估计得到旋转角反射器的微动周期。实验中设置的旋转角速度为 5r/min，对应周期为 12s，估计得到的周期为 11.98s，吻合度较高，如图 5.13 所示。

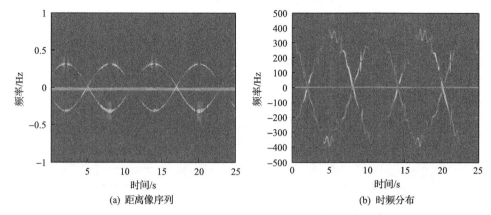

(a) 距离像序列   (b) 时频分布

图 5.12 旋转角反射器距离像序列及时频分布

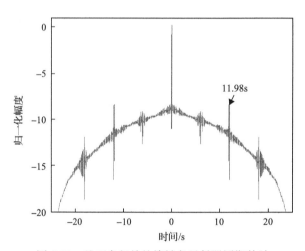

图 5.13 基于自相关的旋转角反射器周期估计

对图 5.12(b)的时频分布图进行逆 Radon 变换，结果如图 5.14 所示。图中零多普勒分量不受振动干扰的影响，聚焦较好，而旋转角反射器对应的时频曲线散焦比较严重。与仿真场景略有不同的是，仿真中设定的振动干扰信号的振动幅度和频率是恒定的，因此其逆 Radon 变换结果中参数空间的特显点会散焦成一个圆形区域。在实际中，目标所受干扰的参数很有可能是时变的，逆 Radon 变换后特显点散焦成一个不规则区域。这时依然可以根据其几何中心实现微动目标参数的粗估计，只是在进行时频域滤波时，矩形窗的长度要选择适当大一点以保证覆盖每个微动散射中心的时频分布曲线。实验中的微动参数粗估计结果和根据粗估计结果建立的时频域矩形窗滤波器示意图分别如图 5.15 和图 5.16 所示。

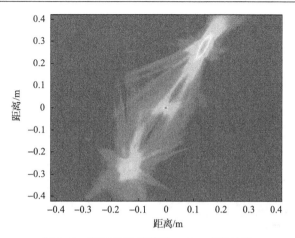

图 5.14　旋转角反射器逆 Radon 变换结果

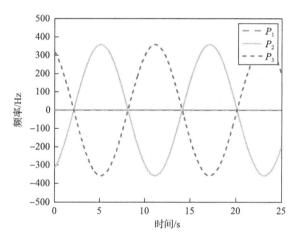

图 5.15　旋转角反射器微动参数粗估计结果

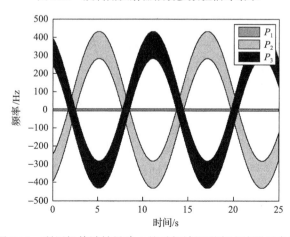

图 5.16　利用粗估计结果建立的时频域矩形窗滤波器示意图

利用图 5.16 的滤波器分离得到的各个微动分量的时频图如图 5.17 所示。由图 5.17 可以看出，在各散射中心交叉的地方，分离效果会降低，但是不影响后续处理。

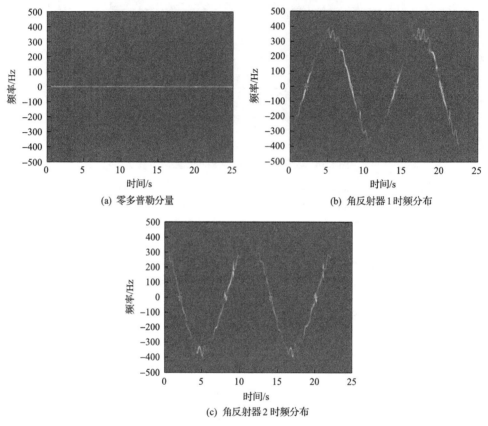

图 5.17　各散射中心时频分布分离结果

受振动干扰的旋转角反射器时频曲线如图 5.18 所示，对其进行时域滤波，分离得到的微动目标微多普勒和振动干扰多普勒如图 5.19 所示。由图 5.19(b) 的振动干扰多普勒曲线可以看出，实验中微动目标所受的振动干扰不是标准的简谐运动形式。对振动干扰多普勒曲线进行简单平均和频谱分析，可以估算得到实验中微小振动干扰平均幅度为毫米级，频率位于 2~5Hz。

根据图 5.19(b) 的振动干扰多普勒曲线，利用式 (5.15) 构造补偿函数并进行振动干扰补偿得到各个微动散射中心的回波，累加后依次对其进行时频分析和逆 Radon 变换，结果如图 5.20 所示。相比图 5.12 和图 5.14，振动干扰补偿后的微动目标回波时频分布更接近正弦形式，其重构图像的聚焦性能也有显著提升。

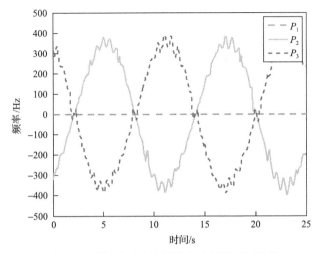

图 5.18 受振动干扰的旋转角反射器时频曲线

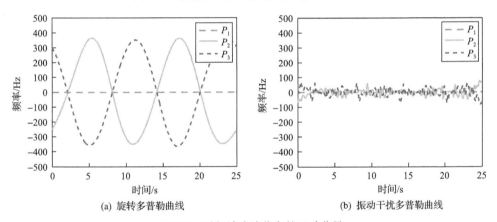

(a) 旋转多普勒曲线   (b) 振动干扰多普勒曲线

图 5.19 时频域滤波分离的运动分量

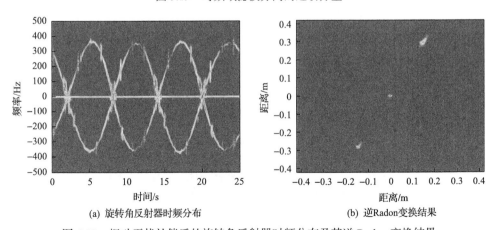

(a) 旋转角反射器时频分布   (b) 逆Radon变换结果

图 5.20 振动干扰补偿后的旋转角反射器时频分布及其逆 Radon 变换结果

为了定量比较本组实验中振动干扰补偿前后图像的重构效果,本节画出了图 5.14 和图 5.20(b)其中一个散射中心在两个维度的剖面图,如图 5.21 所示。可以看出,经过振动干扰补偿,逆 Radon 变换的图像重构在两个维度都实现了较好聚焦,其主瓣 3dB 宽度约为 1cm,也就是说,重构图像的分辨率约为 1cm。

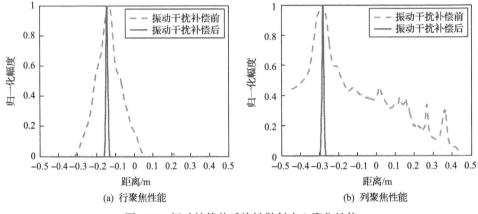

(a) 行聚焦性能　　　　　　　　　　　　(b) 列聚焦性能

图 5.21　振动补偿前后旋转散射中心聚焦性能

2. K 频段雷达对比实验

为了对比验证微小振动在太赫兹频段的显著影响以及太赫兹频段在微小振动探测方面的优势,本节利用一个 K 频段雷达进行对比实验,实验目标和场景与太赫兹雷达验证实验相同。该雷达载频为 25GHz,带宽为 2GB,信号体制为 LFMCW。雷达主要结构包括射频前端、收发天线和信号处理器,雷达与笔记本电脑通过通用串行总线(universal serial bus, USB)相连,利用基于图形用户界面(graphical user interface, GUI)编写的控制软件实现参数设置和数据采集,如图 5.22 所示。受振动

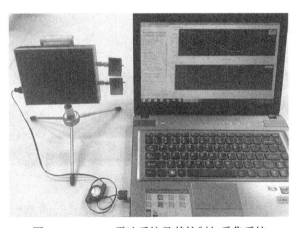

图 5.22　25GHz 雷达系统及其控制与采集系统

干扰的旋转角反射器时频分布如图 5.23 所示。可以看出，在 K 频段雷达系统观测下，目标时频分布由于受到振动干扰的影响，有一定程度的纵向展宽，但是由于振动干扰微多普勒值较小，且频段雷达微多普勒观测能力有限，所以难以从其时频分布中直观地看出微小振动干扰分量。

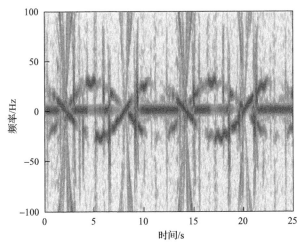

图 5.23　受振动干扰的旋转角反射器时频分布 (25GHz)

5.2.3　性能分析

信噪比是影响参数估计和成像的重要因素，为了定量分析信噪比和本节算法参数估计精度之间的关系，本节以仿真场景中的散射中心 P_1 为研究目标，利用蒙特卡罗进行仿真验证，信噪比为 –20～0dB，仿真结果如图 5.24 所示。可以看出，

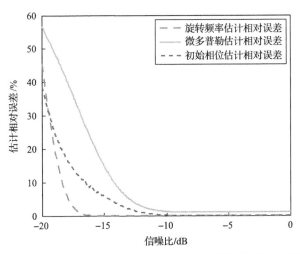

图 5.24　基于时频域滤波的估计算法信噪比与微多普勒估计相对误差的关系

由于本节算法中采用的自相关算法、质心提取算法和逆 Radon 变换算法的本质都是相干累加/积分的过程，具有较好的抗噪性，所以本节算法整体具有较好的抗噪性，尤其是在信噪比大于 –12dB 时，参数估计相对误差基本保持在 1%以内；当信噪比较低时，信号受噪声影响严重，信号回波的周期性及其时频分布的调制特性不够显著，导致本节算法逐渐失效，参数估计性能迅速恶化。

此外，由于本节的微动目标图像重建是基于微小振动的估计和补偿来实现的，所以微小振动干扰参数估计相对误差直接影响后续图像重建的质量。本节利用蒙特卡罗仿真得到了散射中心 P_1 的振动干扰参数估计相对误差与图像分辨率的关系曲线，如图 5.25 所示。

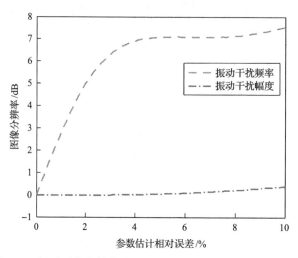

图 5.25　振动干扰参数估计相对误差与图像分辨率的关系曲线

可以看出，振动干扰频率的估计相对误差对重建图像的质量至关重要，它会带来补偿信号在慢时间的错位，进而严重影响图像重建质量；振动干扰幅度估计相对误差对重建图像质量的影响比较有限。综合来看，当频率估计相对误差在 1%以内时，图像分辨率恶化不超过 3dB。结合图 5.24 的结果可知，当回波信噪比大于 –12dB 时，其参数估计相对误差小于 1%，此时图像分辨率恶化程度控制在 3dB 以内。

目前，传统微波频段的雷达目标微动特征提取的研究已经比较成熟，但是太赫兹频段的特殊性使得各种非理想因素的影响变得十分显著，严重影响了传统方法的性能，甚至使其完全失效。本节针对太赫兹频段微多普勒敏感性带来的微多普勒模糊和微小振动干扰这两个非理想因素影响，分别进行分析、建模、仿真和实验，并提出对应的解决办法，在规避太赫兹劣势的同时，发挥太赫兹频段在高精度微动参数估计方面的优势。两个方法都从理论和实验两个方面进行分析与验证，并对方法性能进行深入讨论和定量分析，为太赫兹雷达微动特征提取从实验走向实际应用奠定了理论基础和算法基础。

5.3　微小振动目标微动参数估计

在空间目标雷达观测过程中，雷达平台或目标的微小振动普遍存在，如中段弹头目标的振动、卫星太阳能帆板的振动、飞艇载平台的振动等。太赫兹频段微多普勒敏感性的另一优势在于具有精细测量的潜力，使得传统微波频段无法探测的微小振动在太赫兹频段可以实现精确探测。本节以微小振动为研究目标，提出相位测距与经验模态分解相结合的太赫兹频段微小振动测量算法，并利用 330GHz 雷达系统对微小振动目标进行实验验证。本节算法可广泛应用于太赫兹雷达平台或空间目标微小振动特征提取和监测。

5.3.1　算法原理

5.2 节研究的是微动目标上附加的微小振动，因此把微小振动视作微动参数估计中的干扰进行滤除和补偿。本节以微小振动为目标，研究太赫兹雷达微小振动测量方法。雷达平台或目标的微小振动会带来雷达与目标之间径向距离的微小变化，也会带来回波相位的微小调制，充分利用其信息可以实现微小振动的参数估计。本节算法将相位测距和经验模态分解相结合，其中相位测距是为了利用回波相位获取微小振动带来的目标径向位移，然而该位移中一般包含低频调制和高频噪声等干扰。为了从含有各种干扰的位移信号中筛选出与微小振动相关的分量，采用经验模态分解进行杂波滤除。

微小振动本质上的影响是雷达与目标之间的微小距离变化。单频信号或窄带信号是没有距离分辨能力的，无法实现距离测量；宽带信号虽然具有距离分辨能力，尤其是太赫兹频段，带宽往往可以达到十几甚至几十吉赫兹，距离分辨率达到厘米级甚至毫米级，然而相比平台或目标毫米级甚至微米级的微小振动，这种距离分辨率远远达不到高精度测量需求。因此，要实现微小振动位移的精确测量，需要利用信号的相位信息。20 世纪 70 年代末，美国学者开始研究宽带信号相位测距(phase derived range, PDR) 技术，并将其应用于反导系统建设[9-12]。雷达相位测距技术能够获得精确的测距值，同时保证较高的数据率，是提高雷达对精细运动刻画能力的有效途径，也为微动特征提取开辟了新的研究方向。下面以宽带 LFM/LFMCW 体制为例，简单介绍本节算法原理[13-15]。

LFM/LFMCW 体制下发射信号的表达式一般可以写为

$$s_t(t) = \text{rect}\left(\frac{\hat{t}}{T_p}\right)\exp\left[\text{j}2\pi\left(f_c t + \frac{1}{2}\gamma\hat{t}^2\right)\right] \tag{5.18}$$

式中，$\hat{t}$ 为距离快时间；T_p 为 LFM 体制中的脉宽，或是 LFMCW 体制中的扫频周期；f_c 为雷达载频；γ 为信号调频率。当雷达和目标之间不存在平动时，回波时延只与雷达平台或目标的微小振动有关，可以写为

$$\tau(t) = \frac{2R(t)}{c} = \frac{2a_v \sin(\omega_v t + \varphi_v)}{c} \tag{5.19}$$

回波信号的表达式为

$$s_r(t) = \text{rect}\left[\frac{\hat{t} - \tau(t)}{T_p}\right] \exp\left(j2\pi\left\{f_c[t - \tau(t)] + \frac{1}{2}\gamma[\hat{t} - \tau(t)]^2\right\}\right) \tag{5.20}$$

dechirp 之后的中频回波表达式为

$$s_{\text{if}}(t) = \text{rect}\left(\frac{\hat{t} - 2R_\Delta/c}{T_p}\right) \exp\left[-j\frac{4\pi}{c}\gamma\left(\hat{t} - \frac{2R_{\text{ref}}}{c}\right)R_\Delta - j\frac{4\pi}{c}f_c R_\Delta + j\frac{4\pi\gamma}{c^2}R_\Delta^2\right] \tag{5.21}$$

式中，$R_\Delta = R(t) - R_{\text{ref}}$；$R_{\text{ref}}$ 为 dechirp 处理的参考距离。这时距离像的表达式为

$$S_{\text{if}}(f) = T_p \text{sinc}\left[T\left(f + \frac{2\gamma}{c}R_\Delta\right)\right] \exp\left[-j2\pi\left(\frac{2\gamma}{c^2}R_\Delta^2 + \frac{2f_c}{c}R_\Delta + \frac{2f}{c}R_\Delta\right)\right] \tag{5.22}$$

由式 (5.22) 可以看出，目标距离像在快时间为宽度很窄的 sinc 函数形式，sinc 函数的峰值位于 $f_s = -2\gamma R_\Delta/c$。公式中的第二个相位即是与微小振动相关的相位 $\phi_d = 4\pi f_c R_\Delta/c$。因此，可以通过将 $f = f_s$ 代入式 (5.22) 来获得峰值处的复信号：

$$S_{\text{if}}(f_s) = T_p \exp\left[-j2\pi\left(\frac{2\gamma}{c^2}R_\Delta^2 + \frac{2f_c}{c}R_\Delta - \frac{4\gamma}{c^2}R_\Delta^2\right)\right] \tag{5.23}$$

此时，补偿掉峰值处复信号中与 ϕ_d 无关的相位项，即可获得与微小振动相关的相位分量。经过相位解缠，相位测距法得到的位移 S 可以通过多普勒与位移之间的关系推导得出，即

$$S = \frac{c}{4\pi f_c}\phi_d \tag{5.24}$$

对于本节研究的微小振动，其幅度一般远小于雷达距离分辨单元，因此距离像中一般不会发生距离徙动，相位补偿或相位解缠比较简单。但是在实际情况下，一般位移 S 中不仅包含平台或目标微小振动带来的位移，还包括一部分残余的平

动分量和高频噪声分量。因此，要想实现微小振动的精确测量，必须对位移进行杂波滤除。本节采用经验模态分解[16-20]进行位移分离，经验模态分解首先将原始位移信号分解成若干本征模态分量，然后根据其频率差异滤除低频调制分量和高频噪声分量，最后对与微小振动分量相关的位移进行频谱分析，即可得到微小振动参数。

5.3.2　实验验证

为了验证本节算法的有效性，采用载频为 330GHz、带宽为 12.8GHz 的太赫兹雷达系统，对振动手机目标进行实验。实验中手机开启振动模式，与雷达视线垂直放置，手机的振动带来目标与雷达径向之间的微小距离变化是需要测量的目标信号。微小振动目标距离像如图 5.26 所示，目标振动幅度远小于距离分辨单元，从其距离像序列无法直观地看出微小振动干扰的影响，因此必须利用相位信息进行位移提取。利用宽带相位测距法得到的原始位移如图 5.27 所示，可以看出，该位移在受到高频噪声干扰的同时，还受到一个低频调制的影响，难以直接从中提取出目标微小振动信息，需要通过经验模态分解进行杂波滤除。

对图 5.27 的原始位移进行经验模态分解的结果如图 5.28 所示，可以看出，该位移被分解成 12 个 IMF 分量和 1 个残余分量，各 IMF 分量的频率成分从高到低。其中，高频分量(IMF1～IMF3)对应位移中的高频噪声干扰，低频分量(IMF11、IMF12 和残余分量)对应低频调制，其余分量是与目标微小振动相关的位移分量。重组之后得到的各个部分分量如图 5.29 所示。

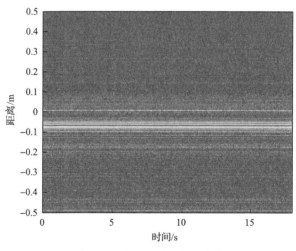

图 5.26　微小振动目标距离像

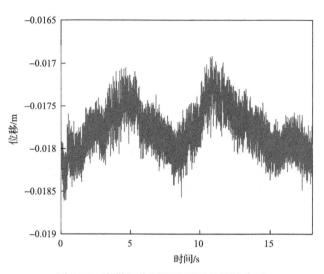

图 5.27　宽带相位测距法得到的原始位移

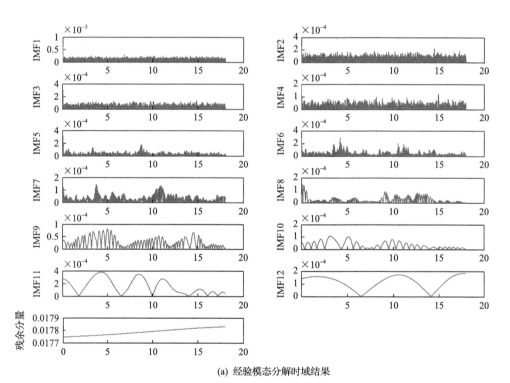

(a) 经验模态分解时域结果

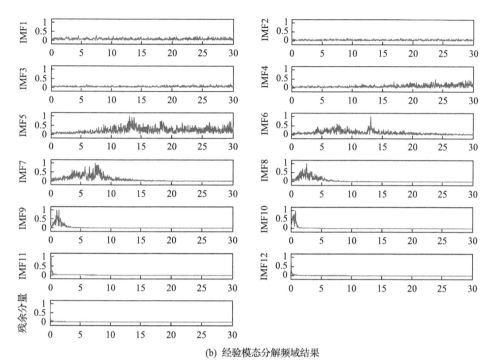

(b) 经验模态分解频域结果

图 5.28　原始位移经验模态分解结果

横坐标表示时间/s；纵坐标表示位移/m

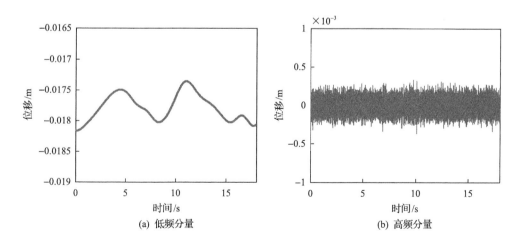

(a) 低频分量　　　　　　　　　　　　　　　　(b) 高频分量

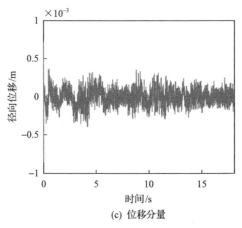

(c) 位移分量

图 5.29　重组之后得到的各个部分分量

由图 5.29 的目标微小振动分量可以看出，本实验中手机振动带来的径向位移均值为 0.22mm，最大值约为 0.5mm。为了分析其频率成分，本节对图 5.29(c) 的振动位移分量进行频谱分析，如图 5.30 所示。可以看出，手机振动频率主要分布在 0~20Hz，其中包括位于 7.81Hz 和 0.85Hz 处的两个主要频率分量，此外还有一些谐频干扰。为了解这两个主要频率分量的物理意义，对该手机振动原理和参数进行调研，发现其振动由离心电机带动，每个振动过程包括加速、匀速和减速三个阶段，多个振动过程周而复始。也就是说，该电机旋转带来的振动频率不是恒定的，其运动至少受到两个频率分量的调制。每个振动过程约为 1.2s，对应频谱上的 0.85Hz；当电机匀速转动时，其转速约为 7.8r/s，对应频谱上的 7.81Hz分量。

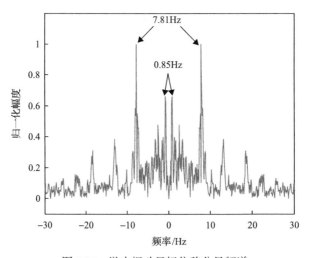

图 5.30　微小振动目标位移分量频谱

本节算法的位移提取过程中采用的是相位测距，因此测距精度与系统相位稳定度密切相关。假设某雷达系统的相位稳定度为 $\Delta\phi$，则根据相位与位移之间的关系式(5.24)，其测距精度可表示为

$$\Delta R = \frac{c}{4\pi f_c}\Delta\phi \qquad\qquad (5.25)$$

根据式(5.25)，测距精度与载频和系统相位噪声相关，在同一相位噪声情况下，雷达载频越高，测距精度越高，再次验证了太赫兹雷达在微小振动高精度监测方面的优势。本节实验采用的雷达系统载频为 330GHz，其相位稳定度约为 10°，因此其理论测距精度可达 10μm 量级，基本可以满足大多数应用场景的测量需求。

5.3.3　性能分析

本节算法的本质是宽带相位测距，为了进行干扰抑制和噪声滤除，在相位测距之后通过 EMD 对位移信号进行分解和重组。噪声对本节算法的影响主要在于相位测距过程中对距离像峰值的估计。为了解本节算法的抗噪性能，这里使用的参数与蒙特卡罗仿真实验一致。仿真目标振动频率为 10Hz，振幅为 1mm，信噪比为 –20~0dB，其参数估计相对误差与信噪比的关系曲线如图 5.31 所示。可以看出，当信噪比约大于–14dB 时，算法性能良好，参数估计相对误差控制在 5%以内。当信噪比小于–14dB 时，噪声的影响使得距离像峰值的估计出现偏差，算法性能急剧下降。

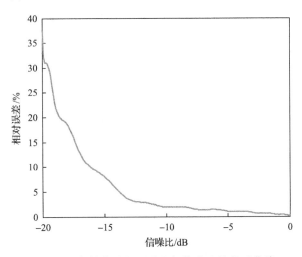

图 5.31　参数估计相对误差与信噪比的关系曲线

此外，在某一固定信噪比下（SNR=−3dB），不断减小目标振动幅度，并以其振动对应的频谱峰值高于平均值 3dB 作为稳定检测标准，得到了该信噪比下不同振幅情况下的参数估计性能，如图 5.32 所示。可以看出，在该信噪比下，当目标振幅大于 144μm 时，振动频率的频谱峰值与平均值之差大于 3dB，均可稳定检测；当目标振幅小于 144μm 时，很难实现振动参数估计。

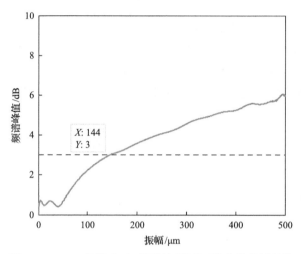

图 5.32　−3dB 信噪比时不同振幅情况下的参数估计性能

太赫兹雷达的这一优势具有非常广泛和重要的应用前景，如应用于人体生命信号测量、声致水面测量以及其他微动测量场景[1, 21, 22]。

5.4　粗糙表面目标微动参数估计

太赫兹频段目标散射特性的分析和研究对目标特征提取和成像至关重要。太赫兹频段信号波长较短，使得原本在微波频段可以视为光滑表面的目标在太赫兹频段逐渐显示出其粗糙特性[2, 23]。为了研究目标表面粗糙特性并进行粗糙表面目标微动参数估计，本节从理论上分析粗糙表面目标散射特性。

5.4.1　粗糙表面目标散射特性

由第 2 章的分析可知，对于微波频段电磁波，人造目标的表面通常可认为是光滑的，目标对电磁波的散射一般发生在几何不连续处，目标总的散射场可以表现为少量散射中心散射场的叠加。因此，混频后目标总的散射可表示为

$$E_w(f, \theta) = \sum_{i=1}^{N_w} \sigma_i(f, \theta) \exp\left[-\mathrm{j}\frac{4\pi f}{c} r_i(f, \theta)\right] \tag{5.26}$$

式中，N_w 为目标包含的散射中心数目；f 为入射波频率；θ 为雷达视线的入射角；c 为电磁波传播速度；$\sigma_i(f,\theta)$、$r_i(f,\theta)$ 分别为该散射中心的散射系数及其到雷达的距离，两者通常与 f 和 θ 有关。

对于太赫兹频段，目标对电磁波的散射除了发生在几何不连续处，还发生在目标粗糙表面。根据目标散射的局部特性，粗糙表面的散射也表现为散射中心特性，因此太赫兹频段目标总的散射可表示为

$$E_T(f,\theta) = \sum_{i=1}^{N_w} \sigma_i(f,\theta) \exp\left[-\mathrm{j}\frac{4\pi f}{c} r(f,\theta)\right] + \int_s \rho(f,\theta,s) \exp\left[-\mathrm{j}\frac{4\pi f}{c} r(f,\theta,s)\right] \mathrm{d}s$$

$$(5.27)$$

式中，$\rho(f,\theta,s)$、$r(f,\theta,s)$ 分别为表面 s 处的散射密度函数及其与雷达相位中心的距离。

由此可见，目标总的散射可表示为几何不连续处散射与粗糙表面散射的叠加，相比微波频段散射，太赫兹频段目标的散射有一部分来自粗糙表面的贡献，对应式(5.27)右边第二项。对目标表面进行剖分，太赫兹频段粗糙目标总的散射可近似表示为

$$E_T(f,\theta) = \sum_{i=1}^{N_w} \sigma_i(f,\theta) \exp\left[-\mathrm{j}\frac{4\pi f}{c} r_i(f,\theta)\right] + \sum_{i=1}^{N_s} \rho_i^s(f,\theta) \exp\left[-\mathrm{j}\frac{4\pi f}{c} r_i^s(f,\theta)\right]$$

$$(5.28)$$

由式(5.28)可见，太赫兹频段的粗糙目标可以等效为 $N_w + N_s$ 个散射中心，N_w 为几何不连续处产生的等效散射中心数目，N_s 为目标粗糙表面产生的等效散射中心数目。在理想散射中心模型下，$\sigma_i(f,\theta) = \sigma_i$、$\rho_i^s(f,\theta) = \rho_i^s$ 是与频率和入射角无关的常数，$r_i(f,\theta) = r_i(\theta)$、$r_i^s(f,\theta) = r_i^s(\theta)$ 是只与雷达入射角有关的变量，其变化过程反映了目标的运动状态和几何分布。此时，太赫兹频段目标总的频率响应可表示为

$$E_T(f,\theta) = \sum_{i=1}^{N_w} \sigma_i \exp\left[-\mathrm{j}\frac{4\pi f}{c} r_i(\theta)\right] + \sum_{i=1}^{N_s} \rho_i^s \exp\left[-\mathrm{j}\frac{4\pi f}{c} r_i^s(\theta)\right] \qquad (5.29)$$

式(5.29)即为太赫兹频段粗糙目标理想散射中心频率响应的指数和模型。在了解太赫兹频段粗糙表面散射模型、微动目标运动模型和雷达信号体制的基础上，即可进行粗糙表面微动目标回波建模。

假设发射信号为 $\exp(\mathrm{j}2\pi ft)$，其中 f 为入射频率，粗糙表面微动目标窄带回波模型可表示为

$$s(t) = \int_s \mathrm{sh}(t,s)\rho(t,s)\exp\left\{-\mathrm{j}\frac{4\pi f}{c}\big[r(t,s)+\mathrm{sl}(t,s)\big]\right\}\mathrm{d}s \qquad (5.30)$$

式中，$\rho(t,s)$ 为散射子的幅度调制效应；$r(t,s)$ 为 t 时刻 s 处的散射子与雷达相位中心的距离，表征目标的运动特性；$\mathrm{sl}(t,s)$ 为由散射中心滑动引起的附加多普勒调制；$\mathrm{sh}(t,s)$ 为遮挡效应，对于凸体目标有

$$\mathrm{sh}(t,s) = \begin{cases} 1, & \cos(\angle(s^{\perp},\mathrm{LOS})) \leqslant 0 \\ 0, & \text{其他} \end{cases} \qquad (5.31)$$

式中，$s^{\perp}$ 为 s 处的垂线；LOS 为雷达视线或入射矢量。

假设发射宽带信号的时频函数为 $s_{\mathrm{tr}}(f,t_m)$，t_m 为慢时间，可用脉冲中心时刻表征。目标的时频响应为 $H(f,t_m)$，则宽带接收信号可表示为

$$s_R(\hat{t},t_m) = \frac{1}{\sqrt{2\pi}}\int_{-\pi}^{\pi} s_{\mathrm{tr}}(f,t_m)\cdot H(f,t_m)\exp(\mathrm{j}2\pi f\hat{t})\mathrm{d}f \qquad (5.32)$$

式中，$H(f,t_m)$ 为目标 t_m 时刻入射频率为 f 时的响应函数；$H(f,t_m)=s(t_m;f)$，$s(t_m;f)$ 为入射频率为 f 时 t_m 时刻目标的响应函数。

5.4.2 算法原理

尽管目标表面粗糙会使漫反射增强、镜面反射削弱，但是信号及其时频分布的周期性依然存在。因此，目标微动周期的估计仍然可以通过常规算法实现，如自相关算法、频谱分析算法或复倒谱分析算法等。至于微动幅度，本节提出一种基于时频峰值检测的微动幅度估计算法。为了更清楚地描述本节算法，建立如图 5.33 所示的仿真场景，目标为旋转的粗糙圆柱。在这种情况下，目标微动幅度的估计与目标的尺寸反演是等价的。在目标旋转过程中，图 5.33 中的典型场景，即雷达垂直入射目标表面的情况是不可避免的，且在这种情况下镜面反射依然占据主导地位，表现在回波时频图上是时频域的一系列峰。

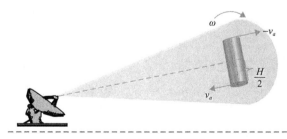

(a) 雷达垂直入射圆柱侧面

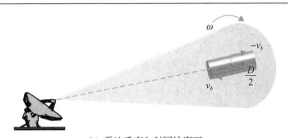

(b) 雷达垂直入射圆柱底面

图 5.33　旋转粗糙表面目标雷达观测示意图

在仿真场景中,目标边缘的线速度 v_a 和 v_b 同时与目标旋转角速度 ω 和目标尺寸参数 H、D 相关,其中 H 为圆柱目标的高,D 为其底面直径,H 和 D 也可以看作目标两个方向的微动幅度。也就是说,旋转圆柱的尺寸参数可以根据目标旋转角速度及其回波时频域的峰值高度推导出来,其表达式为

$$\begin{cases} p_a = \dfrac{2f_c v_a}{c} = \dfrac{f_c \omega H}{c} \\ p_b = \dfrac{2f_c v_b}{c} = \dfrac{f_c \omega D}{c} \end{cases} \tag{5.33}$$

式中,p_a、p_b 分别为图 5.33(a) 和 (b) 对应的时频峰值高度,也就是最大微多普勒值。微动角速度 ω 可以根据回波信号或其时频分布的周期性,通过传统周期估计方法获得。式 (5.33) 中只有目标微动参数是未知信息,因此根据时频峰值得到的微动参数或目标尺寸为

$$\begin{cases} H = \dfrac{cp_a}{\omega f_c} \\ D = \dfrac{cp_b}{\omega f_c} \end{cases} \tag{5.34}$$

对于其他类型的微动目标,如旋转的天线、进动的弹头等,也有类似的结论。在其微动过程中,只要出现垂直入射情况,即可根据以上方法估计得到目标在该位置处的横向尺寸,为微动目标特征提取与识别提供辅助信息。

5.4.3　实验验证

为了验证粗糙表面目标散射特性,并验证粗糙表面旋转目标参数估计算法,本节设计和加工一系列铝质粗糙表面圆柱目标,如图 2.32 所示。图中圆柱从左至右平均表面粗糙度 R_a 分别为 0.03μm、0.3μm、3μm、30μm 和 300μm,该参数通过 Taylor Hubson 接触式表面轮廓测量仪获得,具有较高的精度,圆柱高度为

20cm，底面直径为 8cm。实验中，粗糙圆柱目标放置在距离雷达 5m 的高精度转台上，以 15r/min 的角速度(对应微动周期为 4s)进行旋转。实验中分别采用载频为 220GHz 和 440GHz 的两套系统进行对比验证。为了降低背景噪声的影响，实验在太赫兹吸波暗室中进行，实验场景如图 2.33 所示。

为了利用时频峰进行目标微动参数估计，首先进行微动周期估计，基于自相关的旋转粗糙表面圆柱周期估计结果如图 5.34 所示。本实验中设置的旋转速度为 15r/min，对应周期为 4s，估计得到的微动周期也为 4s。可以看出，虽然目标表面粗糙会带来散射特性的变化，但是信号及其时频分布的周期性依然存在，周期估计算法受目标表面粗糙的影响较小，不管是利用回波信号，还是利用其时频分布，都可以较为精确地获得目标微动周期。

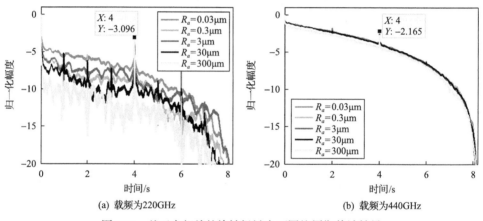

(a) 载频为220GHz　　　　　　　　　　(b) 载频为440GHz

图 5.34　基于自相关的旋转粗糙表面圆柱周期估计结果

图 5.35 是利用时频峰，根据式(5.34)进行微动参数估计的结果，对于圆柱目

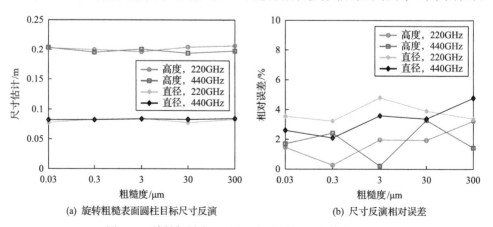

(a) 旋转粗糙表面圆柱目标尺寸反演　　　　　(b) 尺寸反演相对误差

图 5.35　旋转粗糙表面圆柱目标尺寸反演及其相对误差

标，就是目标尺寸反演结果。可以看出，根据时频峰可以有效地进行微动参数或目标尺寸参数的估计，本次实验中的参数估计相对误差均小于 5%，验证了本节算法的有效性和高精度。

5.5　基于时频变换域窄带成像的粗糙目标微动参数估计

5.5.1　粗糙目标时频变换域窄带成像

1. 窄带回波高分辨时频分析

1) 基于核函数分解的时频分析

傅里叶变换是信号静态频谱分析的有效工具，而现实生活中许多信号的频率分量都是时变的，如音乐信号等。利用简单的正弦函数作为基函数的傅里叶变换无法实时反映信号的频谱特征，因此本节引入时频分析技术来分析时变信号的频谱特征。第一类时频分析技术是核函数分解方法(kernel function decomposition method, KFDM)，典型的有短时傅里叶变换和小波变换方法。其中，短时傅里叶变换是由 Gabor 提出的一种简单而又直观的时频分析技术。其基本思想是：对沿信号时间轴移动的窗函数内的数据段进行傅里叶变换，将窗函数内的信号频率切片按照窗口滑动时间依次排列，得到关于信号时间-频率的二维时频函数。其公式为

$$\text{STFT}(t,\omega) = \int_{-\infty}^{\infty} s(t)w^*(\tau - t)\mathrm{e}^{-\mathrm{j}\omega\tau}\mathrm{d}\tau \tag{5.35}$$

式中，$s(t)$ 为随时间移动的信号；$w(t)$ 为窗函数。假定窗函数能量有限，则式(5.35)的可逆表示为

$$s(t) = \frac{1}{E}\int_{-\infty}^{\infty}\int_{-\infty}^{\infty}\text{STFT}(\tau,v)w(t-\tau)\mathrm{e}^{\mathrm{j}vt}\mathrm{d}\tau\mathrm{d}v \tag{5.36}$$

式中，E 为窗函数能量。式(5.36)表明，信号 $s(t)$ 可以分解为基本函数线性加权和的形式，这些基本函数被视为构成信号的核函数。

在 Heisenberg-Gabor 不确定准则限制下，STFT 不能同时满足很高的频率分辨率和时间分辨率，通常情况下，宽的窗函数意味着高的频率分辨率，但会导致时间分辨率降低，反之，短的窗函数意味着高的时间分辨率，但频率分辨率会降低。理论上，最优窗函数的选择与信号带宽有关，但是在大多数实际情况下，信号的带宽是未知的，因此窗口函数宽度的最优取值也是未知的。实际应用中，STFT 窗口函数宽度的选择往往体现出 STFT 在时间分辨率和频率分辨率之间的折中。

2) 基于能量分布的时频分析

第二类时频分析技术是能量分布方法，优秀的能量分布方法通常应该满足时移不变性、频移不变性、能量守恒性、时间及频率边缘性，其中时移不变性和频移不变性尤为重要，这两个性质能够保证信号在时域和频域进行延迟和调制时，其时频分布在时频面内也发生相同量的偏移。具有时移不变性和频移不变性的能量分布类统一称为 Cohen 类，表达式为

$$C_s(t,\omega;\varphi) = \iiint_{-\infty}^{\infty} \varphi(\xi,\tau) s\left(\upsilon + \frac{\tau}{2}\right) s^*\left(\upsilon - \frac{\tau}{2}\right) \mathrm{e}^{-\mathrm{j}\omega\tau} \mathrm{e}^{\mathrm{j}\xi(\upsilon-t)} \mathrm{d}\upsilon \mathrm{d}\xi \mathrm{d}\tau \quad (5.37)$$

式中，$\varphi(\xi,\tau)$ 为权函数（parameterization function, PF）。Cohen 类包括多数现有的能量时频分布，当 $\varphi(\xi,\tau)=1$ 时，Cohen 类转化为 WVD。

3) WVD

空间目标的雷达回波信号通常包含多频率分量（由不同散射中心调制引起），且具有时变性和非线性；对于线性调频类信号，WVD 的分辨率是最高的，由 Wigner 于 1932 年首次在量子力学领域提出，并由 Ville 引入信号分析领域。作为能量分布时频分析方法，WVD 是信号自相关函数的傅里叶变换，表达式为

$$\mathrm{WVD}(t,\omega) = \int_{-\infty}^{\infty} s\left(t + \frac{\tau}{2}\right) s^*\left(t - \frac{\tau}{2}\right) \mathrm{e}^{-\mathrm{j}\omega\tau} \mathrm{d}\tau \quad (5.38)$$

WVD 满足时间边界条件、频率边界条件，具有瞬时频率特性和群延迟特性等诸多优点，但是存在相干干扰。当信号中包含多个频率分量时，WVD 的时频面上会存在相干干扰项，在某些情况下，相干干扰项的强度会超过信号自相关的强度，严重干扰信号时频分析的质量，而且当信号包含非线性时频分量时，WVD 难以用于信号的时频分析。

4) PWVD

PWVD 是一种时域加窗的能量时频分布，表达式为

$$\mathrm{PWVD}(t,\omega) = \int_{-\infty}^{\infty} w\left(\frac{\tau}{2}\right) w^*\left(-\frac{\tau}{2}\right) s\left(t + \frac{\tau}{2}\right) s^*\left(t - \frac{\tau}{2}\right) \mathrm{e}^{-\mathrm{j}\omega\tau} \mathrm{d}\tau \quad (5.39)$$

窗函数的引入使得 PWVD 具有分析非线性时变频率信号的能力，同时，可适当抑制多成分信号分量产生的相干干扰。假设信号 $s(t)$ 由两个线性调频信号组成，即

$$s(t) = s_1(t) + s_2(t) \quad (5.40)$$

则信号 $s(t)$ 的 PWVD 表达式为

$$
\begin{aligned}
\mathrm{PWVD}(t,\omega) &= \int_{-\infty}^{\infty} w\left(\frac{\tau}{2}\right) w^*\left(-\frac{\tau}{2}\right) s\left(t+\frac{\tau}{2}\right) s^*\left(t-\frac{\tau}{2}\right) \mathrm{e}^{-\mathrm{j}\omega\tau} \mathrm{d}\tau \\
&= \int_{-\infty}^{\infty} w_e(\tau) s_1\left(t+\frac{\tau}{2}\right) s_1^*\left(t-\frac{\tau}{2}\right) \mathrm{e}^{-\mathrm{j}\omega\tau} \mathrm{d}\tau + \int_{-\infty}^{\infty} w_e(\tau) s_2\left(t+\frac{\tau}{2}\right) s_2^*\left(t-\frac{\tau}{2}\right) \mathrm{e}^{-\mathrm{j}\omega\tau} \mathrm{d}\tau \\
&\quad +\cdots+ \int_{-\infty}^{\infty} w_e(\tau) s_1\left(t+\frac{\tau}{2}\right) s_2^*\left(t-\frac{\tau}{2}\right) \mathrm{e}^{-\mathrm{j}\omega\tau} \mathrm{d}\tau + \int_{-\infty}^{\infty} w_e(\tau) s_2\left(t-\frac{\tau}{2}\right) s_1^*\left(t-\frac{\tau}{2}\right) \mathrm{e}^{-\mathrm{j}\omega\tau} \mathrm{d}\tau
\end{aligned}
\tag{5.41}
$$

由式 (5.41) 可知，时域加窗方法部分削弱了相干项，但是降低了 WVD 的频率分辨率。事实上，PWVD 是 STFT 的自相关表示，在窗函数选择确定的情况下，PWVD 抑制时频分布相关项的能力也相应确定。

5）S-Method

在时域窗函数确定的情况下，如何实现高频率分辨与弱相干干扰的平衡是时频分析技术中的重要研究内容。S-Method 通过频域加窗的方法较好地实现了这一目的，得到 PWVD 和 STFT 的关联表达式为

$$
\begin{aligned}
\mathrm{PWVD}(t,\omega) &= \int_{-\infty}^{\infty} w\left(\frac{\tau}{2}\right) w^*\left(-\frac{\tau}{2}\right) s\left(t+\frac{\tau}{2}\right) s^*\left(t-\frac{\tau}{2}\right) \mathrm{e}^{-\mathrm{j}\omega\tau} \mathrm{d}\tau \\
&= 2\int_{-\infty}^{\infty} w(\tau) w^*(-\tau) s(t+\tau) s^*(t-\tau) \mathrm{e}^{-2\mathrm{j}\omega\tau} \mathrm{d}\tau \\
&= 2\int_{-\infty}^{\infty} w(\tau) s(t+\tau) \mathrm{e}^{-\mathrm{j}\omega\tau} \mathrm{d}\tau \left[\int_{-\infty}^{\infty} w(-\tau) s(t-\tau) \mathrm{e}^{\mathrm{j}\omega\tau} \mathrm{d}\tau\right]^* \\
&= \frac{1}{\pi}\int_{-\infty}^{\infty}\int_{-\infty}^{\infty} w(\tau) s(t+\tau) \mathrm{e}^{-\mathrm{j}\left(\omega+\frac{\theta}{2}\right)\tau} \mathrm{d}\tau \left[\int_{-\infty}^{\infty} w(-\tau) s(t-\tau) \mathrm{e}^{\mathrm{j}\left(\omega-\frac{\theta}{2}\right)\tau} \mathrm{d}\tau\right]^* \mathrm{d}\theta \\
&= \frac{1}{\pi}\int_{-\infty}^{\infty} \mathrm{STFT}\left(t,\omega+\frac{\theta}{2}\right) \mathrm{STFT}^*\left(t,\omega-\frac{\theta}{2}\right) \mathrm{d}\theta
\end{aligned}
\tag{5.42}
$$

式 (5.42) 表明，PWVD 是 STFT 的自相关表示，它的另一种表达式为

$$
\mathrm{PWVD}(t,\omega) = \left|\mathrm{STFT}(t,\omega)\right|^2 + \frac{2}{\pi}\mathrm{Re}\left[\int_0^{\infty} \mathrm{STFT}\left(t,\omega+\frac{\theta}{2}\right) \mathrm{STFT}^*\left(t,\omega-\frac{\theta}{2}\right) \mathrm{d}\theta\right] \tag{5.43}
$$

观察式 (5.43)，PWVD 在形式上表现为 STFT 沿频率轴的卷积，当平移量取 $\theta = \mathrm{rad}$ 时，PWVD 为 STFT 的能量表示形式，体现的是不同信号自身的时频分量；

当 $\theta \neq \mathrm{rad}$ 时，PWVD 包含了不同成分信号的相干分量，表现为式(5.43)中等号右面的第二项，在某些情况下，相干项幅度高于自身项幅度，严重影响信号分析的质量。

S-Method 通过频域加窗，在保留信号自相关项的同时，通过控制该窗函数的长短实现相干项的抑制，表达式为

$$\mathrm{SM}(t,\omega) = \frac{1}{\pi}\int_{-\infty}^{\infty} p(\theta)\mathrm{STFT}\left(t,\omega+\frac{\theta}{2}\right)\mathrm{STFT}^*\left(t,\omega-\frac{\theta}{2}\right)\mathrm{d}\theta \tag{5.44}$$

与 STFT 中时域窗函数的选择类似，式(5.44)中，频域窗函数 $p(\theta)$ 长度的选择没有特殊要求，在实际应用中，需灵活处理来获得高分辨和低相干干扰的折中。

2. 基于逆 Radon 变换的时频变换域窄带成像

逆 Radon 变换是图像重建理论中的一种重要方法，可以将输入图像中的正弦曲线映射到参数空间的特显点。微动目标散射点的时频曲线表现为正弦调制，通过逆 Radon 变换可以将时频图像映射为散射点的空间分布。对于旋转目标，时频分布的逆 Radon 变换即为目标的图像。逆 Radon 变换可以通过多种途径实现，如傅里叶切片法、滤波反投影法等，其基本原理在 2.3.3 节已有详细论述。通过逆 Radon 变换，输入图像上的正弦曲线 $\rho = A\cos(\theta + \varphi_0)$ 被映射到参数空间上的特显点 $(A\sin\varphi_0, A\cos\varphi_0)$，也即目标的散射点。根据多普勒与旋转半径的关系式(5.45)，可以对目标图像定标。

$$f_{md} = \frac{2r_0\omega f_0}{c} \tag{5.45}$$

5.5.2 基于窄带图像的微动参数估计

由于太赫兹频段载频高，粗糙目标的图像散射丰富，有利于基于目标图像提取微动参数和目标尺寸结构参数。对于粗糙圆柱目标，通过提取线特征可以实现目标尺寸结构参数反演。Radon 变换是提取线特征的代表性方法。

$$\mathrm{RT}_\theta(u) = \int_{-\infty}^{\infty} L(u\cos\theta - v\sin\theta, u\sin\theta + v\cos\theta)\mathrm{d}v \tag{5.46}$$

式中，L 为函数；θ 为投影角；u、v 为投影坐标；$\mathrm{RT}_\theta(u)$ 为 θ 投影方向投影坐标 u 处的投影强度。如果图像中的直线平行于投影方向 θ_0，则会在对应坐标 u_0 处形成峰值。通过检测投影轴上峰值的位置及其间距，可以估计出线段的间距、长度等尺度参数。基于时频变换域窄带成像的粗糙目标微动参数估计流程如图 5.36 所示。

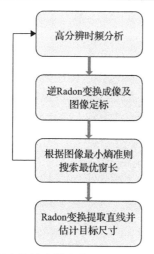

图 5.36　基于时频变换域窄带成像的粗糙目标微动参数估计流程

5.5.3　粗糙表面目标微动实验及分析

实验设置及实验参数与 5.4.3 节一致,基于粗糙表面目标时频图的窄带成像结果如图 5.37 所示。图 5.37(a)～(e)给出了粗糙度分别为 0.03μm、0.3μm、3μm、30μm、300μm 时的目标图像,左图为原始图像,右图为动态范围是 0～10dB 的图像。从图中可以看出,粗糙表面目标太赫兹频段散射丰富,能够清晰地看出圆柱的轮廓。随着粗糙度的增加,目标散射更加丰富,表现为图像的可读性更强。通过Radon 变换并提取最高峰,可以得到圆柱轴线方向 θ_0,通过提取目标图像 θ_0 方向Radon 变换峰值间距可以估计出圆柱底面直径,通过提取目标图像 θ_1 方向(与 θ_0 垂直)Radon 变换峰值间距可以估计出圆柱高。

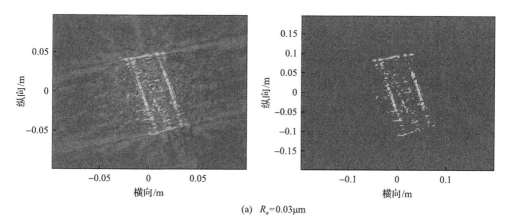

(a)　R_a=0.03μm

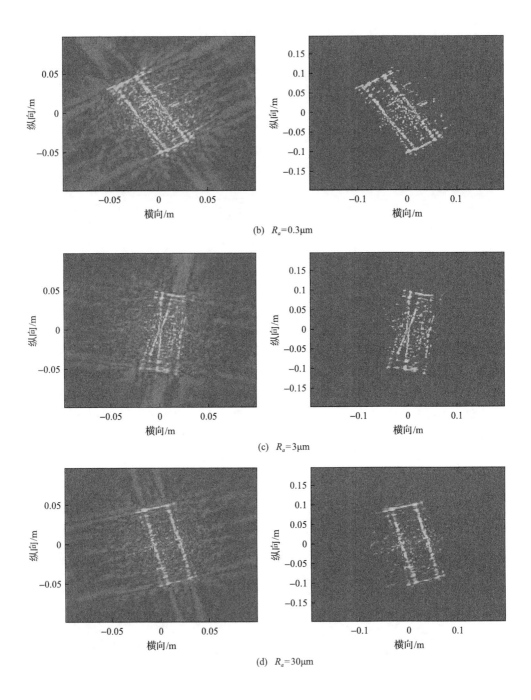

(b) $R_a=0.3\mu m$

(c) $R_a=3\mu m$

(d) $R_a=30\mu m$

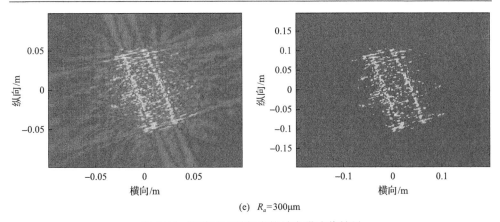

(e) R_a=300μm

图 5.37　粗糙圆柱时频变换域窄带成像结果

图 5.38 给出了粗糙圆柱窄带图像 Radon 变换结果，图 5.38(a)～(e)给出了粗糙度分别为 0.03μm、0.3μm、3μm、30μm、300μm 时目标图像 Radon 变换结果。左图为目标图像沿圆柱轴线 θ_0 方向(Radon 变换出现最高峰的方向)的投影结果，

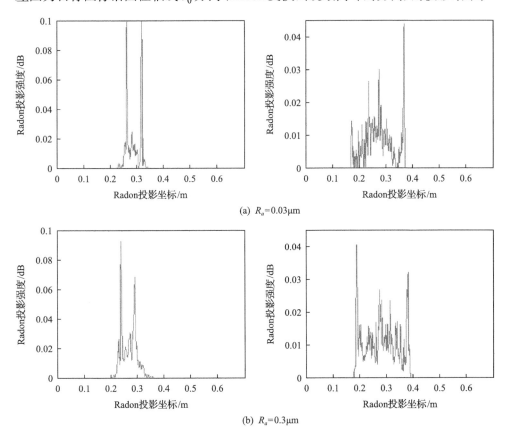

(a) R_a=0.03μm

(b) R_a=0.3μm

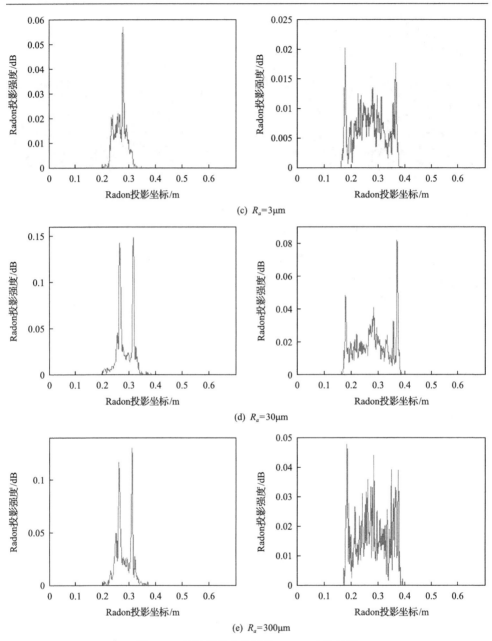

图 5.38　粗糙圆柱窄带图像 Radon 变换结果

通过估计 Radon 投影长度可以估计出圆柱底面直径 (真值为 8cm)。右图为目标图像沿 θ_1 方向 (与 θ_0 垂直) 的投影结果, 通过估计 Radon 投影长度可以估计出圆柱高 (真值为 20cm)。

图 5.39 给出了参数估计结果。图 5.39(a)为旋转圆柱目标尺寸估计结果，图 5.39(b)为参数估计相对误差。从图中可以看出，基于时频变换域窄带图像能够准确估计出目标参数，估计相对误差优于指标中的 10% 要求。

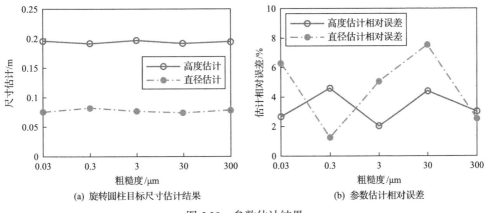

(a) 旋转圆柱目标尺寸估计结果　　　　　(b) 参数估计相对误差

图 5.39　参数估计结果

5.6　本　章　小　结

微尺度特征是目标识别的重要辅助特征，是进行精细化处理的重要依据。本章针对太赫兹频段微多普勒敏感性带来的微尺度特征识别优势，进行了运动微尺度和尺寸微尺度方面的研究。对于运动的微尺度，太赫兹频段微多普勒敏感性使得原本在微波频段没有太大影响的微小振动变成一种干扰，也使得无法监测的微小振动在太赫兹频段得以有效估计，因此本章分别提出了两种方法：基于时频域滤波的估计算法能够有效分离两种不同尺度的微动，并将微小振动进行补偿，进而得到目标微动参数；微小振动目标参数估计算法直接将这种微小振动作为待测参数，通过基于相位测距和经验模态分解相结合的估计算法，能够从多种干扰分量中有效估计得到微小振动参数，并利用太赫兹雷达对振动手机进行了实验验证，获得了手机振动的位移及其频谱。此外，对于尺寸微尺度，本章首先研究了粗糙表面目标散射特征，并提出了粗糙表面目标微动参数估计算法，一方面充分利用镜面散射分量的绝对优势，根据时频峰值的大小进行了微动参数或目标尺寸的反演，另一方面通过时频变换域的窄带成像结果估计粗糙表面目标微动参数，利用两个频段的太赫兹雷达系统，对一系列粗糙表面旋转圆柱进行了实验验证。实验中微动参数估计相对误差均小于 10%，验证了本章算法的有效性和高精度。

参 考 文 献

[1] Guo C, Deng B, Yang Q, et al. Modeling and simulation of water-surface vibration due to acoustic signals for detection with terahertz radar[C]. 2019 12th UK-Europe-China Workshop on Millimeter Waves and Terahertz Technologies(UCMMT), London, 2019.

[2] Yang Q, Deng B, Wang H, et al. ISAR imaging of rough surface targets based on a terahertz radar system[C]. 2017 Sixth Asia-Pacific Conference on Antennas and Propagation（APCAP）, Xi'an, 2017.

[3] Huang Z, He Z, Sun Z, et al. Ananlysis and compensation of vibration error of high frequency synthetic aperture radar[C]. Geoscience and Remote Sensing Symposium, Beijing, 2016.

[4] Zhang Y, Sun J, Lei P, et al. High-frequency vibration compensation of helicopter-borne THz-SAR[Correspondence][J]. IEEE Transactions on Aerospace & Electronic Systems, 2016, 52(3): 1460-1466.

[5] Katkovnik V, Stankovic L. Instantaneous frequency estimation using the Wigner distribution with varying and data-driven window length[J]. IEEE Transactions on Signal Processing, 1998, 46(9): 2315-2325.

[6] Igor D. Viterbi algorithm for chirp-rate and instantaneous frequency estimation[J]. Signal Processing, 2011, 91(5): 1308-1314.

[7] Xu Z, Liu T. Vital sign sensing method based on EMD in terahertz band[J]. EURASIP Journal on Advances in Signal Processing, 2014, (1): 75.

[8] 刘通, 徐政五, 吴元杰, 等. 太赫兹频段下基于 EMD 的人体生命特征检测[J]. 信号处理, 2013, 29(12): 1650-1659.

[9] Fan H, Ren L, Long T, et al. A high-precision phase-derived range and velocity measurement method based on synthetic wideband pulse Doppler radar[J]. Science China Information Sciences, 2017, 60(8): 82301.

[10] Zhu D, Liu Y, Huo K, et al. A novel high-precision phase-derived-range method for direct sampling LFM radar[J]. IEEE Transactions on Geoscience & Remote Sensing, 2016, 54(2): 1131-1141.

[11] Steudel F. Process for phase-derived range measurements: US20050030222[P]. 2006.

[12] Steudel F. An improved process for phase-derived range measurements: EP1651978B1[P]. 2007.

[13] 朱得糠, 刘永祥, 李康乐, 等. 基于雷达相位测距的微动特征获取[J]. 宇航学报, 2013, 34(4): 574-582.

[14] 朱得糠. 基于雷达相位测距的微动特征获取研究[D]. 长沙: 国防科学技术大学, 2011.

[15] 朱得糠, 刘永祥, 霍凯, 等. 基于游标测距的微动参数估计[J]. 信号处理, 2011, 27(8): 1121-1125.

[16] 杜修力, 何立志, 侯伟. 基于经验模态分解(EMD)的小波阈值除噪方法[J]. 北京工业大学学报, 2007, 33(3): 265-272.

[17] Kopsinis Y, Mclaughlin S. Development of EMD-based denoising methods inspired by wavelet thresholding[J]. IEEE Transactions on Signal Processing, 2009, 57(4): 1351-1362.

[18] Du L, Wang B, Li Y, et al. Robust classification scheme for airplane targets with low resolution radar based on EMD-clean feature extraction method[J]. IEEE Sensors Journal, 2013, 13(12): 4648-4662.

[19] Zhu B, Jin W D. Feature Extraction of Radar Emitter Signal Based on Wavelet Packet and EMD[M]. London: Springer, 2012.

[20] Zhibin Y U, Jin W. EMD for multi-component LFM radar emitter signals[J]. Journal of Southwest Jiaotong University, 2009, 44(1): 49-54.

[21] Zhang H, Wang H, Deng B, et al. Research on life sign sensing based on EMD-ICA in the terahertz region[C]. 2018 International Conference on Microwave and Millimeter Wave Technology(ICMMT), Chengdu, 2018.

[22] Zhang H, Yang Q, Wang H, et al. Research on life signal detection based on phase ranging in the terahertz band[C]. 2017 9th International Conference on Advanced Infocomm Technology(ICAIT), Chengdu, 2017.

[23] Yang Q, Deng B, Zhang Y, et al. Parameter estimation and imaging of rough surface rotating targets in the terahertz band[J]. Journal of Applied Remote Sensing, 2017, 11(4): 045001.

第6章 太赫兹频段微动目标平动补偿

6.1 引　言

前面几章对微动目标的研究，基本上没有考虑目标与雷达之间的相对运动，也可以说，之前的研究都是在假设目标平动补偿完成之后进行的。实际中，微动目标往往伴随着平动，尤其是空间微动目标，其平动速度较快。微动目标的平动补偿是一个难题，本章针对这一难题，从低速运动和高速运动两个角度分别研究微动目标的平动补偿。

6.2 节针对低速运动目标，如卫星抵近侦察、伴飞观测等场景，目标与雷达之间相对速度较慢的场景，不考虑参考距离的时变，提出基于多项式拟合的补偿算法。针对高速运动目标，为了实现稳定跟踪，参考距离的时变性是必须要考虑的。6.3 节、6.4 节分别提出基于二次补偿的目标高速平动补偿和基于多层感知器的目标高速平动补偿，其中基于二次补偿的目标高速平动补偿是在传统相邻相关补偿之后，根据微动目标的特殊性研究相应的误差补偿算法；基于多层感知器的目标高速平动补偿是以已接收到的若干脉冲为输入，以多层感知器为预测器，以其预测输出为参考脉冲进行补偿，对两种算法进行实验验证和性能分析。6.5 节提出基于HRRP 一阶条件矩的平动和微动参数估计，可以同时得到目标平动和微动参数，并实现平动补偿。

6.2 基于多项式拟合的目标低速平动补偿

微动目标成像、分类和识别一直是雷达领域研究的重点内容，而微动目标的平动补偿研究一直鲜有报道。目标的微动会带来距离和微多普勒的正弦调制，而平动会使其发生平移、倾斜和混叠，严重影响微动特征的提取[1-5]。目前的研究基本上都是假设微动目标的平动已经得到补偿，或目标的平动信息可以由其他辅助设备提供。本节针对低速运动的微动目标，提出基于多项式拟合的平动补偿算法，能够有效获取目标的平动信息并对其进行补偿，为微动目标的特征提取和成像提供便利。

6.2.1　算法原理

1. "平动+微动"目标雷达回波模型

与传统 ISAR 目标一样，平动补偿主要包括包络对齐和初始相位校正两个步骤，为了保证补偿精度，这两个步骤一般是分开进行的。本节针对的低速运动是指目标与雷达之间的相对速度较小，可以保证在短时间内目标不会飞出雷达不模糊距离范围，因此为了节约雷达资源，雷达也不需要时刻调整参考距离。这种情况在实际中是普遍存在的，如 SAR 成像、卫星抵近侦察、伴飞观测等。为了进行算法分析，本节首先建立"平动+微动"目标雷达回波模型。成像雷达一般采用 LMF 体制或 FMCW 体制，其发射信号的表达式为

$$s(\hat{t}, t_m) = \text{rect}\left(\frac{\hat{t}}{T_p}\right) \exp\left[\text{j}2\pi\left(f_c t + \frac{1}{2}\gamma\hat{t}^2\right)\right] \tag{6.1}$$

式中，$\hat{t}$ 和 t_m 分别为距离快时间和方位慢时间；T_p 为 LFM 体制中的脉宽，也可以是 FMCW 体制中的扫频周期；f_c 为雷达载频；γ 为信号调频率。

微动可以用简谐运动来建模，平动一般可以用多项式来建模，因此一个同时具有微动和平动的目标运动模型可表示为

$$R_k = R_0 - \left(vt_m + \frac{1}{2}at_m^2\right) - a_k \sin(\omega_k t_m + \varphi_k), \quad k = 1,2,\cdots,K \tag{6.2}$$

这里的平动建模为二阶多项式形式。式中，v 和 a 分别代表平动速度和加速度，也可以根据实际情况提高阶数；a_k、ω_k 和 φ_k 分别表示第 k 个散射中心的微动幅度、微动角速度和初始相位；R_0 表示目标和雷达之间的初始距离。因此，该微动目标的回波信号及其微多普勒表达式可表示为

$$f_{dk} = \frac{2R_k'}{\lambda} = \frac{-2\left[v + at_m + a_k\omega_k \cos(\omega_k t_m + \varphi_k)\right]}{\lambda}, \quad k = 1,2,\cdots,K \tag{6.3}$$

$$s_r(\hat{t}, t_m) = \sum_{k=1}^{K} \sigma_k \text{rect}\left(\frac{t - 2R_k/c}{T_p}\right) \exp\left\{\text{j}2\pi\left[f_c\left(t - \frac{2R_k}{c}\right) + \frac{1}{2}\gamma\left(\hat{t} - \frac{2R_k}{c}\right)^2\right]\right\} \tag{6.4}$$

式中，σ_k 为目标上第 k 个散射中心的强度；$\lambda = c/f_c$ 为发射信号波长。在接收端，仍然用一个参考距离为 R_{ref} 的目标回波进行 dechirp 接收，参考信号的表达式为

$$s_{\text{ref}}(\hat{t}, t_m) = \text{rect}\left(\frac{t - 2R_{\text{ref}}/c}{T_p}\right) \exp\left\{ j2\pi\left[f_c\left(t - \frac{2R_{\text{ref}}}{c} \right) + \frac{1}{2}\gamma\left(\hat{t} - \frac{2R_{\text{ref}}}{c} \right)^2 \right] \right\} \quad (6.5)$$

因此，经过 dechirp 接收之后的回波信号表达式为

$$s_{\text{if}}(\hat{t}, t_m) = s_r(\hat{t}, t_m) \cdot s^*_{\text{ref}}(\hat{t}, t_m)$$

$$= \sum_{k=1}^{K} \sigma_k \text{rect}\left(\frac{\hat{t} - 2R/c}{T_p}\right) \exp\left[-j\frac{4\pi}{c}\gamma\left(\hat{t} - \frac{2R_{\text{ref}}}{c} \right)R_{\Delta k} - j\frac{4\pi}{c}f_c R_{\Delta k} + j\frac{4\pi\gamma}{c^2}R_{\Delta k}^2 \right]$$

$$(6.6)$$

式中，$R_{\Delta k} = R_k - R_{\text{ref}}$。对于该回波信号，经过 RVP 补偿和傅里叶变换即可得到距离像的表达式：

$$S_{\text{if}}(f_i, t_m) = \sum_{k=1}^{K} \sigma_k T_p \text{sinc}\left[T_p\left(f_i + 2\frac{\gamma}{c}R_{\Delta k} \right) \right] \exp\left[-j\left(\frac{4\pi f_c}{c}R_{\Delta k} + \frac{4\pi\gamma}{c^2}R_{\Delta k}^2 + \frac{4\pi f_i}{c}R_{\Delta k} \right) \right]$$

$$(6.7)$$

由式(6.6)和式(6.7)可以看出，"平动+微动"目标距离像的包络和相位同时受到平动和微动调制，其在距离像上表现为若干倾斜的正弦曲线，而当倾斜超出雷达不模糊距离时，就会发生距离模糊。一般宽带雷达的不模糊距离表达式为

$$r = \frac{c}{2\delta B} = \frac{cN}{2B} \quad (6.8)$$

式中，N 为每个脉冲或扫频周期内的采样点数。由此可见，与传统微波频段相比，太赫兹频段的大带宽和短波长虽然保证了较高的多普勒分辨率和多普勒敏感性，但同时使得其不模糊范围缩小。

2. 基于多项式拟合的平动补偿算法原理

"平动+微动"目标的距离像受目标本身微动的调制而产生正弦变化，还受平动的调制而产生倾斜和混叠。由分析可知，虽然目标整体在距离上发生了倾斜，但是其能量在每个脉冲中的分布是相对集中的，也就是说，目标回波的能量集中在脉冲的若干个采样中，这若干个采样对应的距离一般不会超过目标径向长度。因此，人们首先想到的是把目标能量所在的位置进行对齐，这样也就相当于进行了一次平动粗补偿。

要实现目标能量的对齐，可以采用 ISAR 包络对齐内的常用算法，其中具有代表性的是互相关准则、最小熵准则以及其他全局最优准则[6-12]。互相关准则的核心是根据当前脉冲与参考脉冲之间的相关性对当前脉冲进行循环移位，其移位

值 $\hat{\xi}$ 的数学表达式为

$$\hat{\xi} = \arg\left[\max\left(|S_n|\cdot\left|S_n^{\text{ref}}\right|\right)\right] \tag{6.9}$$

式中，S_n 为当前脉冲；S_n^{ref} 为参考脉冲。互相关准则中最常用的分别为相邻相关准则和积累互相关准则。相邻相关准则即是将当前脉冲的前一脉冲作为参考，每次对齐的脉冲移位值只与当前脉冲和其前一脉冲的相关性有关，参考脉冲表达式为

$$S_n^{\text{ref}} = |S_{n-1}| \tag{6.10}$$

积累互相关准则是将当前脉冲之前若干个脉冲的加权和作为参考脉冲，以消除由脉冲突变或误差积累带来的突跳误差和漂移误差，其数学表达式为

$$S_n^{\text{ref}} = \begin{cases} \dfrac{1}{N}\displaystyle\sum_{n-N}^{n-1}|S_i|, & \text{矩形窗加权} \\[2mm] \displaystyle\sum_{n-N}^{n-1}\left|\left(\dfrac{1}{2}\right)^{i-n+2}S_i\right|, & \text{指数窗加权} \end{cases} \tag{6.11}$$

在本节的处理中，为了防止对齐过程中产生漂移误差，需要选择足够长的积累窗和搜索窗，且在对齐时记录每个脉冲的位移值。由于目标平动和微动的存在，该位移值一般是不平滑的，且会发生倾斜和模糊，但是其整体趋势隐含了目标的平动信息。想要利用该平动信息，首先需要对其进行解模糊，而位移值一维向量的解模糊相比距离像矩阵的解模糊容易得多。假设位移向量为 d，可以利用 MATLAB 自带的解缠函数进行解模糊，如下所示：

$$\tilde{d} = \text{unwrap}\left(d, |\max(d)| + |\min(d)|\right) \tag{6.12}$$

然后，利用多项式对解缠后的位移值 $\tilde{d}$ 进行拟合，可以得到拟合的位移曲线 $\hat{d}$：

$$\hat{d} = \hat{v}t_m + \frac{1}{2}\hat{a}t_m^2 + \zeta(t_m) \tag{6.13}$$

式中，$\zeta(t_m)$ 为拟合误差。拟合出来的曲线 $\hat{d}$ 相比 $\tilde{d}$ 是平滑的，并且更接近目标实际平动曲线。因此，可以求出两者之差 Δr，并对能量对齐后的距离像序列进行二次精对齐。

$$\Delta r = \tilde{d} - \hat{d} \tag{6.14}$$

经过基于多项式拟合的二次精对齐,"平动+微动"目标距离像的包络实现了校正,但是仍需对其相位进行补偿。在得到多项式拟合位移曲线的基础上,相位补偿相对比较简单,可以根据拟合结果构造如下补偿信号对原始回波进行补偿:

$$S_{if} = S_{if} \cdot \exp\left(j\frac{4\pi f_c}{c}\hat{d}\right) = S_{if} \cdot \exp\left[j\frac{4\pi f_c}{c}\left(\hat{v}t_m + \frac{1}{2}\hat{a}t_m^2\right)\right] \tag{6.15}$$

综合来说,基于多项式拟合的目标低速平动补偿算法流程如图 6.1 所示。其中,上面虚线框表示基于积累互相关准则的能量对齐,下面虚线框表示利用多项式拟合的平动精补偿。

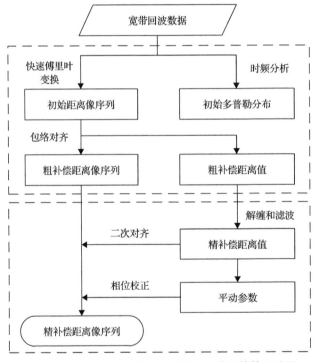

图 6.1　基于多项式拟合的目标低速平动补偿算法流程

6.2.2　实验验证

为了对本节算法进行验证,设计载频为 320GHz 的太赫兹雷达"平动+微动"弹头观测实验。实验中的太赫兹雷达采用 LFM 体制,中心频率为 320GHz,带宽为 10.08GHz,PRF 为 1000Hz,每个脉冲采样点数为 512,目标为进动弹头模型,其进动角速度为 0.5r/s,对应的进动周期为 2s。同时,为了模拟中段弹头目标的平动,弹头模型和整个微动模拟装置放置在一个移动导轨上并相对雷达进行二阶平动。雷达和目标的初始距离为 6m，目标平动的加速度为 0.2m/s²，数据采集起始时刻目标的平动速度为 0.2m/s。

　　实验中，以距离雷达 5m 处的一个角反射器的回波作为参考信号进行 dechirp 接收，弹头目标距离像序列及其微多普勒分布如图 6.2 所示。由图 6.2 可以看出，太赫兹频段较高的距离分辨能力使得在每个脉冲内部可以清晰地分辨出弹顶、弹尾以及金属支架等结构，但是目标平动使得距离像序列和微多普勒发生了严重倾斜和模糊，给目标特征提取和成像带来了困难。

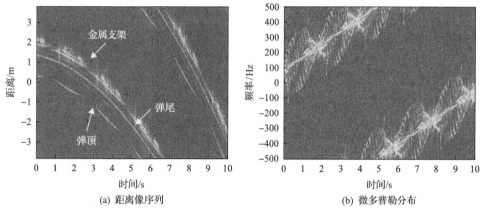

图 6.2　弹头目标距离像序列及其微多普勒分布

　　弹头目标相关包络对齐及其位移值如图 6.3 所示。可以看出，能量对齐只是对目标平动的一次粗补偿，作用有限。其位移值是不平滑的，且会随着目标平动而发生倾斜和模糊，但是如上所述，位移向量的解模糊相对比较简单，可以利用 MATLAB 中的内置指令完成。

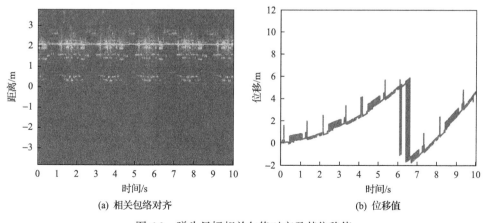

图 6.3　弹头目标相关包络对齐及其位移值

利用式(6.12)对位移向量进行解模糊,其结果如图 6.4 中的实线所示,此时的解模糊位移向量依然是不平滑的。对其进行多项式拟合,拟合结果如图 6.4 中的虚线所示。由于本次实验中目标的平动参数精确已知,如图 6.4 中的点画线所示。对比发现,拟合值与实际值高度吻合。因此,可以利用式(6.14)获得精补偿位移并对图 6.3(a)的结果进行二次补偿,精补偿位移值和二次补偿结果如图 6.5 所示。

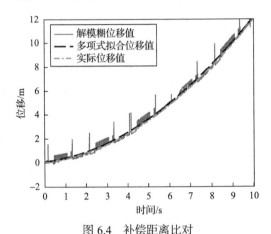

图 6.4　补偿距离比对

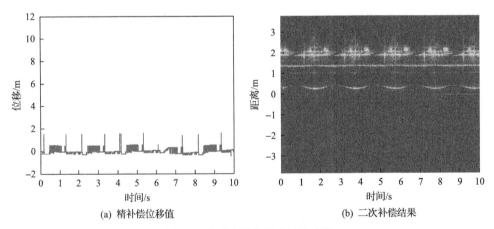

(a) 精补偿位移值　　　　　　　　　(b) 二次补偿结果

图 6.5　多项式拟合平动补偿结果

由图 6.5(b)的补偿结果可以看出,经过本节算法的补偿,微动目标的平动基本上得到了补偿,目标上弹顶和弹尾等结构的散射中心在慢时间方向呈正弦调制,没有发生倾斜和模糊,验证了本节算法的有效性。

由于已经获取平动信息,本节可以根据该平动信息构造如式(6.15)所示的补偿函数对回波进行相位补偿,进而从距离像序列中分别抽取出弹顶和弹尾对应的距离单元并进行时频分析,以得到其微多普勒分布,如图 6.6 所示。由于目标的微动，弹顶和弹尾散射中心的微多普勒也呈正弦分布，因为平动已经得到补偿，所以图 6.6 中的正弦曲线不再发生倾斜和模糊，给后续的微动特征提取和目标成像带来了极大便利。

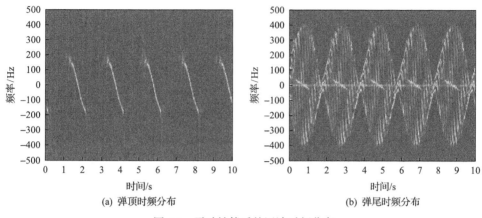

(a) 弹顶时频分布　　　　　　　　　　(b) 弹尾时频分布

图 6.6　平动补偿后的回波时频分布

6.3　基于二次补偿的目标高速平动补偿

对于非合作目标，其相对雷达的运动可分为平动和旋转两部分。平动会带来高分辨距离像的移位，也会带来额外的相位，使得目标方位向散焦。因此，平动补偿是目标 ISAR 成像的前提和关键。通常情况下，小转角模型下 ISAR 成像的平动补偿包括包络对齐和初始相位校正两个步骤，为了保证补偿精度，这两个步骤一般需要分别实现，而包络对齐是需要首先考虑的。本节针对 ISAR 背景下的"平动+微动"目标，提出一种基于二次补偿的目标高速平动补偿算法，其具有补偿精度高、速度快等优势，能够为太赫兹雷达 ISAR 成像的实际应用奠定基础。

6.3.1　算法原理

1. 微动目标雷达回波模型

与传统小转角下的 ISAR 成像不同的是，微动目标，如带旋翼的直升机、空间进动弹头等，往往需要较长的观测时间来进行参数估计和成像，因此距离徙动是不可避免的。在这种情况下，传统的包络对齐算法，如互相关法、最小熵法等将随着脉冲之间相关性的降低而失效。此外，目前的 ISAR 成像雷达多采用 dechirp 接收，为了保证目标稳定跟踪，参考距离随着目标的高速运动而发生时变，这也会带来目标距离像的混乱。

与 6.2 节中"平动+微动"目标雷达回波模型不同的是，本节的信号模型需要考虑参考距离的时变。其信号在形式上与式(6.7)一致，其包络形式如下所示：

$$R_{ref} = sinc\left[T_p\left(f_i + 2\frac{\gamma}{c}R_{\Delta k}\right)\right] \tag{6.16}$$

由式(6.16)可以看出，参考距离是随着慢时间变化的。为了更清楚地分析本节算法，设计一个仿真场景，仿真场景中包含三个旋转散射中心 P_1、P_2 和 P_3，其旋转半径分别为 0.2m、0.15m 和 0.1m，散射相对强度分别为 0.6、0.8 和 1。其仿真场景和不考虑平动情况下的距离像如图 6.7 所示。也就是说，图 6.7 中的距离像序列相当于平动补偿之后的结果，对其特性的分析对研究平动补偿算法有一定的意义。

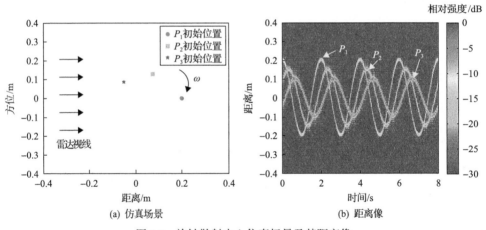

图 6.7　旋转散射中心仿真场景及其距离像

微动目标距离徙动带来包络形状变化，使得包络之间的相关性降低，因此传统的包络对齐算法，如互相关法、最小熵法等基于脉冲之间相关性的算法的效果大打折扣。图 6.7 中距离像序列相关性曲线如图 6.8 所示，其中积累窗长为 1～30。可以看出，当积累窗长为 1，也就是相邻相关时，整体相关性比较大，说明虽然目标微动会带来包络形状的变化，但是相邻脉冲之间还是有很强相关性的，随着积累窗长的增大，相关性逐步降低，不利于包络对齐。

因此人们很自然地想到，首先可以利用相邻脉冲之间的高度相关性进行对齐，即采用相邻相关对齐算法。但是，相邻相关对齐算法有其固有缺陷，当前脉冲的位移值只由它和前一个脉冲的相关性决定，没有一个积累的过程，因此很容易出现包络对齐中常见的突跳误差和漂移误差。突跳误差指的是回波中一次或二、三次回波发生异常，是包络波形明显变化所带来的误差。漂移误差指的是相邻脉

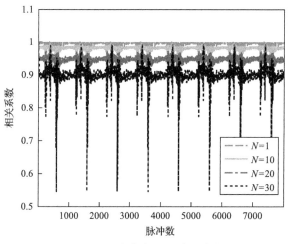

图 6.8　距离像序列相关性曲线

冲之间的微小误差通过数十次甚至上百次积累所产生的大的漂移。突跳误差和漂移误差在距离像序列上分别表现为距离像序列个别位置的突然断裂和整体上的倾斜，严重影响包络对齐质量。因此，对于"平动+微动"目标，如果使用相邻相关对齐算法进行包络补偿，就不得不考虑突跳误差和漂移误差的影响。

2. 基于二次补偿的目标高速平动补偿算法

本节在分析"平动+微动"目标距离像特点的基础上，提出基于二次补偿的目标高速平动补偿算法。其核心思想是：在相邻相关对齐之后，对可能出现的突跳误差和漂移误差进行二次补偿，以满足微动目标特征提取和高分辨成像的需求。周期性是微动目标最重要的特征之一，微动目标的距离像虽然会快速变化，但是其每个周期同一位置处的脉冲是极度相关的。图 6.7 的仿真距离像中第一个脉冲与其他脉冲的相关系数曲线如图 6.9 所示，可以明显看出，第一个脉冲只与其他周期内同一位置处的脉冲保持较高的相关性，与其他位置的脉冲相关性较低。此外，由运动的周期性带来的能量周期性使得可以在包络对齐之前获得目标的微动周期，因此本节可以在相邻相关对齐的基础上，利用距离像的周期性，以当前脉冲之前的若干周期内与当前脉冲同一位置处回波的均值（矩形窗加权和）对当前脉冲进行对齐。这样既可以达到积累的效果，抑制突跳误差的影响，又可以防止由积累带来的相关性的恶化。其参考脉冲的数学表达式为

$$S_n^{\text{ref}} = \frac{1}{K}(S_{(n-T)\text{PRF}} + S_{(n-2T)\text{PRF}} + \cdots + S_{(n-K\cdot T)\text{PRF}}) \tag{6.17}$$

式中，K 为参与积累的周期数。

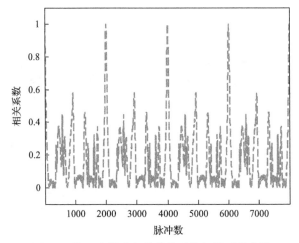

图 6.9   第一个脉冲与其他脉冲的相关系数曲线

根据式 (6.17) 可以消除个别脉冲异常带来的突跳误差，微动目标距离像序列从整体上看是连续的正弦曲线，但是脉冲之间的微小误差依然存在，且会通过积累形成较大的漂移误差，因此正弦曲线会发生倾斜。为了消除漂移误差，本节根据微动目标距离曲线的正弦性特点，采用非线性拟合的方式将漂移值估计出来进行二次补偿。在进行拟合之前，首先需要从距离像序列中抽取出某个散射中心的距离曲线 $r(t)$，一般常用质心提取法或 Viterbi 算法等。然后根据先验信息对其建立如下所示的非线性模型：

$$\hat{r}(t) = a\sin\left(\frac{2\pi}{T}t + b\right) + c + dt + et^2 \tag{6.18}$$

式中，$\hat{r}(t)$ 为非线性拟合的结果；T 为微动周期；a、b、c、d 和 e 分别为需要拟合的参数。这里建立的是一个二阶非线性模型，其中正弦部分是拟合目标微动，多项式部分是拟合距离像序列的漂移误差，可以根据实际情况增加阶数。

在得到拟合参数之后，补偿漂移误差所需要的二次精补偿位移值 $\Delta y(t)$ 为

$$\Delta y(t) = r(t) - \left[a\sin\left(\frac{2\pi}{T}t + b\right) + c\right] \tag{6.19}$$

通过二次精补偿，"平动+微动"目标的距离像即可表现为不发生倾斜的正弦曲线，紧接着就可以进行微动参数估计等研究。基于二次补偿的目标高速平动补偿算法流程如图 6.10 所示。

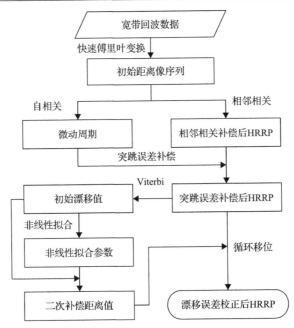

图 6.10　基于二次补偿的目标高速平动补偿算法流程

6.3.2　实验验证

本节采用 6.1 节的实验系统, 系统载频为 330GHz, 带宽为 10.08GHz。目标分为两个(图 6.11): 一个是代表简单目标的旋转角反射器; 另一个是代表复杂目标的进动弹头模型。旋转角反射器旋转半径分别为 18cm 和 32cm, 旋转周期为 4s, 进动弹头模型进动周期为 2s。与 6.1 节不同的是, 为了模拟目标高速运动, 本节中的参考距离不是固定值。

(a) 旋转角反射器　　　　　　　　　　　　　　(b) 进动弹头模型

图 6.11　平动补偿验证实验目标

　　旋转角反射器和进动弹头模型的初始距离像如图 6.12 所示。可以看出，由于参考距离的时变，目标距离像发生了混乱，无法从中直观地分辨出目标结构。为了与本节算法进行比对，首先利用几种传统包络对齐算法对目标回波进行处理，结果如图 6.13、图 6.14 所示。从图中可以看出，传统包络对齐算法对微动目标的作用十分有限，甚至可能失效。

　　根据本节算法，"平动+微动"目标的相邻相关对齐后距离像如图 6.15 所示。可以看出，相邻相关对齐算法虽然有一定的作用，但是当前脉冲只与其前一个脉冲相关，无法进行积累，因此产生了突跳误差或漂移误差。

　　因为突跳误差的补偿需要利用微动目标的周期性，可以利用信号能量的周期性，根据自相关准则估计得到目标微动周期，如图 6.16 所示。估计得到的旋转角反射器和进动弹头模型的微动周期分别为 4s 和 2s，与实验设置吻合。

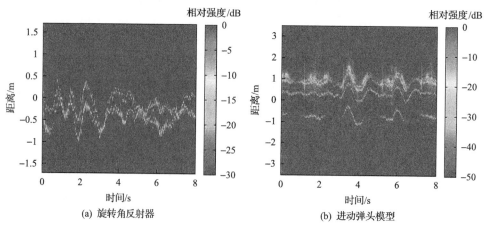

(a) 旋转角反射器　　　　　　　　　　(b) 进动弹头模型

图 6.12　初始距离像

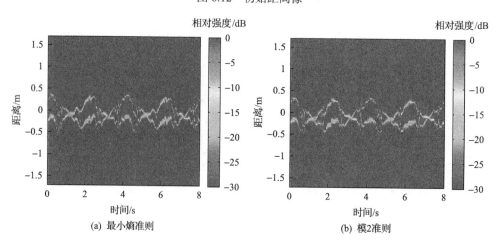

(a) 最小熵准则　　　　　　　　　　(b) 模2准则

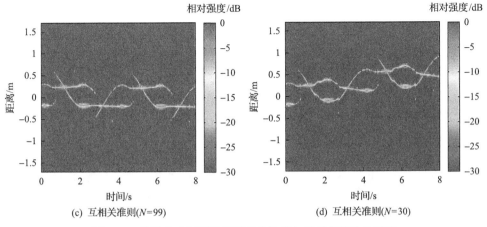

(c) 互相关准则(N=99)　　　　　　　　　(d) 互相关准则(N=30)

图 6.13　旋转角反射器目标距离像传统包络对齐算法的结果

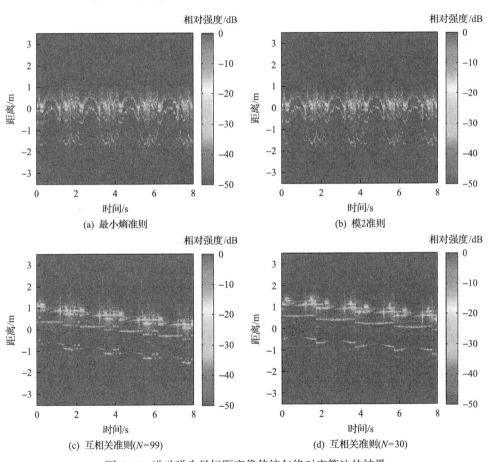

(a) 最小熵准则　　　　　　　　　　　　　(b) 模2准则

(c) 互相关准则(N=99)　　　　　　　　　(d) 互相关准则(N=30)

图 6.14　进动弹头目标距离像传统包络对齐算法的结果

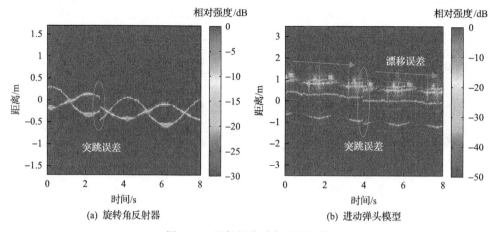

(a) 旋转角反射器　　　　　　　　　　　　(b) 进动弹头模型

图 6.15　相邻相关对齐后距离像

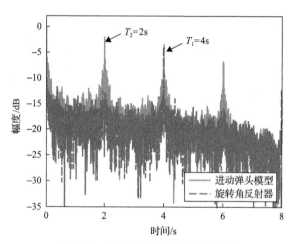

图 6.16　自相关微动周期估计结果

　　在得到微动周期之后，即可根据式(6.17)对图 6.15 中的相邻相关对齐距离像进行处理，以补偿突跳误差，补偿结果如图 6.17 所示。可以看出，两个实验中目标距离像的突跳误差可以得到补偿，但是漂移误差仍然存在。弹顶散射点的距离像序列是微动调制和漂移误差的叠加，因此还需进行漂移误差补偿。

　　本节首先利用 Viterbi 算法抽取出弹顶散射点的初始漂移值，然后利用式(6.18)所示的模型对其进行拟合，进而得到二次精补偿距离，如图 6.18 所示。利用二次精补偿距离对图 6.17(b)处理之后的结果如图 6.19 所示。与图 6.17(b)比较可知，基于非线性拟合的平动补偿算法可以有效补偿高速运动目标的平动。

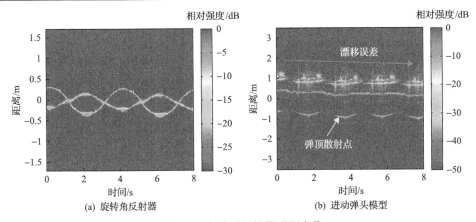

(a) 旋转角反射器　　　　　　　　　　(b) 进动弹头模型

图 6.17　突跳误差补偿后距离像

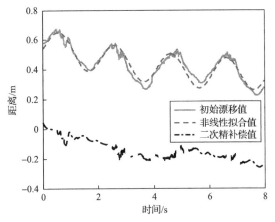

图 6.18　非线性拟合结果

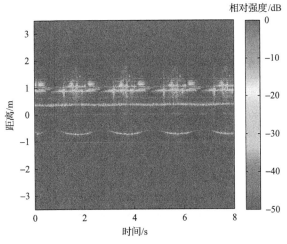

图 6.19　漂移误差补偿后距离像

6.3.3 性能分析

目前，关于微动目标平动补偿的研究极少，更不用说补偿算法的性能评价标准。因此，为了分析本节算法的性能，这里根据微动目标距离像序列的正弦调制特性，提出基于逆 Radon 变换的平动补偿算法性能评价标准。由第 2 章的分析和推导可知，逆 Radon 变换可以将位于输入中央的正弦曲线映射到参数空间的特显点，且特显点的位置与正弦曲线的参数有关。但是，若正弦曲线发生倾斜，则特显点将完全无法聚焦。此外，若输入图像中的正弦曲线发生断裂，则必然有一部分正弦曲线无法和主体同时调整到图像中央，这会带来两个问题：一个问题是参与积累的正弦曲线减少，逆 Radon 变换的积累效果减弱，反映到参数空间即是特显点的聚焦程度下降；另一个问题是没有参与积累的部分正弦曲线由于上下移位会在参数空间特显点周围产生弧形干扰。发生上下移位的正弦曲线的表达式为

$$\hat{g}(\rho,\theta) = \delta\left[\rho - A\sin(\theta + \varphi) + D\right] \tag{6.20}$$

式中，D 为移位值。其逆 Radon 变换可表示为

$$
\begin{aligned}
g(x,y) &= \int_{-\infty}^{\infty}\int_{-\infty}^{\infty}\int_{-\infty}^{\infty}\delta[\rho - A\sin(\theta+\varphi)+D]\cdot \mathrm{e}^{-\mathrm{j}2\pi\rho v}\mathrm{d}\rho\cdot \mathrm{e}^{\mathrm{j}2\pi(k_x x + k_y y)}\mathrm{d}k_x\mathrm{d}k_y \\
&= \int_{-\infty}^{\infty}\int_{-\infty}^{\infty}\mathrm{e}^{\mathrm{j}2\pi v D}\cdot \mathrm{e}^{-\mathrm{j}2\pi vA\sin(\theta+\varphi)}\cdot \mathrm{e}^{\mathrm{j}2\pi(k_x x + k_y y)}\mathrm{d}k_x\mathrm{d}k_y \\
&= \int_{-\infty}^{\infty}\int_{-\infty}^{\infty}\mathrm{e}^{\mathrm{j}2\pi D\sqrt{k_x^2 + k_y^2}}\cdot \mathrm{e}^{-\mathrm{j}2\pi Ak_x\sin\varphi}\cdot \mathrm{e}^{-\mathrm{j}2\pi Ak_y\cos\varphi}\cdot \mathrm{e}^{\mathrm{j}2\pi(k_x x + k_y y)}\mathrm{d}k_x\mathrm{d}k_y \\
&= \delta\left(\left|x - A\sin\varphi\right| + \left|y - A\cos\varphi\right| - |D|\right)
\end{aligned}
\tag{6.21}
$$

由此可见，上下移位的正弦曲线在参数空间散焦成一个圆，圆心对应不发生移位情况下的特显点位置，半径为其移位值。

因此，根据微动目标距离像序列的特点，本节提出对平动补偿后的距离像序列进行逆 Radon 变换，并根据其参数空间特显点的聚焦程度来衡量平动补偿效果的算法。从本质上讲，本节算法是对相邻相关对齐算法的改进，因此为了与相邻相关对齐算法进行比较，对旋转角反射器和进动弹头模型距离像序列的相邻相关对齐结果(图 6.15)和本节算法对齐结果(图 6.17(a)、图 6.19)分别进行逆 Radon 变换，结果如图 6.20、图 6.21 所示。由图 6.20 可以看出，旋转角反射器的距离像经过相邻相关对齐后，虽然没有产生漂移误差，但是存在突跳误差，

进行逆 Radon 变换时有一小部分曲线没有对积分做出贡献，反而由于上下移位而在特显点附近产生圆形干扰，使得特显点的聚焦性能下降；利用本节算法进行突跳误差补偿之后，距离像序列表现出较为标准的正弦形式，特显点聚焦良好。由图 6.21 可以看出，进动弹头模型距离像经过相邻相关对齐之后，不仅存在突跳误差，还存在漂移误差，使得弹顶的正弦曲线在断裂的基础上发生了倾斜。断裂只会影响特显点的聚焦程度，但是倾斜将会使特显点完全散焦。经过本节算法的处理，补偿了突跳误差和漂移误差之后的距离像再经过逆 Radon 变换可以实现很好的聚焦，也验证了本节算法的性能。为了更为直观地对各个结果的特显点聚焦性能进行比较，这里画出其中一个旋转角反射器和弹顶所对应的特显点的剖面图，如图 6.22 所示，从而更为直观地验证了本节算法的性能。

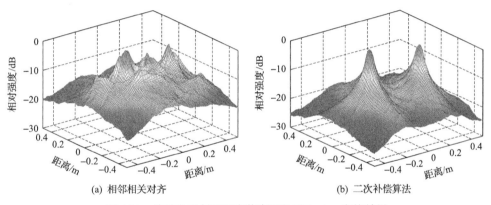

(a) 相邻相关对齐　　　　　　　　　　(b) 二次补偿算法

图 6.20　旋转角反射器距离像序列的逆 Radon 变换结果

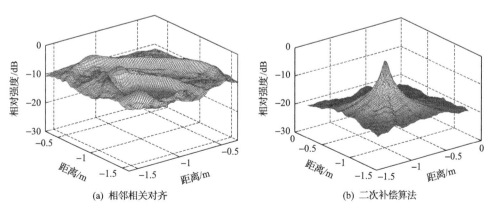

(a) 相邻相关对齐　　　　　　　　　　(b) 二次补偿算法

图 6.21　进动弹头模型距离像序列的逆 Radon 变换结果

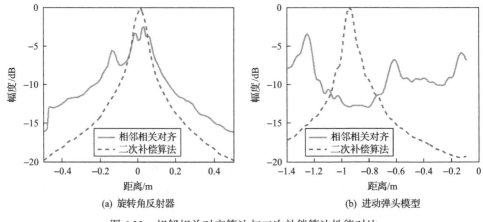

(a) 旋转角反射器　　　　　　　　　　(b) 进动弹头模型

图 6.22　相邻相关对齐算法与二次补偿算法性能对比

6.4　基于多层感知器的目标高速平动补偿

由 6.3 节的分析可知，基于二次补偿的目标高速平动补偿算法虽然具有补偿效果好、速度快等优势，但其依赖距离像序列的整体特性，无法实现实时处理。为了实现实时的微动目标平动补偿，本节提出一种基于多层感知器 (multi-layer perceptron, MLP) 的目标高速平动补偿算法。该算法的核心是：在相邻相关对齐算法的基础上，利用多层感知器作为预测器，以当前脉冲之前的若干个脉冲为输入，以预测器的输出与当前脉冲进行相关对齐，本节算法不依赖距离像序列的整体特性，具有实时处理的潜力。

6.4.1　算法原理

由于本节与 6.3 节研究的问题一致，所以本节仍沿用 6.3 节的仿真场景，其距离像序列和相邻相关系数如图 6.23 所示。正如之前的分析，虽然目标微动会使距离像包络形状发生变化，造成脉冲之间的相关性降低，但是相邻脉冲之间依然保持较高的相关性。图 6.23 中脉冲间的相邻相关系数大部分大于 0.9，这也说明相邻相关对齐算法是有一定效果的。然而在有些情况下，相邻脉冲之间的相关性比较低，尤其是若干散射点距离曲线相互交叉的地方。此外，个别脉冲的异常情况和脉冲包络之间的细微差异是客观存在的，突跳误差或漂移误差也是无法避免的。因此，只依赖当前脉冲与前一脉冲之间的相关性进行对齐无法满足需求。

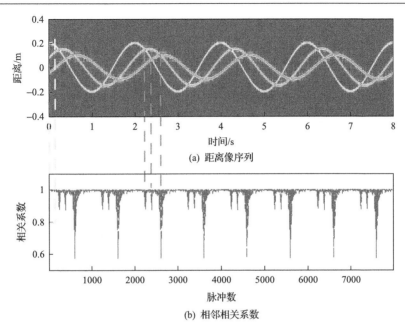

图 6.23　旋转散射中心仿真距离像序列和相邻相关系数

本节提出一种基于多层感知器的目标高速平动补偿算法。多层感知器是人工神经网络(artificial neural network, ANN)的一种典型代表。人工神经网络是一种基于生物神经网络的学习算法，其基础是对生物脑部活动的模拟，由一系列称为神经元的节点构成。经过多年的发展，人工神经网络及其衍生已经广泛应用于目标分类、模式识别和参数预测等领域，发挥了极大的作用[13-17]。神经网络一般根据其网络连通性分为前向结构神经网络、后向结构神经网络和反馈结构神经网络。多层感知器是一种前向结构的人工神经网络，可以看作一个由多个节点层组成的有向图，每一层全连接到下一层[18-20]。训练后的网络可形成输入空间与预测空间的非线性映射关系。本节采用误差反向传播(back propagation, BP)算法来训练MLP，有些文献也把基于 BP 算法的多层感知器神经网络称为 BP 网络，属于有监督的训练方式。本节是将多层感知器神经网络作为一种预测器，以当前脉冲之前的若干脉冲作为输入，来得到预测脉冲。分别计算预测脉冲和前一脉冲与当前脉冲的最大相关性，并以相关性较大者作为参考脉冲。对于当前脉冲，如果前一脉冲与当前脉冲的相关性较大，则选择前一脉冲进行对齐；反之，则选择多层感知器预测脉冲作为参考进行对齐。这样，就相当于在相邻相关对齐的基础上增加了一种参考脉冲的选择，可以有效解决相邻相关对齐过程中部分脉冲相关性不足带来的突跳误差和漂移误差问题。本节建立的多层感知器神经网络结构如图 6.24所示。

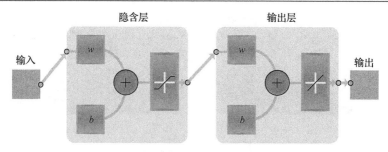

图 6.24　多层感知器神经网络结构

在网络训练中,采用的网络性能判断标准是均方误差(mean square error, MSE)函数,采用的训练方法是 Levenberg-Marquardt(简称 LM)算法。此外,为了防止网络过拟合,采用交叉验证,将实验数据分为训练集(train)、测试集(test)和验证集(validation)。train 用来训练,test 用来测试训练的效果(训练条件的判别函数 MSE 就是由 test 得来的),validation 用来防止网络的过拟合。简单地说,用 train 调整权值和阈值参数,用 test 的 MSE 来判断参数调整的效果,用 validation 判断是不是过拟合,增强网络的泛化能力。为了验证网络性能,本节以仿真图 6.23(a)中的第 100 个脉冲作为当前脉冲,以第 1~99 个脉冲作为输入,来得到预测脉冲。其预测过程中网络性能指标如图 6.25 所示,其中,best 表示训练最佳输出,goal 表示训练目标,mu 表示最小性能梯度,validation 表示交叉验证,Y 表示预测值,T 表示实测值。

由图 6.25(a)可以看出,在该次预测过程中,训练到第 14 步时,网络性能达到最优,此时的 MSE 为 5.71×10^{-4}。由图 6.25(b)可以看出,为了防止网络过拟合,采用交叉验证的训练方法,当网络进行训练时,验证集误差连续六次升高,网络停止训练。图 6.25(c)为网络性能验证,其中,R 表示相关性,当 R 接近 1 时,表示网络性能优越。本次预测中的相关系数 R 均大于 0.98,验证了多层感知器神经网络的良好性能。图 6.26 中画出了当前脉冲 S_n、前一脉冲 S_{n-1}、之前 $N-1$ 个脉冲

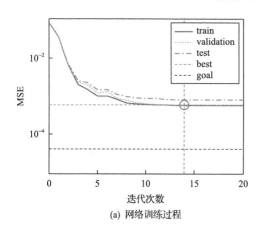

(a) 网络训练过程

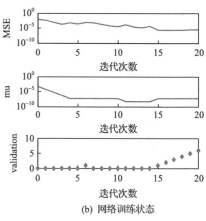

(b) 网络训练状态

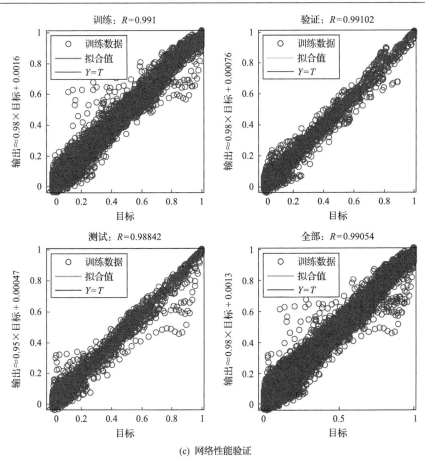

(c) 网络性能验证

图 6.25　某次预测过程中多层感知器网络性能指标

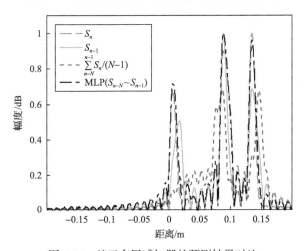

图 6.26　基于多层感知器的预测结果对比

的均值 $\sum_{n-N}^{n-1} S_n / (N-1)$ ，以及以其之前 $N-1$ 个脉冲为输入的多层感知器神经网络的预

测脉冲 $\mathrm{MLP}(S_{n-N} \sim S_{n-1})$ ，其中 $n = 100$ ， $N = 99$ 。也可以认为，图 6.26 给出了相邻

相关准则、积累互相关准则和 MLP 预测相关对齐准则的预测结果对比， S_{n-1} 是相邻

相关准则的参考脉冲， $\sum_{n-N}^{n-1} S_n / (N-1)$ 是积累互相关准则的参考脉冲， $\mathrm{MLP}(S_{n-N} \sim$

$S_{n-1})$ 是 MLP 预测相关对齐准则的参考脉冲。通过比较可知，对于第 100 个脉冲，

其 MLP 预测脉冲不管是从幅度还是从位置上，都更接近当前脉冲，因此选择 MLP

预测脉冲作为第 100 个脉冲进行对齐的参考脉冲更为合适。综上，本节算法的核

心在于参考脉冲的选择，其数学表达式如下：

$$S_n^{\mathrm{ref}} = \begin{cases} |S_{n-1}|, & \max_i \left[|S_n^i| \cdot |S_{n-1}| \right] \geqslant \max_i \left[|S_n^i| \cdot |\mathrm{MLP}(S_{n-N} \sim S_{n-1})| \right] \\ |\mathrm{MLP}(S_{n-N} \sim S_{n-1})|, & \max_i \left[|S_n^i| \cdot |S_{n-1}| \right] < \max_i \left[|S_n^i| \cdot |\mathrm{MLP}(S_{n-N} \sim S_{n-1})| \right] \end{cases}$$

$$\tag{6.22}$$

6.4.2　实验验证

本节的实验验证数据采用 6.3 节中旋转角反射器和进动弹头模型的数据，其
初始距离像和相邻相关对齐结果分别如图 6.12 和图 6.15 所示。利用本节算法
得到的结果如图 6.27 所示。与图 6.15 相比，本节算法可以有效实现微动目标的平
动补偿。在平动补偿之后，微动目标的距离像呈现较为标准的正弦调制，与实际
情况比较吻合。

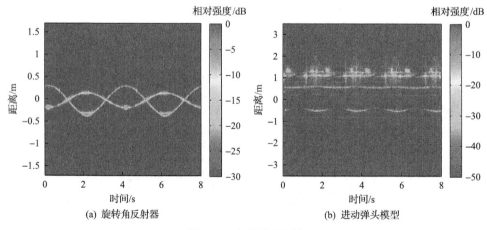

图 6.27　本节算法结果

　　但是，本节算法也有其自身缺陷。由于在每次预测前都得进行网络训练，本节算法的计算量较大，不利于实时处理。然而，从本质上讲，与 6.3 节中基于多项式拟合的目标高速平动补偿算法相比，本节算法每次预测都只与当前脉冲之前的若干积累脉冲有关，不依赖距离像序列的整体特征。因此，一旦计算量的问题通过并行计算、图形处理器加速等途径得到解决，本节算法将具有很大的实时处理潜力。

6.4.3　性能分析

　　为了分析本节算法的性能，采用逆 Radon 变换的评价标准与相邻相关对齐算法进行性能比较。旋转角反射器和进动弹头模型的相邻相关对齐结果及其逆Radon 变换已在 6.3 节中进行展示，见图 6.20(a) 和图 6.21(a)。利用本节算法进行平动补偿后的距离像序列的逆 Radon 变换的结果如图 6.28 所示，其与相邻相关对齐算法的特显点剖面图对比，如图 6.29 所示。通过对比可以看出，纵向比较起来，本节基于 MLP 预测的平动补偿算法相比相邻相关对齐算法具有较好的补偿性能，

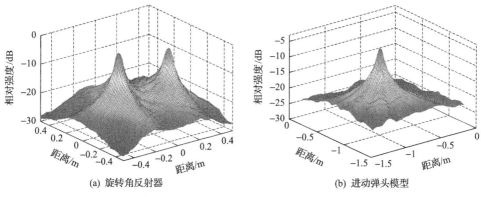

(a) 旋转角反射器　　　　　　　　　　(b) 进动弹头模型

图 6.28　本节算法进行平动补偿后距离像序列的逆 Radon 变换结果

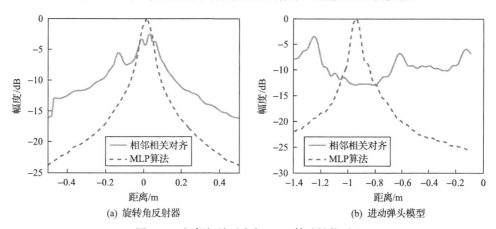

(a) 旋转角反射器　　　　　　　　　　(b) 进动弹头模型

图 6.29　相邻相关对齐与 MLP 算法性能对比

其补偿后距离像的逆 Radon 变换中特显点聚焦性能良好；从横向进行比较，本节算法与 6.3 节中的二次补偿算法都能实现高速运动微动目标的平动补偿，但是本节算法性能更优，其特显点主瓣宽度更窄，旁瓣干扰更低(图 6.30)。

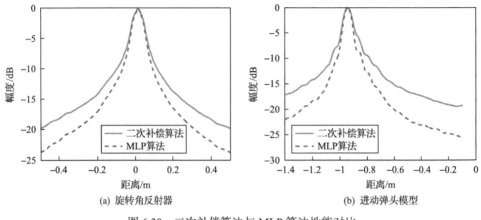

(a) 旋转角反射器　　　　　　(b) 进动弹头模型

图 6.30　二次补偿算法与 MLP 算法性能对比

6.5　基于 HRRP 一阶条件矩的平动和微动参数估计

6.5.1　基于参考距离实时测量的方法

当参考距离由窄带测距雷达实时测量得到时，目标姿态的剧烈变化会在相邻脉冲时间内给测量的真实参考距离添加随机距离。同时，在相邻脉冲的一维距离像上产生除微动平移外的随机平移。这样，会对目标参数微动估计带来巨大影响。因此，在进行参数估计之前必须对剩余平动进行补偿。

假设目标在短时间内的实际平动可以用一个低阶多项式 $R_{\text{trans}}(t_m)$ 表示，则它引起的微动目标上第 k 个散射点的瞬时斜距变化可表示为

$$\begin{cases} R_k(t_m) = R_{\text{trans}}(t_m) + r_k(t_m) \\ r_k(t_m) = A_k \sin(2\pi\omega t_m + \varphi_k) \end{cases}, \quad k = 1, 2, \cdots, K \tag{6.23}$$

式中，$R_{\text{trans}}(t_m) = \sum_{i=0}^{p} b_i t_m^i$ 为目标相对雷达真实的平动，p 为平动阶数，b_i 为各阶参数，b_0 为雷达与转动中心的初始相关距离，这些平动对所有散射点来说都是相同的；$r_k(t_m)$ 为第 k 个散射点的转动距离变化；A_k 和 φ_k 分别为转动幅度和初始相位；ω 为目标的转动角速度，在本章的所有讨论中它是一个待求的固定值。

假定参考距离是由窄带测距雷达测量而来，微动目标在观测时间窗口内姿态变化频繁，使得窄带雷达实时测量的距离并不是来自目标的同一散射部分。因此，

测量距离与真实平动距离相比还存在随机测量误差，参考距离可表示为

$$r_{\text{ref}}(t_m) = R_{\text{trans}}(t_m) + v(t_m) \tag{6.24}$$

式中，$v(t_m)$ 为随机测量误差。一维距离像的模可以写为

$$\left|H(r,t_m)\right| = \sum_{k=1}^{K} \sigma_k(t_m) T_p \text{sinc}\left(\frac{2B\{r - [r_k(t_m) + v(t_m)]\}}{c}\right) \tag{6.25}$$

式 (6.25) 也称为转动目标的高分辨距离像，是一个二维实图像。下面根据高分辨距离像设计相关算法，完成平动补偿和微动参数估计。

1. 改进的一阶条件矩

首先，本节回顾一阶条件矩的基础理论。在二维函数上，一阶条件矩用来衡量图像的重心，并常常应用在图像校准和对齐上。对于高分辨距离像 $\left|H(r,t_m)\right|$，它的一阶条件矩可表示为

$$r_1(t_m) = -\frac{\int r\left|H(r,t_m)\right|\mathrm{d}r}{\int \left|H(r,t_m)\right|\mathrm{d}r} \tag{6.26}$$

但是，在实际应用过程中发现：$\left|\text{sinc}(x)\right|^2$ 与 $\left|\text{sinc}(x)\right|$ 相比，有更窄的"尖峰"，同时峰值附近的旁瓣影响也小很多，更接近冲激函数 $\delta(x)$。因此，改进一阶条件矩 MFCMRP 可表示为

$$r_{\text{MFCMRP}}(t_m) = -\frac{\int r\left|H(r,t_m)\right|^2\mathrm{d}r}{\int \left|H(r,t_m)\right|^2\mathrm{d}r} \tag{6.27}$$

若将 $\left|\text{sinc}(\cdot)\right|^2$ 用冲激函数 $\delta(\cdot)$ 来近似替代，则式 (6.27) 可以改写为

$$
\begin{aligned}
r_{\text{MFCMRP}}(t_m) &\approx -\frac{\int r\sum_{k=1}^{K}\sigma_k^2(t_m)T_p^2\delta\left(\dfrac{2B\{r-[r_k(t_m)+v(t_m)]\}}{c}\right)\mathrm{d}r}{\int \sum_{k=1}^{K}\sigma_k^2(t_m)T_p^2\delta\left(\dfrac{2B\{r-[r_k(t_m)+v(t_m)]\}}{c}\right)\mathrm{d}r} \\
&= R_{\text{trans}}(t_m) - r_{\text{ref}}(t_m) + \frac{\sum_{k=1}^{K}\sigma_k^2(t_m)\cdot A_k\sin(\omega t_m + \varphi_k)}{\sum_{k=1}^{K}\sigma_k^2(t_m)} \\
&= -v(t_m) + G(t_m)
\end{aligned}
\tag{6.28}
$$

式中，$G(t_m) = \dfrac{\sum\limits_{k=1}^{K} \sigma_k^2(t_m) \cdot A_k \sin(2\pi\omega t_m + \varphi_k)}{\sum\limits_{k=1}^{K} \sigma_k^2(t_m)}$ 为散射强度与微动变化的耦合函数。

一般情况下，微动目标与雷达距离较远，平动引起的目标相对雷达的姿态角变化可以忽略。因此，主要考虑微动对目标姿态角的影响，而参数 $\sigma_k(t_m)$ 主要由姿态角决定。另外，微动是周期性往复运动，同时决定了姿态角周期变化。因此，$\sigma_k(t_m)$ 是一个周期函数，且周期是 $2\pi/\omega$。此外，$G(t_m)$ 中其他各项参数都是周期为 $2\pi/\omega$ 的周期函数，决定了 $G(t_m)$ 也是一个周期为 $2\pi/\omega$ 的周期项。通过对高分辨距离像改进一阶条件矩的分析，简化式(6.28)后发现其只有两项：一项是窄带雷达测量距离的随机误差项；另一项是由微动参数耦合而成的周期项。

2. 算法流程

对于一个含有随机噪声的周期信号，小波变换(wavelet transform, WT)是一种十分有效的信号去噪方法。因此，本节主要使用小波变换去除随机测量误差的影响并估计微动周期，具体步骤如下：

(1)对接收的雷达信号采用实时测量的参考距离进行解调处理，并计算高分辨距离像上的改进一阶条件矩。

(2)利用小波变换对改进一阶条件矩进行处理，将改进一阶条件矩中随机测量误差项和周期项分开，用估计的随机误差补偿高分辨距离像。

(3)取出得到的周期项，对该项进行自相关处理进而得到转动周期。

(4)利用估计的随机误差补偿高分辨距离像，并对该图像进行逆 Radon 变换(变换后的结果即是成像结果)，根据变换后的参数空间峰值位置估计目标的转动幅度和初始相位。

3. 仿真实验结果

本节使用雷达实际测量与添加随机测量误差的合成平动来验证本节算法在平动补偿上的有效性，并将本节算法与现有的其他算法进行比较。

实验中不含平动的微动目标如图 6.31(a)所示，该目标包含两个四边形角反射器，由木制横杆相连接(横杆不会对雷达信号进行反射)，动力由两个四边形角反射器之间的马达(马达因为遮挡不会对雷达信号进行反射)提供。马达的角速度控制为 21.4r/min(等效周期为 2.8s)，且两个四边形角反射器与转动中心的距离分别是 16cm 和 24cm(转动幅度分别为 16cm 和 24cm)，分别位于转动的两侧且在一条直线上，因此相位差是 $\pi/2\,\mathrm{rad}$。整个实验在太赫兹吸波暗室中进行，发射雷达信号的载频为 220GHz，带宽为 12.8GHz，PRF 为 1000Hz。雷达的目标回波可以看

成微动调制部分与平动调制部分之和，在没有添加平动的条件下，目标的高分辨
距离像如图 6.31(b)所示，在距离-慢时间平面上可以看到两条标准的正弦曲线，
分别对应目标中两个四边形角反射器的距离像特征。对该距离像进行逆 Radon 变
换，提取图像中的正弦曲线，可以得到如图 6.31(c)所示结果。在参数空间内，可
以看到两个特显点，分别由距离像中两条正弦曲线经过后向投影得到。其中，特
显点在参数空间中与空间中心点的相对位置和方向，对应正弦曲线的幅度和初始
相位，也即转动目标相应散射点的转动幅度和初始相位。

(a) 实验微动目标

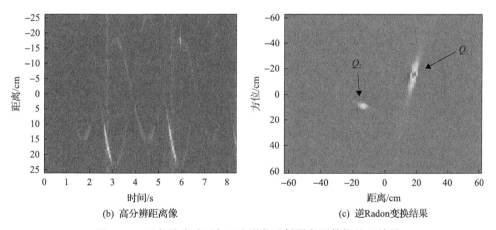

(b) 高分辨距离像　　　　　　　　　　(c) 逆Radon变换结果

图 6.31　不含平动时两个四边形角反射器实测数据处理结果

1)实验一

在无平动影响下，旋转目标的实际场景、高分辨距离像以及逆 Radon 变换结
果已经显示在图 6.31 中。在实验一中，为了仿真参考距离实时测量下的测量误差，
可以在高分辨距离像上添加随机距离徙动，以模拟实际的距离测量误差(也就是
实时测量下的平动误差)。将实际的距离测量误差用一个高斯零均值噪声来仿真，
它的方差是 $\sigma_v^2=100\text{cm}^2$。添加随机距离徙动后的高分辨距离像如图 6.32(a)所示，

因为存在参考距离的测量误差，目标回波不能在距离-慢时间平面上呈现标准的正弦曲线特征。根据式(6.28)的计算可以得到高分辨距离像序列的改进一阶条件矩，如图 6.32(b)所示。在改进一阶条件矩中，可以发现一些周期性的波动成分。通过

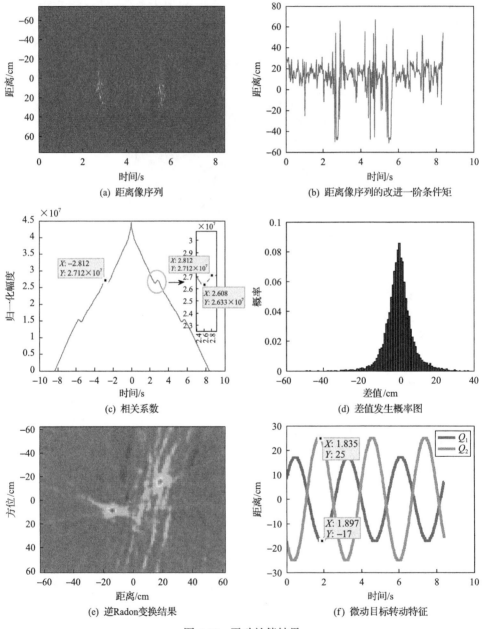

(a) 距离像序列

(b) 距离像序列的改进一阶条件矩

(c) 相关系数

(d) 差值发生概率图

(e) 逆Radon变换结果

(f) 微动目标转动特征

图 6.32　平动补偿结果

小波变换，可以得到改进一阶条件矩中的噪声成分。去除该噪声成分，只在一阶条件矩中留下周期成分。对该周期成分进行自相关处理，得到相关系数，如图 6.32(c) 所示，在时刻 t=2.812s，有一个明显的峰值，代表该周期成分的周期估计为 2.812s，与实验设置的目标周期参数完全一致。尽管小波变换不能完全去除随机移动的影响，但是自相关处理仍能很好地估计转动周期。为了直观地表示小波变换对测量误差的估计，将估计相对误差与实际添加误差放在一起进行比较。图 6.32(d) 为这两个误差的差值发生概率图，差值的范围较广(−20～20cm)，但是大部分集中在 −5～5cm。利用估计的随机误差补偿高分辨距离像序列，并对该序列进行逆 Radon 变换，可以得到变换后的结果，如图 6.32(e) 所示，可以在参数空间内看到两个特显点，对应序列中存在两条正弦曲线。根据参数空间中特显点的位置和方位，绘制出微动目标转动特征，如图 6.32(f) 所示。

　　为了评估本节算法的鲁棒性，在不同信噪比条件下，比较各参数的估计精度。在信号回波中添加噪声，范围为 −20～0dB，间隔为 1dB，每个信噪比条件下重复实验 100 次并对参数的估计结果取平均来克服偶然误差。各参数的估计相对误差如图 6.33 所示，计算公式为

$$\text{error}(C) = \frac{1}{M} \sum_{m=1}^{M} \left| \frac{\hat{C}_m - C}{C} \right| \times 100\% , \quad C \in \left\{ A, f, \varphi \right\} \tag{6.29}$$

式中，M 为重复实验次数；C_m 为每次实验中估计的各参数结果。

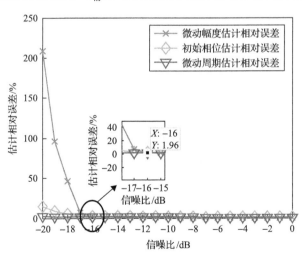

图 6.33　微动参数估计相对误差

　　图 6.33 表示各参数的估计相对误差，目标对应的是图 6.31(c) 中的四边形角反射器目标 Q_1。由图 6.33 可得，随着信噪比的增加各参数的估计误差都在以不同的程度下降，其中微动幅度相比微动周期和初始相位，更容易受到噪声的影响。

因为自相关在噪声下有一定的容错性,所以微动周期估计具有较强的稳定性。值得一提的是,当信噪比小于-16dB 时,各参数的估计相对误差都在 2%以内。

综上所述,本节算法在参考距离实时测量条件下具有较强的抗噪性能,并且各参数的估计精度与噪声的定量关系可以作为实测实验结果的参考。

2)实验二

该部分主要将本节算法与高阶差值序列方法进行比较。实验的场景设置和数据获取与实验一基本一致,根据窄带测量的参考距离"解调"等处理后得到的高分辨距离像序列如图 6.34(a)所示,测量误差的存在使得其与图 6.32(a)相比不能看到标准的微动目标转动特征。

一般情况下,可以先使用最小熵法对距离像序列进行粗补偿,以达到序列"对齐"的效果。但是,实际最小熵的图像处理结果与滑动窗长度息息相关,也即不同的滑动窗长度会得到不同的最小熵结果。对于图 6.34(a)的原始距离像序列,分别采用 10 个和 15 个时间间隔作为滑动窗长度,得到的最小熵结果分别如图 6.34(b)和(c)所示。

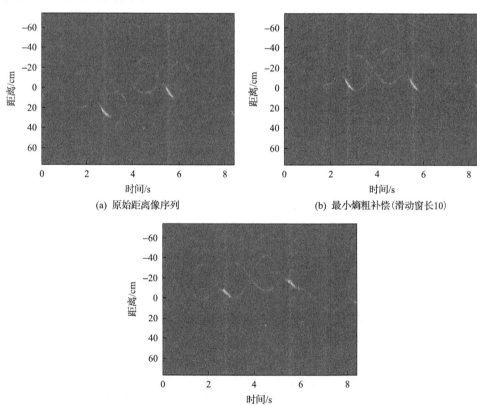

(a) 原始距离像序列　　　　　　　　(b) 最小熵粗补偿(滑动窗长10)

(c) 最小熵粗补偿(滑动窗长15)

图 6.34　平动条件下的一维距离像序列

由图 6.34 可知，10 个时间间隔的结果最好，没有发生序列"错位"的现象。本节取距离像序列最好的结果(图 6.34(b))，利用最大能量 Viterbi 算法分别提取每个散射点对应的瞬时斜距，如图 6.35(a)所示。它并不是一个正弦信号与多项式信号的累加，主要原因是，高阶差值序列方法中使用的进动目标散射强度最大的点一直是弹头部分，而转动目标散射点前后相对位置会发生变化，在转动过程中散射强度最大的点不是一个部分。对瞬时斜距做二阶差值序列得到的结果如图 6.35(b)所示。为了更准确地提取周期成分，对二阶差值序列进行快速傅里叶变换，得到的结果如图 6.35(c)所示，其中最大的周期成分 $T=0.324s$，与真实的转动周期不符。

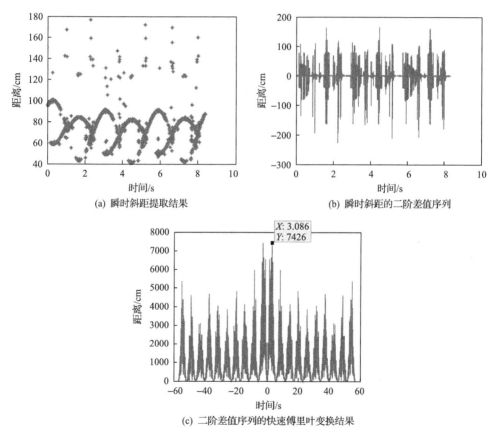

(a) 瞬时斜距提取结果

(b) 瞬时斜距的二阶差值序列

(c) 二阶差值序列的快速傅里叶变换结果

图 6.35　基于 Viterbi 算法的 HRRP 提取结果

根据以上的结果与相关分析，可以得到如下结论：

(1)对于微动目标，不同的滑动窗长度对应不同的最小熵距离像，最小熵的对齐方法需要适当的滑动窗长度。

(2)如果微动目标的散射点在观测时间窗口内发生相对位置的前后变化，并引起最大能量点相对位置的变化，那么由最大能量 Viterbi 算法提取的目标轨迹不再是正弦信号与多项式信号的累加。因此，使用差值序列的方法转动目标，不能实现平动补偿以及目标参数估计。

6.5.2 微动和平动参数联合估计

当参考距离固定时，目标散射点在观测时间的瞬时斜距变化是由目标平动和自身微动共同产生的。

假定参考距离是一个固定值，令其为 r_{ref}。参考距离作为一个固定值，不一定能够正好和初始时刻雷达与目标中心的相对距离相等（$r_{\text{ref}} \neq R_0$）。于是，HRRP 的模可写为

$$\left| H(r, t_m) \right| = \sum_{k=1}^{K} \sigma_k(t_m) T_p \text{sinc}\left(\frac{2B\{r - [r_k(t_m) + R_{\text{trans}}(t_m) - r_{\text{ref}}]\}}{c} \right) \quad (6.30)$$

由式 (6.30) 可以发现，转动目标的高分辨距离像序列在距离-慢时间平面上由 K 个 sinc(·) 函数累加而成，其峰值分别为

$$r = r_k(m) - r_{\text{ref}}(m) = R_{\text{trans}}(m) + R_k(m) - r_{\text{ref}}(m), \quad k = 1, 2, \cdots, K \quad (6.31)$$

一般情况下，雷达与目标中心的初始相关距离可看作等于参考距离。若不相等，则可以根据现有方法补偿两者之间的差值，即补偿使得 $r_{\text{ref}} \neq R_0$。

在参考距离固定的条件下，对于高分辨距离像序列，仍利用式 (6.28) 计算它的改进一阶条件矩：

$$r_{\text{MFCMRP}}(m) = \frac{\sum\limits_{n=1}^{N} r \left| H(n,m) \right|^2}{\sum\limits_{n=1}^{N} \left| H(n,m) \right|^2} \approx R_{\text{trans}}(m) - r_{\text{ref}}(m) + \frac{\sum\limits_{k=1}^{K} \sigma_k^2(m) \cdot A_k \sin(\omega \cdot m\text{PRI} + \varphi_k)}{\sum\limits_{k=1}^{K} \sigma_k^2(m)}$$

$$+ \frac{\varepsilon'(m) \sum\limits_{k=1}^{K} \sigma_k^2(m)[r_T(m) + r_0 - r_{\text{ref}}(m) + R_k(m)]}{\sum\limits_{k=1}^{K} \sigma_k^2(m)}$$

$$= \sum\limits_{i=1}^{L} b_i (m\text{PRI})^i + \frac{\sum\limits_{k=1}^{K} \sigma_k^2(m) \cdot A_k \sin(\omega \cdot m\text{PRI} + \varphi_k)}{\sum\limits_{k=1}^{K} \sigma_k^2(m)}$$

$$+ \frac{\varepsilon'(m) \displaystyle\sum_{k=1}^{K} \sigma_k^2(m)[r_T(m) + r_0 - r_{\text{ref}}(m) + R_k(m)]}{\displaystyle\sum_{k=1}^{K} \sigma_k^2(m)}$$

$$= \sum_{i=1}^{L} b_i (m\text{PRI})^i + G(m) + \varepsilon''(m) \tag{6.32}$$

式中，$\varepsilon'(m) = \varepsilon\{\text{fix}[r_k(m) - r_{\text{ref}}(m)], m\}$ 表示某个距离单元内的噪声。如式 (6.32) 所示，等号右边第一项为不含常数项的平动参数项；第三项 $\varepsilon''(m)$ 为噪声项。一般情况下，微动目标与雷达距离较远，则平动引起的目标相对雷达的姿态角变化可以忽略，因此主要考虑微动对目标姿态角的影响。参数 $\sigma_k(m)$ 主要由姿态角决定。另外，微动是周期性往复运动，同时决定了姿态角周期变化。因此，$\sigma_k(m)$ 是一个周期函数，且周期是 $T_M = 2\pi/\omega$。此外，$G(m)$ 中其他各项参数都是周期为 $2\pi/\omega$ 的周期函数，决定了 $G(m)$ 也是一个周期为 $2\pi/\omega$ 的周期项，可表示为

$$G(m) = \frac{\displaystyle\sum_{k=1}^{K} \sigma_k^2(m) \cdot A_k \sin(\omega \cdot m\text{PRI} + \varphi_k)}{\displaystyle\sum_{k=1}^{K} \sigma_k^2(m)} = G(m + T_M)$$

$$= \frac{\displaystyle\sum_{k=1}^{K} \sigma_k^2(m + T_M) \cdot A_k \sin[\omega \cdot (m + T_M)\text{PRI} + \varphi_k]}{\displaystyle\sum_{k=1}^{K} \sigma_k^2(m + T_M)} \tag{6.33}$$

式中，$T_M = 2\pi/\omega$ 为目标的转动周期。

根据相关文献，差值算法可以用来降低多项式信号的阶数，同时保留正弦信号。对于改进一阶条件矩，当平动阶数为 2（$p=2$）时可表示为

$$\begin{aligned} r_D(m;\tau) &= r_{\text{MFCMRP}}(m + \tau) - r_{\text{MFCMRP}}(m) + G(m + \tau) - G(m) \\ &= R_{\text{trans}}(m + \tau) - R_{\text{trans}}(m) + G(m + \tau) - G(m) \\ &= \sum_{i=1}^{2} b_i (m + \tau)^i - \sum_{i=1}^{2} b_i (m)^i + G(m + \tau) - G(m) \end{aligned} \tag{6.34}$$

式中，τ 为差值的时延，当差值的时延等于周期（$\tau = T_M$）时，周期项 $G(m)$ 将因自身周期性而被抵消，同时多项式阶数也将因差值而降低，也即 $r_D(m; T_M)$ 是一阶多项式。这样，时延为周期的差值序列会集中分布在一条曲线上。对于转动周期，

平动参数粗估计可以看作求解一个参数最优化问题（ $p=2$ ）：

$$\left\{\hat{b}_1,\hat{b}_2,\cdots,\hat{b}_p,\hat{T}\right\} = \underset{\{b_1,b_2,\cdots,b_p,T\}}{\arg\min} \left\| r_D(m;T) - \left[\sum_{i=0}^{p} b_i(T+t_m)^i - \sum_{i=0}^{p} b_i(t_m)^i \right] \right\|_2^2 \tag{6.35}$$

式中， $\left\{\hat{b}_1,\hat{b}_2,\cdots,\hat{b}_p\right\}$ 表示平动参数的估计结果； $\hat{T}$ 表示转动周期的估计结果；$\arg\min$ 表示求最小化的运算。式 (6.35) 的求解方法分为以下两步：

(1) 估计周期 $\hat{T}$ ， $\hat{T}$ 估计得越准确，差值序列 $r_D(m;T)$ 的低阶多项式拟合误差越小。

(2) 根据周期估计值 $\hat{T}$ ，在 $r_D(m;\hat{T})$ 中利用多项式拟合反演出低阶多项式的各阶参数。由式 (6.33) 可以看出，信号回波中噪声越大，改进一阶条件矩的波动越大，且该波动会影响平动参数的估计精度。尽管在低信噪比条件下，噪声会影响差值序列的聚集性，但是式 (6.35) 仍可以看作周期和平动参数的粗估计。

1. 基于差值-拟合残差联合的微动参数估计

高阶多项式的参数较多，而且实际中的观测都是离散的，这些特点给高阶多项式的研究带来了巨大挑战。在连续域，可以使用函数求导的方法对高阶多项式进行降阶。在离散域，可以使用差值的方法对高阶多项式进行降阶。但是，用这种降阶方法估计多项式参数有一定的局限性：对二阶及二阶以下的多项式参数估计比较准确，不能用于估计二阶以上的多项式参数。

虽然机动目标的机动性较强，但是当雷达信号的采样率较高时，可以使用较短时间内的回波数据进行研究与分析。在较短时间内，目标平动基本可以近似为二阶多项式，其他高阶成分对平动的影响可以忽略不计。平动的差值如下：

$$b_i(T+t_m)^i - b_i(t_m)^i = b_i \sum_{k=0}^{i-1} \begin{bmatrix} i \\ i-k \end{bmatrix} t_m^k T^{i-k} \tag{6.36}$$

由式 (6.36) 可以明显看出， i 阶多项式被降阶为 $i-1$ 阶多项式。因此，二阶多项式被降阶为一阶多项式，即在参数空间变为一条直线。

另外，周期函数的差值还是周期函数，如正弦函数的差值还是正弦函数，只不过幅度和相位会发生变化。这里可以利用周期函数差值的特殊性：当差值延迟等于周期时，差值序列为零，即相互抵消。

综上所述，对改进一阶条件矩做差值，差值延迟是前人方法确定的初值范围，最佳差值延迟会使差值序列在参数空间中分布在一条直线两侧。因此，微动周期和平动参数的估计可以看作求解一个联合问题：

$$\{\hat{b}_1, \hat{b}_2, \cdots, \hat{b}_p, \hat{T}\} = \underset{\{b_1, b_2, \cdots, b_p, T\}}{\arg\min} \left\| r_D(t_m; T) - \left[\sum_{i=0}^{p} b_i(T + t_m)^i - \sum_{i=0}^{p} b_i(t_m)^i \right] \right\|_2^2 \qquad (6.37)$$

因为任何一个差值序列都可以用一个高阶多项式去逼近且残差接近零，所以式(6.37)的解从理论上来说有无穷多个。前面考虑在短暂观测时间内，将平动建模成二阶多项式(p=2)，因此当改进一阶条件矩差值的分布在参数空间上越集中在一条直线上时，式(6.37)的残差越小。此时，式(6.37)对应的最优解只有一个，具体过程如下：

(1)根据得到的去调频的高分辨一维像序列 HRRP，计算得到改进一阶条件矩 MFCMRP。

(2)当差值延迟等于微动周期时，多项式的差值将会在参数空间上表现为一条直线，且式(6.37)的残差达到一个最小值。在估计得到初始周期 τ_0 和范围 $2L$（L 为初始周期估计的精度）之后，遍历差值延迟 $\tau_0 \pm L$（间隔为 ΔL）并计算多项式拟合的均方误差。差值延迟初值设为 $\tau = \tau_0 - L$，并计算它的拟合均方误差 E_1。同时，多项式拟合均方误差变量初值设为 E_1，且微动周期 T_0 初值设为 τ。当式(6.37)的均方误差达到最小值时，对应的差值延迟就是目标的微动周期；对应的多项式拟合参数就是 $r_D(t_m; \hat{T})$ 的差值序列参数，估计的参数不包括常数项，因为差值序列会将其消去。

(3)对于旋转或进动，没有平动时的一维距离像由几条周期相同的正弦曲线组成。这些曲线可以利用逆 Radon 变换或广义 Radon 变换将其积累为参数空间中的一个特显点，点的位置对应微动幅度和初始相位。同时，本节可以利用最小熵法寻找最佳的平动常数项。

2. 实验验证

1)旋转目标

实验的旋转目标是由两个四边形角反射器组成的，如图 6.31 所示。该旋转目标由一个电机马达控制转速，转动角速度为 21.4r/min（转动周期为 2.8s），转动幅度分别为 16cm 和 24cm。所有的实验过程都是在理想的太赫兹吸波暗室中进行的，发射的 LFM 信号载频为 220GHz，带宽为 12.8GHz，PRF 为 1000Hz。真实的距离像如图 6.36(a)所示，它的逆 Radon 变换结果如图 6.36(b)所示，在图 6.36(b)中可以看到两个明显的特显点。在理想的一维距离像中添加平动，平动表达式如下：

$$r_T(t) = -0.03t^2 + 0.2t + 0.12 \qquad (6.38)$$

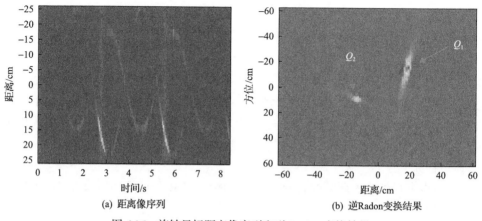

(a) 距离像序列

(b) 逆Radon变换结果

图 6.36 旋转目标距离像序列和逆 Radon 变换结果

平动后的距离像序列如图 6.37(a)所示，其改进一阶条件矩如图 6.37(b)所示，

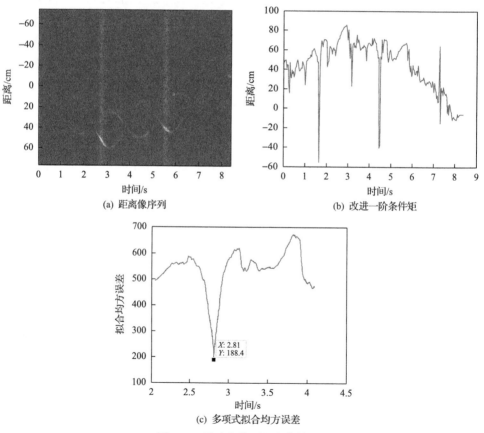

(a) 距离像序列

(b) 改进一阶条件矩

(c) 多项式拟合均方误差

图 6.37 平动条件下距离像特征

主要包括平动项和周期项。对于不同的差值延迟，计算得到的多项式拟合均方误差如图 6.37(c) 所示，图中最低点对应的差值延迟就是微动周期的估计。此实验中最低点对应的差值延迟为 2.81s，正好与转动周期真实值一致。同时，利用多项式拟合的参数结果和逆 Radon 变换结果熵来确定平动多项式的参数，将其画成曲线如图 6.38(a) 所示，与真实的平动基本相同。利用估计的平动多项式去补偿受平动影响的一维距离像，并对其进行逆 Radon 变换，结果如图 6.38(b) 所示，与理想一维距离像的逆 Radon 变换结果相同。根据逆 Radon 变换结果的特显点位置求解转动幅度和初始相位，转动幅度分别为 15cm 和 25cm，见图 6.38(c)，初始相位分别为 −28° 和 148°，都与真实的目标转动信息一致，验证了本节算法的有效性。

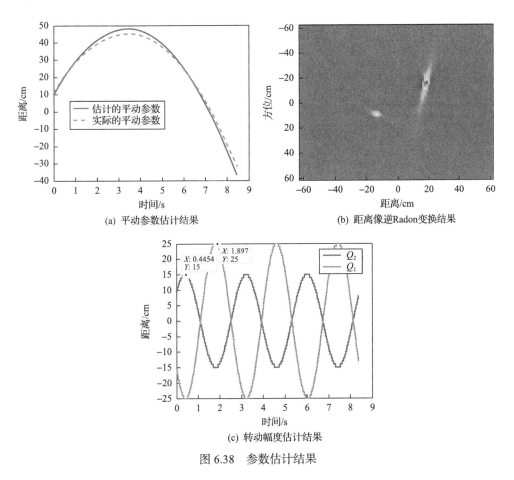

(a) 平动参数估计结果

(b) 距离像逆Radon变换结果

(c) 转动幅度估计结果

图 6.38 参数估计结果

为了评估本节算法的鲁棒性，在不同的信噪比条件下重复实验，并记录相应情况下的参数估计精度。在下面实验中，信噪比为 −20～0dB(间隔为 1dB)，且

每个信噪比下重复实验 100 次。参数估计误差由 $\text{error}(C) = \dfrac{1}{N}\displaystyle\sum_{n=1}^{N}\left|\dfrac{\hat{C}_n - C}{C}\right| \times 100\%$ ，$C \in \{A, f, \varphi\}$ 来确定，其中 N 为每个信噪比条件下的实验次数，最小值为 1，最大值为 100；$\hat{C}_n$ 是对参数集 C 中每个参数在第 N 次实验中得到的参数估计结果。为了评价平动参数估计精度，用估计平动与实际平动差值的 1 范数来衡量。计算公式为 $\text{fitting\_res} = \displaystyle\sum_{m=1}^{M}\sum_{i=0}^{2}\left|b_i t_m^i - \hat{b}_i t_m^i\right|$ ，其中 M 为脉冲个数。

由图 6.39 可知，随着信噪比的不断增大(噪声能量减小)，微动参数估计相对误差越来越小，而且微动参数估计结果对信噪比的敏感性是不同的：微动幅度最敏感，初始相位次之，微动周期最不敏感。由于多项式拟合使用的是最小二乘法，改进一阶条件矩的差值比较稳定，所以周期估计结果一直比较稳定。估计平动与实际平动差值的 1 范数结果见图 6.39(b)，随着信噪比的不断增大，差值的 1 范数结果越来越小。

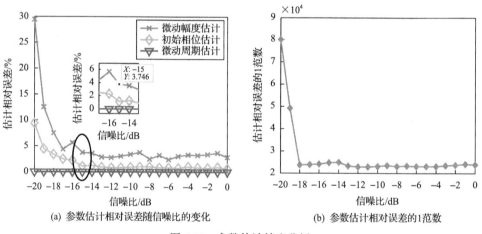

(a) 参数估计相对误差随信噪比的变化　　　　　(b) 参数估计相对误差的1范数

图 6.39　参数估计精度分析

综上所述，本节算法具有较好的抗噪性：当 SNR 高于 −15dB 时，所有的参数估计相对误差不超过 4%。

2)进动目标

实验中的进动目标是一个锥形导弹，在自身平动的条件下用步进频雷达进行测量。锥形导弹在高频段雷达斜视下可以看作由三个主散射点组成，进动的角速度设为 60r/min(进动周期为 1s)，所有的实验过程均是在理想的太赫兹吸波暗室中进行的。平动规律设为 $r_T(t) = 0.25t^2 - 0.6t - 0.15$ ，实验处理过程与旋转目标一致，只有两个过程做了改变：①平动常数项估计使用的是广义Radon 变换而非逆 Radon 变换；②参考距离的常数项使用的中心是进动中心而不是旋转中心。

在信噪比为 0dB 时，进动目标的高分辨一维距离像 HRRP 如图 6.40(a)所示。计算得到该 HRRP 的改进一阶条件矩，见图 6.40(b)，由前面的公式可知，该条件矩包含多项式项和周期项(分别来自平动和微动)。对于不同的差值延迟，多项式的拟合残差见图 6.40(c)，其中最低点对应的时间延迟就是微动周期的估计值。同时，用该延迟时间对应的条件矩差值反推平动参数，见图 6.40(d)，平动估计与实际平动基本一致。

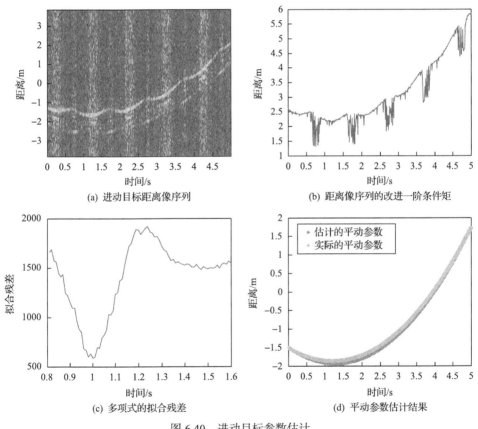

(a) 进动目标距离像序列

(b) 距离像序列的改进一阶条件矩

(c) 多项式的拟合残差

(d) 平动参数估计结果

图 6.40　进动目标参数估计

为了评估本节算法的鲁棒性，在不同信噪比条件下重复实验，并记录相应情况下的参数估计精度。下面实验中，信噪比为–15～4dB(间隔为 1dB)，且每个信噪比下

重复实验 100 次。参数估计的误差由 $\mathrm{error}(C) = \dfrac{1}{N}\sum\limits_{n=1}^{N}\left|\dfrac{\hat{C}_n - C}{C}\right| \times 100\%$，$C = f$ 来确定，其中 N 为每个信噪比条件下的实验次数，最小值为 1，最大值为 100；$\hat{C}_n$ 为对参数集 C 中每个参数在第 N 次实验得到的参数估计结果。为了评价平动参数估计的精度，用估计平动与实际平动差值的 1 范数来衡量。计算公式为 $\mathrm{fitting\_res} = \sum\limits_{m=1}^{M}\sum\limits_{i=0}^{2}\left|b_i t_m^i - \hat{b}_i t_m^i\right|$，其中 M 为脉冲个数。实验中评价的对象是图 3.3(b) 中 Q_1 角反射器。

由图 6.41 可知，随着信噪比不断增大（噪声能量减小），微动参数估计相对误差减小，而且微动参数估计结果对信噪比的敏感性是不同的：微动幅度最敏感，初始相位次之，微动周期最不敏感。由于多项式拟合使用的是最小二乘法，改进一阶条件矩差值较稳定，所以周期估计结果一直比较稳定。估计平动与实际平动差值的 1 范数结果见图 6.41(b)，随着信噪比的不断增大，差值的 1 范数结果越来越小。

虽然周期估计平均值的精度基本不变，但是它的估计方差会随着噪声发生变化。其主要原因是噪声能量的增大会给 HRRP 带来其他位置的能量干扰，这样会使改进一阶条件矩产生一些"毛刺"，这些不平稳的随机波动会使本节算法的估计结果产生误差。如图 6.41 所示，随着信噪比的不断减小（噪声能量增大），周期估计相对误差的方差越来越大，估计平动与真实平动的残差也会越来越大。

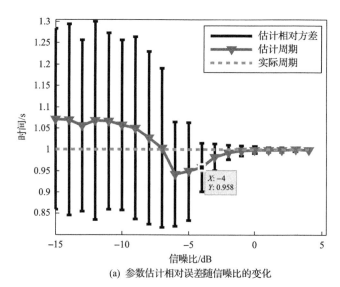

(a) 参数估计相对误差随信噪比的变化

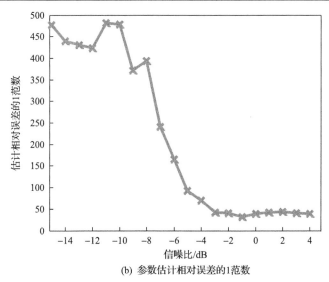

(b) 参数估计相对误差的1范数

图 6.41　基于差值-拟合残差联合估计算法的微动参数估计精度

6.6　本　章　小　结

　　目前，关于微动目标平动补偿的研究还很少，对太赫兹频段的研究基本没有。太赫兹频段的高分辨和多普勒敏感性在带来精细分辨的同时，也给平动补偿提出了更高要求。本章针对太赫兹频段微动目标平动补偿，从两个角度进行了研究。一是从低速运动目标背景出发，提出了基于多项式拟合的补偿算法；二是从高速运动目标背景出发，提出了基于二次补偿和基于多层感知器两种补偿算法。每种补偿算法分别进行了理论分析、实验验证和性能分析，验证了算法在太赫兹频段微动目标平动补偿方面的有效性和优异性能，为太赫兹雷达走向实际应用奠定了理论基础，提供了算法支撑。

参 考 文 献

[1] 韩勋, 杜兰, 刘宏伟. 空间锥体目标的平动补偿与微动特征提取方法[J]. 电波科学学报, 2014, 29(5): 815-820, 826.

[2] 赵园青, 池龙, 马赛, 等. 基于EMD算法的空间自旋目标平动补偿与微动特征提取[J]. 空军工程大学学报(自然科学版), 2013, 14(5): 40-43.

[3] 马启烈, 鲁卫红, 冯存前, 等. 基于微动目标主体信息的平动补偿方法[J]. 现代防御技术, 2013, 41(2): 143-146.

[4] Zhao H N, He S S, Feng C Q, et al. Translation motion and period estimation for precession targets[C]. IET International Radar Conference, Hangzhou, 2016.

[5] Zhang W, Li K, Jiang W. Micro-motion frequency estimation of radar targets with complicated translations[J]. AEU-International Journal of Electronics and Communications, 2015, 69(6): 903-914.

[6] 高磊, 黄小红, 陈曾平. 基于包络相关法的包络对齐方法改进[J]. 雷达科学与技术, 2007, 5(3): 209-212.

[7] 李彧晟, 刘爱芳, 朱晓华. 基于改进包络相关法的 ISAR 成像包络对齐[J]. 南京理工大学学报(自然科学版), 2007, 31(2): 184-186.

[8] Li Y, Li C Y. Global correlation envelope alignment of high precision[C]. 2007 Asian and Pacific Conference on Synthetic Aperture Radar, Huangshan, 2008.

[9] Huang X. A new envelope alignment method for ISAR motion compensation[J]. Signal Processing, 2006, 22(2): 230-232.

[10] Qin H W, Hang R, Zhang S X. A fast envelope alignment algorithm for ISAR imaging based on FFT[J]. Radio Engineering, 2013, 43(11): 14-17.

[11] Liu A. ISAR range alignment using improved envelope minimum entropy algorithm[J]. Signal Processing, 2005, 21(1): 49-51.

[12] Guan Z Q, Chen Q Y. An adaptive weighting envelope alignment algorithm based on minimum entropy[J]. Radar & ECM, 2010, 30(1): 15-17, 61.

[13] Gevrey M, Dimopoulos I, Lek S. Review and comparison of methods to study the contribution of variables in artificial neural network models[J]. Ecological Modelling, 2003, 160(3): 249-264.

[14] Dreiseitl S, Ohno-Machado L. Logistic regression and artificial neural network classification models: A methodology review[J]. Journal of Biomedical Informatics, 2002, 35(5): 352-359.

[15] Ibrahim N K, Abdullah R S A R, Saripan M I. Artificial neural network approach in radar target classification[J]. Journal of Computer Science, 2009, 5(1): 23-32.

[16] Morrison L M, Roth D. Radar target discrimination systems using artificial neural network topology: US071977301[P]. 1993.

[17] Darzikolaei M A, Ebrahimzade A A, Gholami E. Classification of radar clutters with artificial neural network[C]. International Conference on Knowledge-based Engineering and Innovation, Tehran, 2016.

[18] Gardner M W, Dorling S R. Artificial neural network(the multilayer perceptron)—A review of applications in atmospheric sciences[J]. Atmospheric Environment, 1998, 32(14/15): 2627-2636.

[19] Darzikolaei M A, Ebrahimzade A, Gholami E. The separation of radar clutters using multi-layer perceptron[J]. Journal of Information Systems and Telecommunication, 2017, 5(1): 1-10.

[20] Amitab K, Kandar D, Maji A K. Speckle Noise Filtering Using Back-propagation Multi-layer Perceptron Network in Synthetic Aperture Radar Image[M]. Hershey: IGI Global, 2016.

第7章 太赫兹雷达微动目标二维成像

7.1 引　言

微动目标高分辨/高帧频成像可以用来进行微动参数估计、目标信息反演等，是特征提取与识别的重要途径之一，但是微动目标的高分辨/高帧频成像本身也是一个难点。本章针对太赫兹频段微动目标高分辨成像问题，结合太赫兹频段的特殊性，以微动特征提取为落脚点，进行微动目标高分辨/高帧频成像算法的研究、粗糙表面微动目标高分辨成像研究和振动干扰情况下的高分辨成像研究。

7.2 节进行微动目标高分辨/高帧频成像研究。首先根据微动目标的机动性特点，提出基于微动角的滑窗距离多普勒成像算法，该方法利用目标微动带来的微动角进行距离多普勒成像，在保证高分辨的同时具有高帧频的优势。然后研究利用微动目标高分辨/高帧频成像进行微动特征反演的方法。所提算法通过 330GHz 雷达系统对进动弹头类目标进行实验验证。7.3 节进行粗糙表面微动目标高分辨成像研究，主要采用卷积逆投影法，分别对粗糙表面圆柱和平板目标进行实验，验证太赫兹频段粗糙表面目标散射特性。7.4 节针对太赫兹雷达成像中比较敏感的振动干扰问题，从理论上分析振动干扰对目标高分辨成像的影响，提出基于自聚焦和基于特显点的振动干扰补偿算法，并进行实验验证。7.5 节利用目标微动时在俯仰和方位二维空间的转动，提出基于稀疏贝叶斯的单频方位俯仰微动目标成像，并进行实验验证。7.6 节对本章内容进行总结。

7.2　微动目标高分辨/高帧频成像

弹道导弹的识别技术一直是军事领域研究的重点，而雷达成像识别是其中一种很重要的识别方式。目前，弹道导弹成像的研究主要在微波频段，其成像分辨率一般比较低，难以通过成像结果进行精确的目标识别和参数反演[1, 2]。太赫兹频段相比微波频段，容易实现大信号带宽，因此太赫兹雷达具有高分辨成像的优势，为通过高分辨成像进行弹道导弹识别提供了可能。本节以进动弹头类目标为例，提出基于微动角的滑窗距离多普勒太赫兹雷达微动目标高分辨/高帧频成像算法，并利用载频为 330GHz 的雷达系统进行实验验证，成像分辨率可达 2cm，帧率可达 10Hz 以上。此外，本节研究基于高分辨/高帧频成像的微动参数高精度反演方法，利用两组目标高分辨成像和目标运动几何关系，解算出目标微动参数和尺寸信息等。

7.2.1 成像算法

由于中段弹道导弹的运动一般为平动和进动的综合，现有的微动目标 ISAR 成像算法，大多是利用目标质心平动引起的相对雷达的姿态变化进行成像，将目标微动产生的微多普勒视作干扰信号，着重研究微多普勒的分离与提取技术。目前，尚未见利用太赫兹频段进动弹头目标成像和参数估计的相关文献报道。

ISAR 通过宽带信号获得高的距离分辨率，通过目标运动引起相对雷达的姿态变化产生的多普勒信息获得横向分辨率，从而实现对运动目标的二维成像。传统的弹头类目标 ISAR 成像多是利用目标质心运动引起相对雷达的姿态变化进行成像，这种成像算法存在两个问题：一是中段弹道导弹在大气层外飞行时质心运动引起的相对雷达的姿态变化非常缓慢，导致成像积累时间过长；二是弹头类目标的微动会引起 ISAR 图像散焦，需要进行微动补偿，而微动补偿是一个难点问题。因此，目前微动弹头类目标的成像主要基于三种思路[1-6]：一是研究相应的微动补偿技术，将目标微动补偿掉；二是研究回波分离技术，将微动回波从整体回波中分离出来，这两种都是利用平动角进行 ISAR 成像的，但是相应的补偿和分离算法相当复杂，且普适性和鲁棒性较差；三是利用时频分析进行距离瞬时多普勒（range-instantaneous Doppler, RID）成像。

针对这些问题，在平动补偿的基础上，本节采用另外一种思路，即利用微动引起的目标相对雷达视线的姿态变化角进行瞬时成像。与基于平动的 ISAR 成像算法相比，利用微动引起的目标相对雷达视线的姿态变化角进行弹头模型成像的方法在保证高分辨率的同时，具有成像积累时间短、不需要进行复杂运动补偿的特点。此外，目标微动角变化速率一般远高于平动角变化速率，因此利用微动角进行成像具有高帧频潜力。下面以简化的 ISAR 成像模型——转台成像模型为例对距离多普勒成像算法进行简单分析。

在传统的 SAR/ISAR 成像中，距离分辨率的获得依靠信号的带宽，而方位分辨率的获得依赖目标和雷达之间的相对运动。在图 7.1 所示的转台成像几何中，飞机目标在 XOY 坐标系下绕原点以角速度 ω 逆时针旋转。在平面波照射下，对回波进行匹配滤波后，距离分辨率表达式为

$$\rho_r = \frac{c}{2B} \tag{7.1}$$

式中，B 为信号带宽。雷达方位高分辨主要依靠多普勒效应，当目标以逆时针

方向转动时，目标上各散射点的多普勒值不同。在目标转动的小转角 $\delta\theta$ 内，图 7.1 所示目标上某一散射点 P 的纵向位移为

$$\Delta y_p = r_p \sin\theta - r_p \sin(\theta - \delta\theta) = x_{p,0} \sin(\delta\theta) + y_{p,0}[1 - \cos(\delta\theta)] \tag{7.2}$$

式中，r_p 为散射点 P 到原点的距离。纵向位移 Δy_p 引起的相位变化为

$$\Delta\varphi_p = -\frac{4\pi}{\lambda}\Delta y_p = -\frac{4\pi}{\lambda}\left\{x_{p,0}\sin(\delta\theta) + y_{p,0}[1 - \cos(\delta\theta)]\right\} \tag{7.3}$$

在 $\delta\theta$ 较小的情况下，相位简化为

$$\Delta\varphi_p = \frac{4\pi}{\lambda}x_{p,0}\delta\theta \tag{7.4}$$

可以看出，目标上散射点的横距越大，该散射点的回波多普勒越大。将各个距离单元的回波序列分别通过傅里叶变换变换到多普勒域，只要多普勒分辨率足够高，就能将各单元的横向分布表示出来。方位分辨率依赖信号波长 λ 和方位向相对转角 $\delta\theta$，其表达式为

$$\rho_a = \frac{\lambda}{2\delta\theta} \tag{7.5}$$

这就是距离多普勒(range Doppler, RD)成像的基本原理。

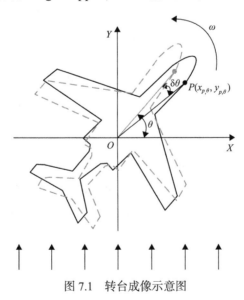

图 7.1　转台成像示意图

对于采集得到的某段时间 T 内的微动目标回波信号 S，若 T 较小，则目标相

对雷达的平动转角较小，难以得到高分辨方位像；若 T 较大，则目标微动带来的距离徙动不可避免，分辨率恶化严重。针对这一问题，基于微动角的滑窗距离多普勒算法的具体实现步骤如下：

(1) 对微动目标回波 S 进行距离向压缩，得到目标高分辨距离像。

(2) 对该距离像进行平动补偿，消除平动对成像的影响，得到只包含微动的距离像 S_r。

(3) 将一个长度为 L 的矩形窗以固定步长 P 沿慢时间轴顺序作用在目标距离像 S_r 上，并依次对矩形窗内的距离像数据进行方位向压缩，得到目标 ISAR 像序列。

这时，每个矩形窗内数据对应的时长为 L / PRF，其中 PRF 为 LFM 信号的脉冲重复频率或 LFMCW 信号每秒的扫频次数。若目标的微动角速度为 ω，则每个矩形窗所对应时间内目标的转角为 $\omega L / \mathrm{PRF}$，此时的方位分辨率为

$$\rho_a = \frac{\lambda \mathrm{PRF}}{2\omega L} \tag{7.6}$$

为了使成像结果显得直观，选择矩形窗长度 L 时依据一个准则，即方位分辨率一般要与距离分辨率可比拟，因此 L 的选择一般由距离分辨率、目标角速度和信号 PRF 等参数共同决定。令矩形窗的步长为 P，则成像帧率 F 约为

$$F = \frac{\mathrm{PRF}}{P} \tag{7.7}$$

每个矩形窗内的成像算法本质上是距离多普勒成像，其实现比较简单，因此步长 P 可以选择得适当小一些，也就是说，该算法具有高帧率成像的潜质。

7.2.2　实验验证

为了验证微动目标高分辨/高帧频成像算法，本节采用一套载频为 330GHz 的线性调频脉冲体制雷达，对进动弹头模型进行成像实验。该雷达系统的信号带宽为 10.08GHz，对应的距离分辨率约为 1.5cm。PRF 为 1000Hz，每个脉冲采样点数为 512，发射信号功率约为 5mW。雷达天线的横向波束角 ϕ 约为 11°。实验目标为进动弹头模型，由三部分组成，分别为圆顶锥体、圆柱和圆台。进动弹头模型由微动模拟装置驱动，微动模拟装置内置两台电机，分别实现自旋和锥旋功能。实验中设置的自旋角速度和锥旋角速度均为 0.1r/s，进动角为 8°。电机与弹体通过一排铆钉相连，其电气部分放置在空心的弹体中间，只在弹尾处露出一部分金属支架，进动弹头模型成像实验场景及进动弹头模型如图 7.2 所示。

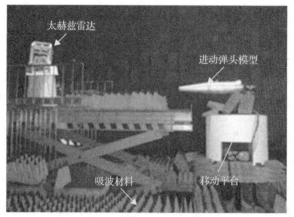

(a) 进动弹头模型成像实验场景

(b) 进动弹头模型

图 7.2　330GHz 频段微动弹头实验

　　实验分为两组：一组是弹头原地进动；另一组是弹头边进动边沿方位向平移穿过雷达波束，平移速度为 4cm/s。两组实验的目标距离像序列如图 7.3 所示。由于太赫兹雷达具有较强的距离分辨能力，在图 7.3(a) 的距离像序列中，弹顶散射中心、弹尾散射中心以及金属支架的散射等各部分分量清晰可见，其中最为显著的是弹顶散射中心分量，其距离像序列呈正弦调制，符合理想散射中心模型。此外，弹头原地进动，因此目标上各个部分在整个雷达观测过程中都在雷达波束内，且弹顶到弹尾散射的距离约为 1.14m，等于弹顶到弹体铆钉的距离，可以初步断定弹尾散射是由铆钉引起的。弹顶到金属支架的距离约为 1.63m，与实际情况相符合。

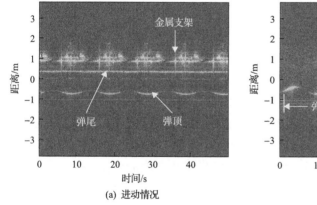

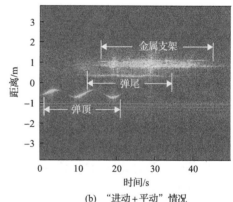

(a) 进动情况

(b) "进动＋平动"情况

图 7.3　两组实验的目标距离像序列

　　对于图 7.3(b) 中微动目标沿方位向穿过雷达波束的情况，可以从距离像序列中看出弹顶、弹尾和金属支架相继穿过波束。通过观察可知，弹顶散射中心在雷达波束中驻留的时间约为 20s，因此结合平台移动速度 v 和参考距离 R_{ref}，可以估

算得到雷达天线的方位向波束覆盖角 $\widehat{\phi}$ 为

$$\widehat{\phi} = 2\arctan\left(\frac{vt}{2R_{ref}}\right) \cdot \frac{180}{\pi} = 10.88° \tag{7.8}$$

由前面的系统介绍可知，该雷达天线的理论方位向波束覆盖角为 $\phi = 11°$，估算结果与实际值较为吻合。在得到天线波束宽度之后，即可估算目标在穿越波束过程中由平动带来的径向距离变化 d 为

$$d = R_{ref}\left[\sec\left(\frac{\theta}{2}\right) - 1\right] = 0.019 \tag{7.9}$$

也就是说，在本实验场景和参数下由平动带来的径向距离变化较小，最大约为 1.9cm，因此不能从图 7.3(b) 的距离像序列中直观地看出平动的影响，即正弦曲线没有明显倾斜。

从距离像序列中分别抽取出弹顶和弹尾散射中心分量，并对其进行时频分析，可以获得弹顶和弹尾的时频分布，如图 7.4 和图 7.5 所示。其中，进动弹头模型的弹顶微多普勒依然呈现正弦调制，可以利用其调制信息进行微动周期以及幅度信息的估计；弹尾多普勒曲线由若干分量组成，其整体受正弦包络调制，通过分析发现，弹尾散射中心分量主要来自弹尾若干凸出的铆钉。当目标旋转对称时，在自旋过程中，目标上任一点到雷达的径向距离和微多普勒频率随时间呈正弦规律变化，其变化周期等于锥旋周期。当目标非旋转对称时，其上任一点同时受自旋和锥旋的影响，其到雷达径向距离和微多普勒频率变化周期与自旋周期和锥旋周期有关，即调制周期等于两者的最小公倍数。也就是说，由于太赫兹雷达的精细分辨能力，必须考虑目标表面诸如铆钉等细微结构，该弹头模型在太赫兹频段不

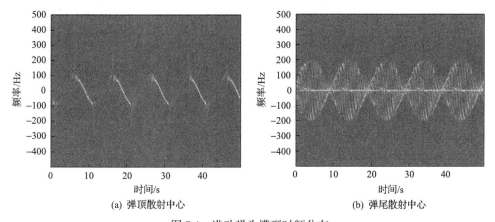

(a) 弹顶散射中心 (b) 弹尾散射中心

图 7.4 进动弹头模型时频分布

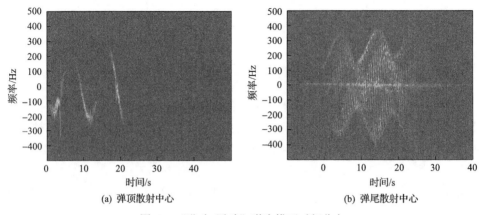

(a) 弹顶散射中心   (b) 弹尾散射中心

图 7.5 "进动+平动"弹头模型时频分布

能看作旋转对称目标。"进动+平动"弹头的弹顶和弹尾微多普勒也呈现类似正弦形式，但是其平动在雷达径向上存在速度分量，该多普勒中也附加了一部分平动多普勒，因此多普勒曲线略有倾斜。

对于实验数据，本节首先利用传统 ISAR 成像算法进行处理，结果如图 7.6 所示。可以看出，由于目标微动的影响，越距离单元徙动严重，目标方位分辨率受到很大影响。与基于平动的 ISAR 成像算法相比，利用进动引起的目标相对雷达视线姿态变化进行弹头模型成像的方法具有成像积累时间短、不需要进行复杂运动补偿的特点。在本系统参数下，雷达距离分辨率为 1.49cm，要想达到与之相同的方位分辨率，需要的成像角度为 1.8°，若利用平动，则至少需要 3.3s，而在

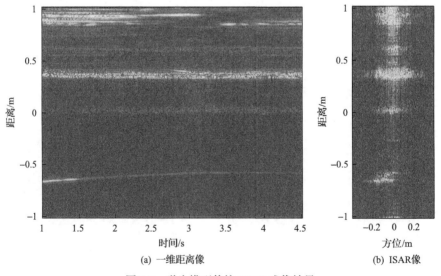

(a) 一维距离像   (b) ISAR像

图 7.6 弹头模型传统 ISAR 成像结果

这段时间内，目标进动带来的影响不可忽略，因此要想得到较好的成像结果，必须进行平动回波和进动回波的分离，而回波分离方法一直是一个难点。若利用进动角进行成像，则仅需 0.054s，在这么短的时间内，目标的平动基本可以忽略，因此不需要进行回波分离或运动补偿。采用本节基于微动角的滑窗距离多普勒算法处理之后的两组实验成像结果分别如图 7.7 和图 7.8 所示。为了达到与距离分辨率接近的方位分辨率，根据目标微动周期估计结果，本节采用矩形窗长度 $L=60$，步长 $P=80$，在此参数下，方位分辨率理论值约为 1.34cm，成像帧率约为 12Hz。从成像结果可以清晰地看出弹顶、金属支架等结构以及弹尾铆钉等细微结构，此外，距离像序列中不太显著的锥柱结合部也逐渐在 ISAR 像中凸显。

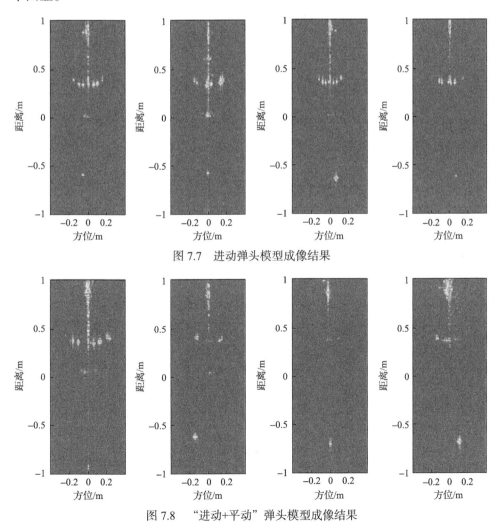

图 7.7　进动弹头模型成像结果

图 7.8　"进动+平动"弹头模型成像结果

图 7.9 是以上方法的分辨率对比，其中曲线 *a* 是利用平动进行成像的分辨率，曲线 *b* 是利用进动进行成像的分辨率，曲线 *c* 是利用"进动+平动"进行成像的分辨率。由于距离分辨率只与带宽相关，由图 7.9(a) 的距离分辨率可以看出，三种情况下距离分辨率是一致的，约为 2.04cm，比理论距离分辨率 1.49cm 稍差。由图 7.9(b) 可以看出，在利用进动角进行成像时，方位分辨率最高，为 1.46cm。在利用进动角对"进动+平动"数据进行成像时，平动对方位分辨率有影响，但是由于成像时间短，平动的影响较小，分辨率约为 1.79cm。这主要是因为实验中目标平动速度较慢，平动影响不够显著，在实际中，弹头类目标的高速平动会对成像产生显著影响。在利用平动进行成像时，目标微动使得包络对齐和相位校正难以实现，方位分辨率严重恶化。图 7.9 的结果验证了本节基于进动角的滑窗距离多普勒微动目标成像算法的有效性，也从侧面说明了微动目标平动补偿的重要意义。关于微动目标平动补偿算法，将在第 8 章进行详细介绍。

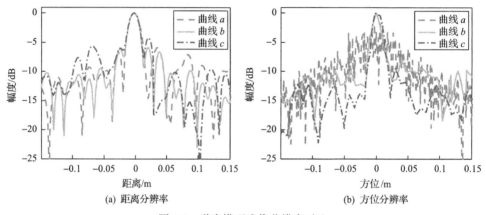

(a) 距离分辨率　　　　　　　　　　　　(b) 方位分辨率

图 7.9　弹头模型成像分辨率对比

为了进一步验证本节基于微动角的滑窗距离多普勒微动目标成像算法的性能，本节对原地进动弹头模型数据进行基于时频分析的 RID 成像处理。本节采用的时频分析方法包括 STFT、WVD、SPWVD 和 RSPWVD，其典型成像结果如图 7.10 所示。

为了与基于微动角的滑窗距离多普勒微动目标成像算法进行定量比较，这里画出图 7.10 成像结果中弹顶的距离向和方位向剖面图，与图 7.9 中曲线 *c* 进行比较，如图 7.11 所示。可以看出，相比本节基于微动角的滑窗距离多普勒微动目标成像算法，基于 STFT、WVD 和 SPWVD 的 RID 成像效果略差，基于 RSPWVD 的 RID 成像效果与之接近，但是需要对每个距离单元进行 RSPWVD 运算，算法耗时要长得多。因此，基于微动角的滑窗距离多普勒微动目标成像算法在进动弹头类目标高分辨/高帧频成像方面有其特殊优势。

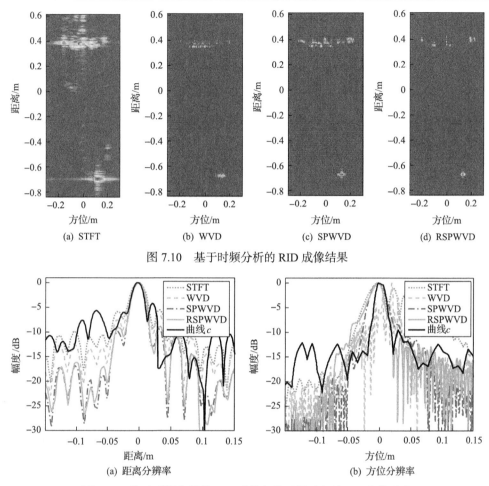

图 7.10　基于时频分析的 RID 成像结果

图 7.11　基于时频分析的 RID 成像与基于微动角的 RD 成像对比

7.2.3　基于高分辨/高帧频成像的微动目标参数反演

1. 微动目标参数反演方法

高分辨/高帧频成像是进行微动目标参数反演的重要途径之一，近些年来出现了很多基于成像进行微动特征反演的研究[7-11]，但是传统微波频段雷达的成像分辨率还不足以进行精确的目标运动参数和结构信息反演。太赫兹雷达在多普勒精细分辨和目标高分辨成像方面具有优势，得到了越来越多的关注，然而目前太赫兹频段关于高精度微动参数估计的研究还很少。

本节以比较复杂的微动形式——进动为例来研究基于高分辨/高帧频成像的微动目标参数反演方法。进动一直被视作中段弹道导弹特有的微动形式，包括绕对称轴的自旋和绕进动轴的锥旋。进动主要包括进动角速度、进动角、进动质心等参数，这些参数是进行目标识别和分类的重要依据。根据第 2 章的分析，微动目标上任意一点 $P(x,y,z)$ 到雷达的径向距离 $r(t)$ 可表示为

$$r(t) = R_0 + [R_{\text{coni}}(t) \cdot R_{\text{init}} \cdot R_{\text{spin}} \cdot r_0]^{\text{T}} \cdot n \tag{7.10}$$

式中，R_0 为雷达与目标之间的初始距离。当目标是旋转对称时，自旋变换矩阵退化为单位矩阵，简化后的径向距离 $r(t)$ 可写为

$$\begin{aligned}
r(t) = R_0 &+ \sin\beta(y\sin\theta + z\cos\theta) \\
&+ (x\cos\alpha + y\sin\alpha\cos\theta - z\sin\alpha\sin\theta)\cos\beta \cdot \cos(\omega t) \\
&+ (x\sin\alpha - y\cos\alpha\cos\theta + z\cos\alpha\sin\theta)\cos\beta \cdot \sin(\omega t) \\
= R_0 &+ \sin\beta(y\sin\theta + z\cos\theta) + A\cos(\omega t + \varphi)
\end{aligned} \tag{7.11}$$

式中，A 为微动幅度，其具体表达式为

$$A = 2\sin\alpha\sqrt{x^2 + (y\cos\theta - z\sin\theta)^2} \tag{7.12}$$

对于目标坐标系中位于 $(0,0,h)$ 处的弹顶，根据式 (7.12)，其微动幅度为

$$A = 2h\sin\alpha\sin\theta \tag{7.13}$$

在式 (7.13) 中，弹顶微动幅度 A 可以通过弹顶散射中心的高分辨距离像序列或其时频分布得到，而进动质心到弹顶的距离 h 及进动角 θ 则需要通过其他方式估计，这两个参数对目标分类识别具有重要意义，也是本节着重介绍的内容。对于宽带太赫兹雷达系统，前面章节已经研究了几种微动目标高分辨/高帧频成像算法，如基于进动角的滑窗距离多普勒微动目标成像算法和基于时频分析的距离瞬时多普勒算法，本节提出一种基于高分辨/高帧频二维像的进动参数估计算法。

在图 7.12 所示的进动目标参数估计示意图中，首先在弹顶轨迹上选择一个关键位置点，且该关键位置点处的切线必须与雷达视线平面平行。例如，当雷达视线方位角 $\alpha = 90°$ 时，关键位置点可以为图中的 p 或 q。在高帧频二维像序列中选取两组高分辨二维像，每组包含两幅二维像，且这两幅二维像分别位于关键位置点的前后相等时刻。也就是说，筛选出位于关键位置点前后 $\tau_1/2$ 时间的两幅二维像作为第一组，筛选出位于关键位置点前后 $\tau_2/2$ 时间的两幅二维像作为第二组。在图 7.12 中，若选择 p 点作为关键位置点，则弹顶分别位于 p_1 和 q_1 处的两幅二维像可以作为第一组，其时间间隔为 τ_1；弹顶分别位于 p_2 和 q_2 处的两幅二维像可以作为第二组，其时间间隔为 τ_2。第一组中的两幅二维像弹顶在其轨迹直径（弹顶轨迹与雷达视线平面相交的那条直径）的投影分别为 p_3、q_3。在这种情况下，根据几何关系，下面的等式成立：

$$|op_3| = |oq_3| = h\sin\left(\frac{\omega\tau_1}{2}\right)\sin\theta \tag{7.14}$$

$$\varphi_1 = \angle p_1 O q_1 = \angle p_3 O q_3 = 2\arctan\left(\frac{|op_3|}{h\cos\theta}\right) \tag{7.15}$$

根据式(7.15)，直线 Op_1 和直线 Op_2 之间的夹角是恒定的，且其值与目标进动角、进动角速度和时间间隔 τ_1 相关。根据平面几何中的圆周角定理，目标质心 O 位于经过 p_1 和 q_1 的一段圆弧上，如图 7.13 中弧线 $\mathrm{arc}_{p_1q_1}$ 所示，其表达式为

$$\left(u - o_{1u}\right)^2 + \left(v - o_{1v}\right)^2 = R_1^2 \tag{7.16}$$

式中，$R_1 = \dfrac{|p_1q_1|}{2\sin\varphi_1}$ 为该弧线所在圆的半径；$\left(o_{1u}, o_{1v}\right)$ 为圆心，可以通过 p_1、q_1 和 R_1 表示出来。实际上满足以上条件的圆有两个，忽略与弹尾没有交叉的圆。

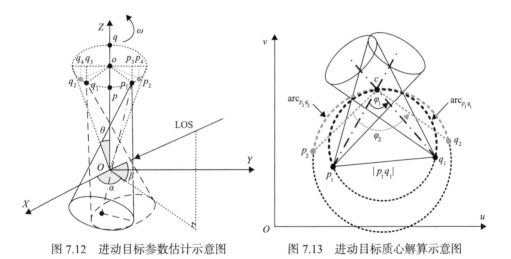

图 7.12　进动目标参数估计示意图　　　图 7.13　进动目标质心解算示意图

至此，虽然得到了质心的轨迹曲线，但是还无法得到其精确位置。因此，本节使用第二组的两幅二维像，它们之间的时间间隔为 τ_2。根据上面的推导可以得到另外一条质心轨迹，如图 7.13 中弧线 $\mathrm{arc}_{p_2q_2}$ 所示，其表达式为

$$\left(u - o_{2u}\right)^2 + \left(v - o_{2v}\right)^2 = R_2^2 \tag{7.17}$$

式中，$R_2 = \dfrac{|p_2q_2|}{2\sin\varphi_2}$ 为该弧线所在圆的半径；$\left(o_{2u}, o_{2v}\right)$ 为圆心。因此，可以通过解算这两条质心轨迹的交点获得质心的精确位置。但是在解算过程中发现，未知数

的数目多于方程数目，需要增加一个方程。根据投影关系，目标高分辨二维像中进动质心到弹顶的距离与质心到弹顶的实际距离 h 和角度 φ 具有如下关系：

$$|Op_i| = h\cos\left(90 - \beta - \frac{\varphi_i}{2}\right) = h\sin\left(\beta + \frac{\varphi_i}{2}\right), \quad i = 1, 2 \tag{7.18}$$

因此，联合式(7.13)～式(7.18)可以计算得到弹头进动角 θ 和质心到弹顶的距离 h。

2. 微动目标参数反演实验验证

为了验证本节基于高分辨/高帧频成像的微动参数估计算法，这里利用基于微动角的滑窗距离多普勒微动目标成像算法得到的目标高分辨二维像序列进行参数反演。实验中弹体质心到弹顶的距离为 1.2m，目标与雷达之间的水平距离 R 为 4.2m，垂直距离 H 为 0.95m，因此可以得到雷达实现的俯仰角 $\alpha = 12.5°$，目标进动角 $\theta = 8°$。

根据微动目标回波信号、距离像序列及其时频分布的周期性，本节分别利用自相关算法进行了周期估计，结果如图 7.14 所示。可以看出，不管是利用其回波信号、距离像序列还是其时频分布，都可以准确估计得到微动周期。

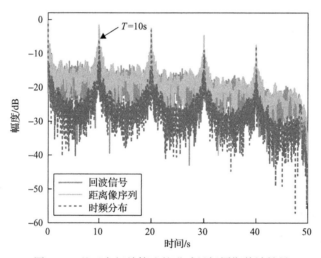

图 7.14　基于自相关算法的进动目标周期估计结果

此外，为了获得弹顶的微动幅度，本节对其时频分布进行逆 Radon 变换，结果如图 7.15 所示。根据特显点位置计算得到的弹顶微多普勒幅度为

$$f_d = \sqrt{(-62.5)^2 + 59.5^2} = 86.3\text{Hz} \tag{7.19}$$

其微动幅度为

$$A = \frac{f_d \lambda}{2\omega} = 0.0695\text{m} \tag{7.20}$$

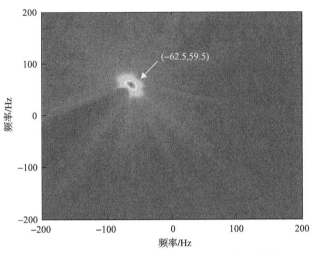

图 7.15　基于逆 Radon 变换的进动目标幅度估计

为了实现进动角和质心位置的联合估计，本节筛选出两组高分辨二维像，如图 7.16 所示。图 7.16(a) 和 7.16(b) 属于第一组，其时间间隔 τ_1 =1.3s；图 7.16(c) 和图 7.16(d) 属于第二组，其时间间隔 τ_2 =2.0s。根据式 (7.13)～式 (7.18)，估计得到的质心到弹顶的距离 $\hat{h}$ =1.14m，进动角 $\hat{\theta}$ =7.94°。与实验设置参数相比可以看出，基于微动模板高分辨二维像序列的参数反演算法具有较高的精度，参数估计相对误差小于 5%。

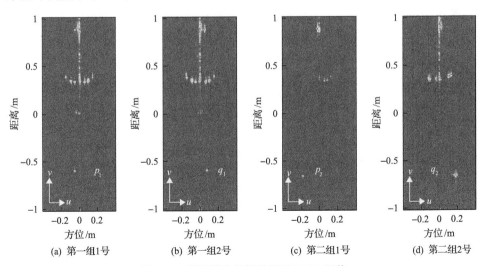

(a) 第一组1号　　(b) 第一组2号　　(c) 第二组1号　　(d) 第二组2号

图 7.16　用于质心解算的两组 ISAR 图像

7.3　粗糙表面微动目标高分辨成像

太赫兹频段信号波长较短，使得原来在微波频段可以被看作光滑表面的目标，在太赫兹频段不得不考虑其粗糙特性。微动目标表面粗糙会给微动参数估计带来困难，但是如果充分利用这一信息，也可以使其成为目标粗糙度反演的有效途径。本节针对粗糙表面目标低散射特性，采用基于卷积逆投影(convolution back-projection, CBP)的成像算法进行成像处理[12,13]。该方法利用目标微动带来的大转角数据进行积累，提高粗糙表面微动目标的成像质量，为特征提取提供便利。本节首先简单介绍 CBP 成像的原理，然后开展粗糙表面微动目标成像实验，并对实验结果进行分析。

7.3.1　成像算法

假设发射信号是载频为 f_c 的线性调频脉冲体制或调频连续波体制，$f(x,y)$ 为极坐标下目标上任意一点 (x,y) 的散射系数，则通过 dechirp 接收并进行 RVP 消除之后的散射点 (x,y) 的回波信号表达式为

$$s = \mathrm{rect}\left(\frac{\hat{t}}{T_p}\right)\exp\left[-\mathrm{j}\frac{4\pi}{c}\Delta R_\theta(x,y)(\gamma\hat{t}+f_c)\right] \tag{7.21}$$

式中，$\hat{t}$ 为快时间；T_p 为 LFM 体制下的脉冲宽度或 LFMCW 体制下的扫频周期；γ 为信号调频率；$\Delta R_\theta(x,y)$ 为雷达与散射点 (x,y) 之间的距离。因此，整个目标的回波信号是关于 x 和 y 的一个双重积分：

$$\begin{aligned}
s_r &= \iint f(x,y)\exp\left[-\mathrm{j}\frac{4\pi}{c}\Delta R_\theta(x,y)(\gamma\hat{t}+f_c)\right]\mathrm{d}x\mathrm{d}y \\
&= \iint f(x,y)\exp\left[-\mathrm{j}\frac{4\pi}{c}(\gamma\hat{t}+f_c)(-\sin\theta)x-\mathrm{j}\frac{4\pi}{c}(\gamma\hat{t}+f_c)\cos\theta y\right]\mathrm{d}x\mathrm{d}y \\
&= G\left[-\frac{4\pi}{c}(\gamma\hat{t}+f_c)\sin\theta, \frac{4\pi}{c}(\gamma\hat{t}+f_c)\cos\theta\right] \\
&= G\left(-k_R\sin\theta, k_R\cos\theta\right)
\end{aligned} \tag{7.22}$$

式中，$k_R = \dfrac{4\pi}{c}(\gamma\hat{t}+f_c)$。因此，散射系数分布 $f(x,y)$ 可以通过式(7.23)推导得到：

$$\begin{aligned}
f(x,y) &= \frac{1}{4\pi^2}\iint\frac{4\pi(\gamma\hat{t}+f_c)}{c}s_r\cdot\exp\left[\mathrm{j}\frac{4\pi}{c}\Delta R_\theta(x,y)(\gamma\hat{t}+f_c)\right]\mathrm{d}\frac{4\pi(\gamma\hat{t}+f_c)}{c}\mathrm{d}\theta \\
&= \frac{1}{4\pi^2}\iint\frac{4\pi(\gamma\hat{t}+f_c)}{c}s_r\cdot\exp\left[\mathrm{j}\frac{4\pi}{c}(-x\sin\theta+y\cos\theta)(\gamma\hat{t}+f_c)\right]\mathrm{d}\frac{4\pi(\gamma\hat{t}+f_c)}{c}\mathrm{d}\theta
\end{aligned}$$

$$\tag{7.23}$$

在实际应用中，一般定义 $\gamma\hat{t} \overset{\text{def}}{=\!=} f_r \in \left[-\dfrac{B}{2}, \dfrac{B}{2}\right]$，其中 B 为信号带宽。因此，散射系数分布 $f(x,y)$ 可被改写为

$$
\begin{aligned}
f(x,y) &= \frac{4}{c^2} \iint_{-\frac{B}{2}}^{\frac{B}{2}} (f_r + f_c) s_r \cdot \exp\left[\mathrm{j}2\pi(f_r + f_c)\frac{2(-x\sin\theta + y\cos\theta)}{c}\right] \mathrm{d}f_r \mathrm{d}\theta \\
&= \frac{4}{c^2} \int_\theta \exp\left[\mathrm{j}\frac{4\pi f_c}{c}(-x\sin\theta + y\cos\theta)\right] \int_{-\frac{B}{2}}^{\frac{B}{2}} (f_r + f_c) s_r \cdot \exp\left(\mathrm{j}2\pi f_r \frac{2l}{c}\right) \mathrm{d}f_r \Bigg|_{l=-x\sin\theta + y\cos\theta} \mathrm{d}\theta
\end{aligned}
$$

$$(7.24)$$

式中，θ 为成像积累角。由式 (7.24) 可以看出，目标散射系数的获得需要通过两步，第一步是计算不同角度下的 l，通常通过时域的卷积来完成。第二步是计算回波信号的傅里叶逆变换，并将其投影到 θ，这也是为什么称其为卷积逆投影算法。CBP 算法非常适合旋转目标大转角成像[14]，尤其是当目标散射相对较小时，较大的积累角可以获得较高信噪比的成像结果。

7.3.2　实验验证

1. 粗糙表面旋转圆柱成像实验

为了验证太赫兹频段粗糙表面微动目标成像，本节首先对 5.4 节实验中旋转粗糙表面圆柱目标的数据进行成像处理[15]。为了获得较高信噪比的图像，成像积累角设置为 360°，也就是说，本节选择目标旋转一圈的数据进行成像处理。载频 220GHz 和 440GHz 下的成像结果分别如图 7.17 和图 7.18 所示。可以看出，当目标表面粗糙度较小时，成像结果主要表现出轮廓信息。随着粗糙度的增大，镜面反射分量逐渐减弱，漫反射分量逐渐增强，表现在图像中即是轮廓信息的弱化和面特征的增强。也就是说，粗糙表面目标的成像结果兼具雷达图像和光学图像的特征。此外，高分辨成像结果也可以用来进行目标尺寸信息的反演。

2. 粗糙表面旋转平板成像实验

由于粗糙表面圆柱目标为体目标，其散射强度随目标姿态变化差异较大，不利于进行定量分析。因此，为了定量分析太赫兹频段目标表面粗糙度对成像的影响，本节利用载频为 440GHz 的雷达系统，对系列粗糙平板进行成像研究。实验中的目标分为两类：一类是系列铝质粗糙平板 (图 7.19(a))，与粗糙圆柱类似，平均粗糙度 R_a 分别为 0.03μm、0.3μm、3μm、30μm 和 300μm，平板尺寸为 20cm×20cm；另一类是带粗糙字母 "NUDT" 的光滑铜质平板 (图 7.19(b))，其中粗糙

部分的平均粗糙度约为 300μm。

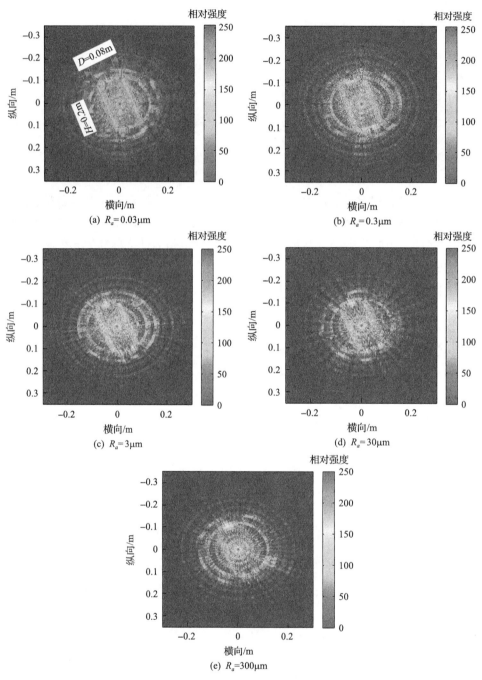

图 7.17　粗糙旋转圆柱 CBP 成像结果（220GHz）

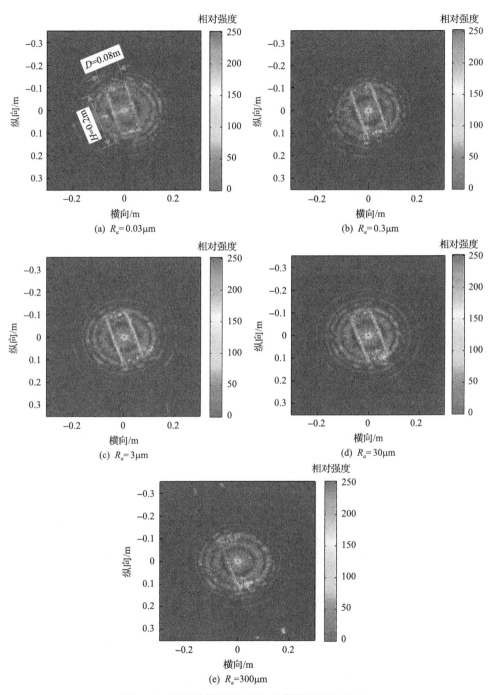

图 7.18 粗糙旋转圆柱 CBP 成像结果(440GHz)

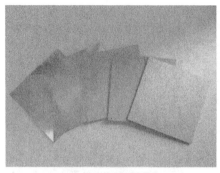 

(a) 系列铝质粗糙平板　　　　　　　　(b) 带粗糙字母的光滑铜质平板

图 7.19　粗糙平板目标

　　实验中平板平行于水平面放置在高精度转台上进行旋转，雷达以约 5°的俯仰角照射目标。利用载频为 440GHz 的雷达系统对图 7.19 所示的系列粗糙平板目标进行 CBP 成像，成像结果如图 7.20 所示。可以看出，与粗糙圆柱目标类似，当粗糙平板目标表面粗糙度较小时，CBP 成像结果表现出轮廓特征，也就是说，镜面散射分量占主导地位。随着粗糙度的增大，漫反射分量逐渐增强，图像中目标区域开始显现出类似光学图像的特征。从带粗糙字母的光滑铜质平板的成像结果可以看出，相比光滑部分，目标粗糙部分的散射对成像具有更大的贡献，也验证了粗糙目标和光滑目标在太赫兹频段的不同散射特性。

　　图 7.20(a)～(e)中粗糙平板成像结果的图像熵如图 7.21 所示。当目标表面粗糙度较小时，主要表现为边缘散射分量带来的轮廓特征，图像能量主要聚集在目标边缘区域，图像熵值较小；随着目标表面粗糙度的增大，图像内部的漫反射分量逐渐增强，边缘散射分量逐渐弱化，图像整体上在目标区域分布逐渐均匀，熵值逐渐增大。

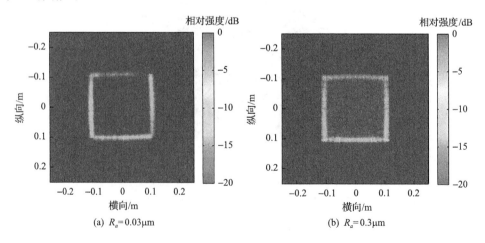

(a) $R_a = 0.03\mu m$　　　　　　　　　　(b) $R_a = 0.3\mu m$

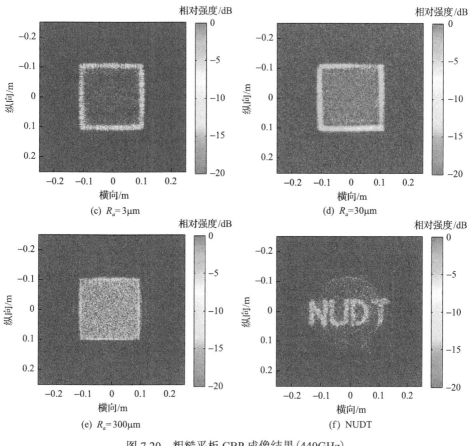

(c) $R_a=3\mu m$

(d) $R_a=30\mu m$

(e) $R_a=300\mu m$

(f) NUDT

图 7.20　粗糙平板 CBP 成像结果（440GHz）

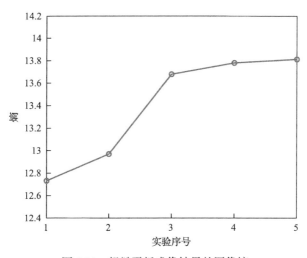

图 7.21　粗糙平板成像结果的图像熵

7.4　振动干扰情况下高分辨成像

在利用雷达进行目标观测的过程中，目标或平台的振动是不可避免的，会严重影响方位分辨率。为了消除振动干扰的影响，一般采用两种方式。一种方式是利用全球定位系统(global position system, GPS)或惯性导航系统等辅助手段对振动干扰进行测量，进而实施补偿。但是这种方式存在两个问题：一是只能针对成像平台或合作目标进行测量；二是补偿精度有限，难以满足高分辨成像要求。另一种方式是利用信号处理手段，对振动干扰进行自适应补偿或先估计再补偿。太赫兹雷达的微多普勒敏感性使其对微小振动干扰十分敏感，仅依靠 GPS 或惯性导航系统等辅助手段进行补偿远远不够。因此，本节在分析振动干扰对雷达成像影响的基础上，提出基于自聚焦的补偿算法和基于特显点的补偿算法，并进行实验验证。

7.4.1　振动对目标高分辨成像的影响分析

由于运动的相对性，目标或成像平台的振动干扰所带来的影响在本质上是一致的。不失一般性，本节以图 7.1 所示的转台成像模型为例来分析振动干扰对成像的影响。对一个载频为 f_c、带宽为 B、信号体制为 LFM 或 LFMCW 的宽带雷达系统，其发射信号的表达式可写为

$$s(\hat{t}, t_m) = \mathrm{rect}\left(\frac{\hat{t}}{T_p}\right)\exp\left[\mathrm{j}2\pi\left(f_c t + \frac{1}{2}\gamma\hat{t}^2\right)\right] \tag{7.25}$$

式中，T_p 为 LFM 体制下的脉冲宽度或 LFMCW 体制下的扫频周期；γ 为信号调频率。假设目标与雷达之间的初始距离为 R_0，目标或成像平台的振动可以简化成简谐运动，则考虑振动干扰情况下目标和雷达之间的实际距离为

$$R = R_0 + a_v \sin(2\pi f_v t_m) \tag{7.26}$$

式中，a_v 和 f_v 分别为振动干扰的幅度和频率。通常情况下，当振动干扰满足以下表达式时，称为高频振动：

$$|f_v \cdot T_m| \geqslant 1 \tag{7.27}$$

式中，T_m 为合成孔径时间。在图 7.1 所示的转台成像示意图中，假设目标在其坐标系中围绕中心旋转了一个小角度 $\delta\theta$，则雷达接收到的回波表达式为

$$s_r(\hat{t}, t_m) = \mathrm{rect}\left(\frac{t - 2R/c}{T_p}\right)\exp\left\{\mathrm{j}2\pi\left[f_c\left(t - \frac{2R}{c}\right) + \frac{1}{2}\gamma\left(\hat{t} - \frac{2R}{c}\right)^2\right]\right\} \tag{7.28}$$

通常接收端采用 dechirp 接收，其参考距离 R_{ref} 处的参考信号表达式为

$$s_{\mathrm{ref}}(\hat{t}, t_m) = \mathrm{rect}\left(\frac{t - 2R_{\mathrm{ref}}/c}{T_p}\right) \exp\left\{ \mathrm{j}2\pi\left[f_c\left(t - \frac{2R_{\mathrm{ref}}}{c}\right) + \frac{1}{2}\gamma\left(\hat{t} - \frac{2R_{\mathrm{ref}}}{c}\right)^2 \right] \right\} \quad (7.29)$$

通过 dechirp 接收，设 $R_\Delta = R - R_{\mathrm{ref}}$，则其差频输出为

$$\begin{aligned}
s_{\mathrm{if}}(\hat{t}, t_m) &= s_r(\hat{t}, t_m) \cdot s_{\mathrm{ref}}^*(\hat{t}, t_m) \\
&= \mathrm{rect}\left(\frac{\hat{t} - 2R/c}{T_p}\right) \exp\left[-\mathrm{j}\frac{4\pi}{c}\gamma\left(\hat{t} - \frac{2R_{\mathrm{ref}}}{c}\right)R_\Delta - \mathrm{j}\frac{4\pi}{c}f_c R_\Delta + \mathrm{j}\frac{4\pi\gamma}{c^2}R_\Delta^2 \right]
\end{aligned} \quad (7.30)$$

对式(7.30)进行快速傅里叶变换，可得距离像表达式为

$$S_{\mathrm{if}}(f_i, t_m) = T_p \mathrm{sinc}\left[T_p\left(f_i + 2\frac{\gamma}{c}R_\Delta \right) \right] \cdot \exp\left[-\mathrm{j}\left(\frac{4\pi f_c}{c}R_\Delta + \frac{4\pi\gamma}{c^2}R_\Delta^2 + \frac{4\pi f_i}{c}R_\Delta \right) \right] \quad (7.31)$$

式中，$\mathrm{sinc}(a) = \dfrac{\sin(\pi a)}{\pi a}$ 为 sinc 函数。后面两个相位项为残余时频相位项和包络斜置项。由于距离像是宽度很窄的 sinc 函数形式，所以这两个相位项比较容易得到补偿。补偿之后的距离像表达式为

$$\begin{aligned}
S_{\mathrm{if}}(f_i, t_m) = {} & T_p \mathrm{sinc}\left(T_p\left\{ f_i + 2\frac{\gamma}{c}\left[R_0 - R_{\mathrm{ref}} + a_v \sin(2\pi f_v t_m) \right] \right\} \right) \\
& \cdot \exp\left\{ -\mathrm{j}\frac{4\pi f_c}{c}\left[R_0 - R_{\mathrm{ref}} + a_v \sin(2\pi f_v t_m) \right] \right\}
\end{aligned} \quad (7.32)$$

根据 sinc 函数的性质，距离像的峰值位于 $f = -2\gamma R_\Delta/c$ 处，且其 3dB 宽度为 $0.886/T_p$。因此，距离分辨率的表达式为

$$\rho_r = \frac{0.886}{T_p} \cdot \frac{c}{2\gamma} = \frac{0.886c}{2B} \approx \frac{c}{2B} \quad (7.33)$$

由式(7.32)和式(7.33)可以看出，振动干扰不会对距离分辨率产生影响，但是会带来距离像的一个微小调制，调制幅度和周期与振动干扰一致。传统微波雷达的距离分辨率一般为十几甚至几十厘米，太赫兹雷达的距离分辨率较高，可达厘米级，而振动干扰的幅度一般为毫米级甚至更小，因此不管是微波频段还是太赫兹频段，微小振动干扰对距离像的影响一般可以忽略不计。

此外，考虑到 $t_m \in [-T_m/2, T_m/2]$ 且 $R_0 - R_{\mathrm{ref}} = y_{p,0}$，式(7.32)可改写为

$$S_{if}(f_i, t_m) = T_p \text{sinc}\left[T_p\left(f_i + 2\frac{\gamma}{c}R_\Delta \right) \right]$$
$$\cdot \text{rect}\left(\frac{t_m}{T_m} \right) \exp\left\{ -j\frac{4\pi f_c}{c}\left[x_{p,0}\omega t_m + y_{p,0} + a_v \sin(2\pi f_v t_m) \right] \right\} \tag{7.34}$$

若不存在与振动干扰相关的相位，则目标 ISAR 图像的表达式为

$$S_{if}(f_i, f_m) = K \cdot \text{FT}_{t_m}\left[\text{rect}\left(\frac{t_m}{T_m} \right) \exp\left(-j\frac{4\pi f_c}{c}x_{p,0}\omega t_m \right) \right]$$
$$= KT_m \text{sinc}\left[T_m\left(f_m + \frac{2f_c}{c}\omega x_{p,0} \right) \right] \tag{7.35}$$

式中，$K = T_p \text{sinc}\left[T_p\left(f_i + 2\frac{\gamma}{c}R_\Delta \right) \right] \exp\left(-j\frac{4\pi f_c}{c}y_{p,0} \right)$ 是式 (7.34) 中与慢时间 t_m 无关的部分。此时，方位分辨率的表达式为

$$\rho_a = \frac{0.886}{T_m} \cdot \frac{c}{2f_c\omega} = \frac{0.886c}{2f_c\delta\theta} \approx \frac{c}{2f_c\delta\theta} \tag{7.36}$$

式中，T_m 为成像积累时间。

若考虑与振动干扰相关的相位，则其正弦形式的相位分量可以根据 Jacobi-Anger 等式分解为

$$\exp\left[-j\frac{4\pi f_c}{c}a_v \sin(2\pi f_v t_m) \right] = \sum_{-\infty}^{\infty} J_n\left(-\frac{4\pi f_c}{c}a_v \right) \exp(j2\pi n f_v t_m) \tag{7.37}$$

式中，$J_n(\cdot)$ 为 n 阶贝塞尔函数。此时，目标 ISAR 图像的表达式为

$$S_{if}(f_i, f_m) = K \cdot \text{FT}_{t_m}\left\{ \begin{matrix} \text{rect}\left(\dfrac{t_m}{T_m} \right) \exp\left(-j\dfrac{4\pi f_c}{c}x_{p,0}\omega t_m \right) \\ \cdot \left[\displaystyle\sum_{-\infty}^{\infty} J_n\left(-\dfrac{4\pi f_c}{c}a_v \right) \exp(j2\pi n f_v t_m) \right] \end{matrix} \right\}$$
$$= K \cdot \sum_{-\infty}^{\infty} J_n\left(-\frac{4\pi f_c}{c}a_v \right) T_m \text{sinc}\left[T_m\left(f_m + \frac{4\pi f_c\omega}{c}x_{p,0} - 2\pi n f_v \right) \right] \tag{7.38}$$

由式 (7.38) 与式 (7.35) 的对比可以看出，振动干扰情况下目标 ISAR 图像的方位分辨不再是 sinc 函数的形式，而是一系列受贝塞尔函数调制的 sinc 函数的加权

和。在这种情况下，方位分辨将严重恶化，且其恶化程度与信号载频呈正比例关系。因此，太赫兹频段的微多普勒敏感性在带来精细分辨能力的同时，也使得其受微小振动干扰的影响严重，必须进行振动补偿。为了更直观地看出微小振动对目标成像的影响，本节进行点目标仿真。转台成像仿真中雷达载频为 440GHz，带宽为 20GHz，目标为图 7.22(a)所示的一个由理想点组成的飞机模型。在转台成像过程中，由平台振动带来的目标和雷达之间的相对位移变化频率为20Hz，幅度为 1mm。飞机模型的转台成像结果如图 7.22(b)所示。可以看出，微小振动造成了目标方位分辨的严重恶化，但是没有对距离分辨产生影响，验证了本节的理论分析。

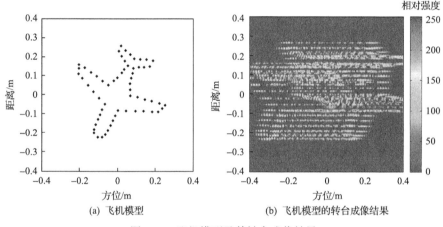

(a) 飞机模型　　　　　　　　　(b) 飞机模型的转台成像结果

图 7.22　飞机模型及其转台成像结果

7.4.2　基于自聚焦的振动补偿算法

1. 算法原理

由前面的分析可知，振动干扰的本质是回波相位中的正弦调制项，因此为了实现振动补偿，必须对该正弦调制相位进行估计或补偿。自聚焦算法是一种常用的相位补偿算法，其中最具代表性的是相位梯度自聚焦(phase gradient autofocus，PGA)算法。自 PGA 算法被提出以来，由于其良好的鲁棒性和较快的收敛速度，已广泛应用于 SAR/ISAR 成像处理中[16-20]。

通过 PGA 算法可以直接从时域估计振动干扰相位并实现补偿，其补偿步骤如下：

(1)对图像数据进行中心移位，即寻找每个距离单元上的最强散射点，将其移至中心，以去掉目标的多普勒频率偏移。

(2)通过加窗滤除对相位误差估计无用的数据，仅保留目标点由相位误差造成的模糊区域，即误差的支撑域，加窗能提高待处理区域中的信杂比。

（3）将数据转化为距离压缩域，依据一定的最优准则对相位梯度进行估计，这是 PGA 算法的核心部分，它利用了误差相位在距离向的冗余特性。

（4）对相位梯度进行积分得到所估计的相位误差，在距离压缩域中对其进行补偿，然后还原至图像域，即完成了一次算法循环。一次算法循环往往无法达到满意的效果，因此需要对算法进行迭代，直至估计偏差足够小。

通过方位向 PGA 算法处理，可以自适应地补偿由振动带来的干扰相位，实现方位向聚焦。但是，PGA 算法选取特显点的原则是选择能量较高距离单元中的最强散射点，在实际应用中采用这种策略可能会挑选出不孤立的散射点，严重影响补偿性能。

2. 成像实验验证

为了验证本节基于自聚焦的振动补偿算法，这里将 PGA 算法应用于转台成像和车载 SAR 成像中，验证平台振动对成像的影响，以及利用 PGA 算法进行振动补偿的有效性。

1）转台成像实验验证

在转台成像实验验证中，利用载频为 220GHz 的太赫兹雷达系统，对转台成像模式下的角反射器和飞机模型分别进行实验。太赫兹雷达系统信号体制为LFMCW，带宽为 12.8GHz。实验中，为了模拟微小振动，将一台离心电机与雷达平台紧密相连，通过离心电机不同转速的旋转带来平台的径向振动，振动频率约为 20Hz，振动幅度为毫米级。在雷达平台较小振动（振幅约 1mm）和较大振动（振幅约 3mm）两种实验条件下，角反射器和飞机模型成像结果如图 7.23～图 7.26 所示，图中显示范围均为 30dB。

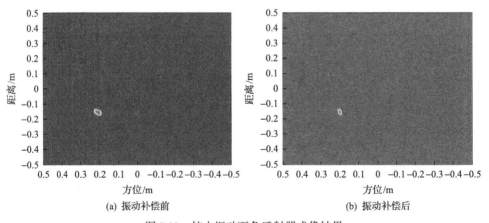

(a) 振动补偿前　　　　　　　　　　　　　　　(b) 振动补偿后

图 7.23　较小振动下角反射器成像结果

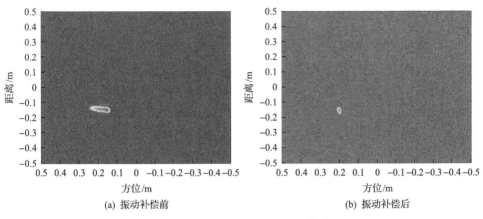

(a) 振动补偿前　　　　　　　　　　　　　(b) 振动补偿后

图 7.24　较大振动下角反射器成像结果

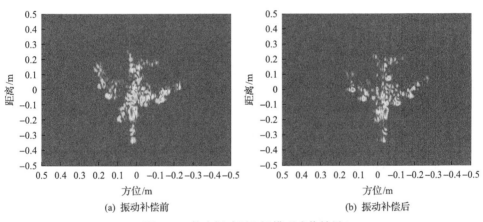

(a) 振动补偿前　　　　　　　　　　　　　(b) 振动补偿后

图 7.25　较小振动下飞机模型成像结果

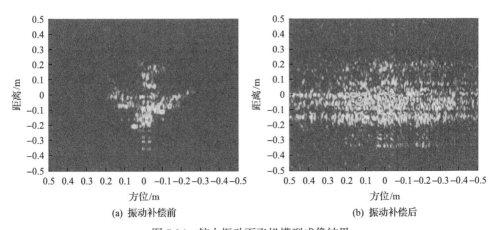

(a) 振动补偿前　　　　　　　　　　　　　(b) 振动补偿后

图 7.26　较大振动下飞机模型成像结果

对成像结果进行定性分析可以得出以下结论：

(1)微小振动造成了目标方位向散焦，但是不影响距离分辨。

(2)通过 PGA 算法可以有效实现振动补偿，获得方位向聚焦良好的成像结果。

(3)PGA 算法补偿能力有限，当目标散射点较多，难以筛选出特显点或当振动带来的相位干扰较大时，PGA 算法完全失效，无法实现振动补偿。

为了定量分析利用 PGA 算法进行振动补偿的性能，本节分别画出了角反射器目标在较小振动、较大振动以及振动补偿后的距离分辨率和方位分辨率，如图 7.27 所示。图中曲线 a、曲线 b 和曲线 c 分别表示振动补偿后、较小振动和较大振动。可以看出，三种情况下目标距离分辨率不受影响，而利用 PGA 算法进行振动补偿方位分辨率相比振动干扰情况有了很大提升。

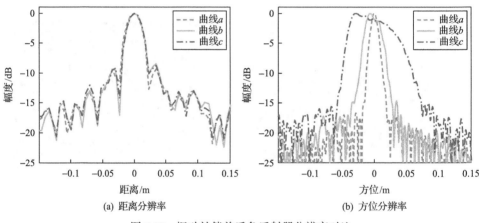

(a) 距离分辨率   (b) 方位分辨率

图 7.27 振动补偿前后角反射器分辨率对比

2)车载 SAR 成像实验验证

为了进一步验证 PGA 算法在太赫兹频段振动干扰补偿上的有效性，本节进行了车载 SAR 成像实验验证[21]。实验雷达依然采用载频为 220GHz 的太赫兹雷达系统，该雷达系统被放置在载车上以约 1m/s 的恒定速度进行条带 SAR 成像实验。实验目标为角反射器和自行车，两个角反射器在雷达径向上的距离为 1m，方位向距离为 2m，自行车长度约为 2m。雷达与目标之间的距离为 5m，雷达斜视角约为 10°，实验场景如图 7.28 所示。

由于实验条件限制，车速和雷达斜视角不能精确已知。然而，在 SAR 成像处理中，这两个参数至关重要，直接影响成像质量。因此，在进行成像处理之前，本节利用最小熵准则对车速和雷达斜视角进行二维搜索，结果如图 7.29 所示。搜索得到的车速为 1.25m/s，雷达斜视角为 12.61°。

图 7.28　车载 SAR 成像实验场景

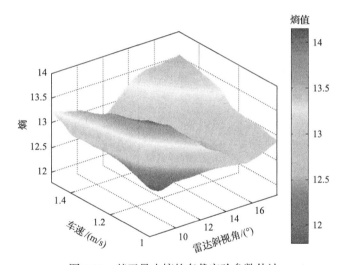

图 7.29　基于最小熵的车载实验参数估计

在搜索得到车速和雷达斜视角的精确参数之后，利用传统的 RD 算法进行角反射器目标条带 SAR 成像处理，结果如图 7.30 所示。可以看出，太赫兹雷达信号存在质量问题，在目标位置附近产生了谐波干扰，使得距离分辨恶化。为了对谐波干扰进行校正，本节在同样的实验场景下提取参考信号，并与目标信号进行共轭相乘。由于参考位置精确已知，在谐波校正后，可以通过精确补偿将目标变换到原始位置。谐波校正后角反射器车载 SAR 成像结果如图 7.31 所示。

实验中载车运动比较平稳，平台振动不大，因此图 7.31 (b) 的方位分辨恶化不严重。利用 PGA 算法对目标方位向处理的结果如图 7.32 所示。通过图 7.32 与

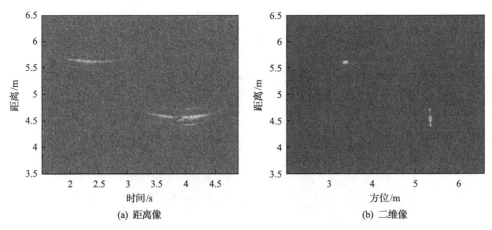

图 7.30　角反射器车载 SAR 成像结果

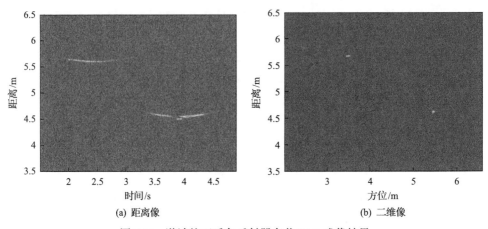

图 7.31　谐波校正后角反射器车载 SAR 成像结果

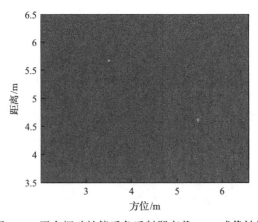

图 7.32　平台振动补偿后角反射器车载 SAR 成像结果

图 7.31(b)的比较可以看出,虽然平台振动比较小,但还是对方位分辨产生影响,利用 PGA 算法进行振动补偿之后,方位向聚焦性能有了一定提升。为了更直观地进行比较,图 7.33 分别给出了目标谐波校正前后的距离分辨率和 PGA 算法校正前后的方位分辨率。可以看出,在距离向,谐波带来的干扰通过参考信号校正得到了有效补偿;在方位向,平台微小振动带来的方位散焦通过 PGA 算法校正得到了有效改善。此外,本节还选择一个比较复杂的自行车目标进行实验,实验处理过程与角反射器目标类似,也是先经过参数搜索、谐波校正和振动干扰补偿,再进行条带 SAR RD 成像,实验结果如图 7.34 所示。图 7.34 的结果再次验证了本节算法的有效性。实验中平台振动幅度相对较小时,可以通过 PGA 算法进行补偿;当振动幅度较大时,PGA 算法效果十分有限,需要研究其他振动补偿算法。

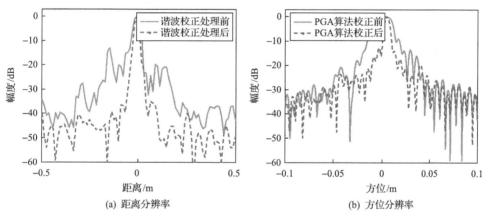

(a) 距离分辨率　　　　　　　　(b) 方位分辨率

图 7.33　角反射器车载 SAR 成像分辨率对比

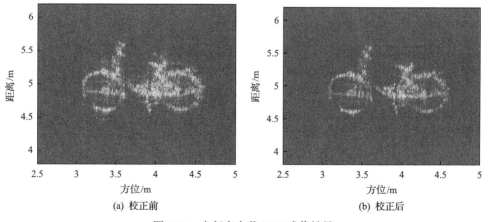

(a) 校正前　　　　　　　　　(b) 校正后

图 7.34　自行车车载 SAR 成像结果

7.4.3　基于特显点的振动补偿算法

1. 算法原理

基于自聚焦的振动补偿算法不需要对振动干扰的参数进行估计，其本质是自适应处理。该算法虽然能够补偿振动带来的干扰相位，但是效果十分有限，尤其是当特显点距离单元难以获得或振动干扰相对较大时，算法性能急剧下降。为了实现复杂目标较大振动干扰下的高分辨成像，本节受 ISAR 成像中初相校正特显点法的启发，提出基于特显点的振动补偿算法，其核心在于筛选出单特显点距离单元，并对其相位进行分解，以得到与振动干扰相关的相位分量，通过该相位分量估计振动参数并构造补偿函数，以实现整体目标的振动干扰补偿。

由于振动干扰没有对距离像序列的位置造成影响，所以距离像包络在慢时间上是对齐的。根据文献[22]，本节采用归一化幅度方差来筛选特显点距离单元，其表达式为

$$\sigma_{un}^2 = 1 - \overline{u}_n^2 / \overline{u_n^2} \tag{7.39}$$

式中，$\overline{u}_n$ 为第 n 个距离单元幅度的均值；$\overline{u_n^2}$ 为其均方值。根据最小归一化幅度方差准则筛选得到特显点距离单元之后，其相位 Φ 可以近似表示为转动相位分量和振动干扰相位分量之和，此外还包含一部分噪声相位，即

$$\Phi = -j\frac{4\pi f_c}{c}\left[R_{\Delta k} + a_v \sin(2\pi f_v t_m + \varphi_v) + \xi\right] \tag{7.40}$$

其中的振动干扰相位分量为正弦调制，且其参数与振动干扰参数一致，因此可以通过分离出振动干扰相位实现振动参数的估计和振动补偿。为了分离出振动干扰相位，本节根据其特性采用经验模态分解进行分离。经验模态分解是非线性非平稳信号的一种时频分析方法，能够将信号中的不同成分进行分离和重组，广泛应用于雷达信号处理、生物信号处理以及图像处理等领域。其原理和算法已经在第 4 章进行详细介绍，本节不再赘述。通过分离出来的振动干扰相位可以进行振动干扰的参数估计，进而构造补偿函数进行振动干扰补偿，补偿函数表达式如下：

$$S_c = \exp\left[-j\frac{4\pi f_c}{c}\hat{a}_v \sin(2\pi \hat{f}_v t_m + \hat{\varphi}_v)\right] \tag{7.41}$$

式中，$\hat{a}_v$、$\hat{f}_v$ 和 $\hat{\varphi}_v$ 为根据振动干扰相位估计得到的振动参数。利用式(7.41)对回波距离像进行补偿，即可进行方位向处理，得到聚焦良好的目标像。

2. 实验验证

为了验证本节算法，这里利用图 7.22(a)的仿真场景和目标进行仿真实验。筛选出来的特显点距离单元相位通过经验模态分解得到的相位分量如图 7.35 所示。

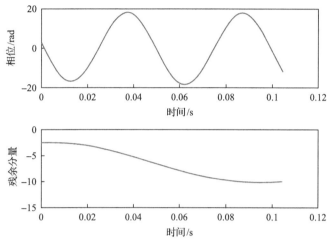

图 7.35　特显点距离单元相位经验模态分解结果

图 7.35 中的正弦部分为振动干扰相位分量，其余为转动相位分量和噪声相位分量之和。通过振动干扰相位可以估计得到振动干扰的频率约为 20.08Hz，幅度为 0.982mm，与实际值吻合较好。通过振动干扰相位直接构造补偿函数，对信号进行补偿再进行方位聚焦的结果如图 7.36 所示。相比图 7.22(b)，通过

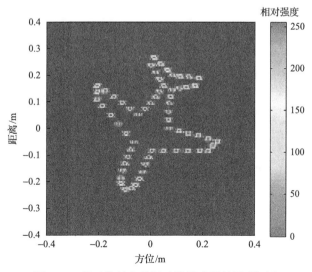

图 7.36　基于特显点的振动补偿成像结果(仿真)

基于特显点的振动补偿，方位聚焦性能得到大幅改善，验证了本节算法的有效性。

在仿真验证之后，本节采用载频为 440GHz 的太赫兹雷达系统，对角反射器和飞机模型分别进行振动干扰情况下的成像实验，实验场景与 7.4.2 节一致。实验中，平台振动频率约为 20Hz，幅度约为 3mm，其成像结果分别如图 7.37 和图 7.38 所示。通过比较可知，基于特显点的振动补偿算法能够有效实现振动干扰补偿，获得了较高分辨率的目标成像结果。

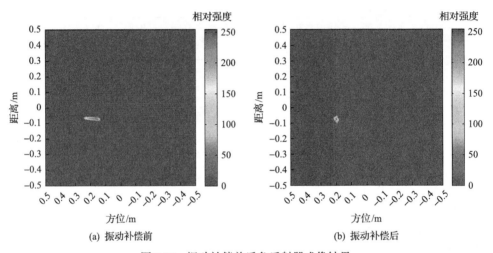

图 7.37　振动补偿前后角反射器成像结果

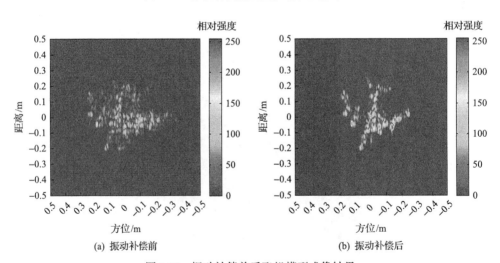

图 7.38　振动补偿前后飞机模型成像结果

与自聚焦算法进行对比分析，可以得到以下结论：

（1）PGA 算法和基于特显点的振动补偿算法都能实现太赫兹频段振动干扰补偿，得到目标高分辨像。

（2）PGA 算法更适合特显点距离单元比较容易获得或振动干扰影响较小的情况，不需要进行振动参数估计，可自适应地进行补偿。基于特显点的振动补偿算法比较适合振动干扰影响较大或特显点距离单元难以提取的情况，且能够在振动干扰补偿的同时实现振动干扰参数的估计。

（3）PGA 算法要求目标距离像序列中具有一个或多个只包含孤立散射中心的特显点距离单元，而基于特显点的振动补偿算法对这一要求相对宽松，因为即便存在若干散射点的干扰，也可以通过经验模态分解进行分离和滤除，只是会增加算法的复杂度。

（4）PGA 算法对振动干扰信号没有特殊要求，而基于特显点的振动补偿算法一般要求振动干扰信号在雷达观测期间为简谐形式且保持参数恒定，这一点在很多情况下是可以满足的，但是不满足的情况也很普遍，这也是限制其应用的主要问题所在。

7.5　基于稀疏贝叶斯的方位俯仰微动目标成像

高分辨雷达成像技术在安全监视、目标探测、自动目标识别、散射特性研究等方面具有重要意义。在太赫兹频段，随着成像分辨率的提高，对于同样大小的目标，相比微波雷达的回波采样数据，太赫兹雷达回波所需采样点数大大增加，给信号处理带来了困难。压缩感知（compressed sensing, CS）方法为基于少数姿态角的观测数据进行目标图像重建提供了理论基础。本节将 CS 理论应用于太赫兹频段微动目标高分辨成像，利用目标微动时在俯仰和方位二维空间的转动，提出基于稀疏贝叶斯的方位俯仰微动目标成像算法。

7.5.1　压缩感知理论简介

在微波 SAR 和 ISAR 成像中，根据散射中心理论，目标的散射特性可以用几个孤立的散射中心来完全表征，目标的散射中心以稀疏的方式分散在雷达成像平面。对于太赫兹雷达成像，波长可以与目标表面细微结构的特征尺寸相比拟，因此实际目标的散射中心数量显著增加，但其在成像平面仍然可以认为满足稀疏分布。对于太赫兹雷达成像数据的获取，虽然目前太赫兹雷达实验测量系统的研究取得了一定进展，但成像受实验测量数据相位精度的影响非常大。基于电磁计算仿真的方法面临电极大尺寸目标求解问题，计算效率与计算复杂度等因素对散射问题求解的影响非常大，基于 CS 理论对太赫兹频段目标成像展开研究将大大减少仿真计算的数据量，并能获得目标的超分辨图像，太赫兹频段下利用方位俯仰成像技术将更加有利于太赫兹频段目标散射特性的分析与研究。

CS 理论是充分利用信号稀疏性或可压缩性的信号采集与处理理论，主要关注如何通过设计观测矩阵来降低信息获取需要的测量数，并利用较少的数据准确恢复出原始信号。其基本思想可表述为：考虑信号 $x \in \mathbb{C}^N$ 在某个正交基或紧框架 Ψ 上是稀疏的，即 $x = \Psi E$，其中 E 为一系数矢量，表示 x 在 Ψ 上的系数，仅有 $k \ll N$ 个非零值。考虑一个 $M \times N$ 测量矩阵 Θ，其中 $M < N$，将 x 投影到低维子空间，即可得到

$$y = \Theta x = \Theta \Psi E = \Phi E \tag{7.42}$$

式中，$\Phi = \Theta \Psi$。一般情况下，若满足 $M \ll N$，则问题变为已知观测量 y 和词典矩阵 Φ 的情况下，如何求解 θ 的问题。文献[23]~[26]已证明，当词典矩阵 Φ 满足约束等距性(restricted isometry property, RIP)条件，即对于任意一个顺序 K，常数 $\delta_K \in (0,1)$ 和任意 v 满足 $\|v\|_0 \leqslant K$ 时，有 $(1-\delta_K)\|v\|_2^2 \leqslant \|\Phi v\|_2^2 \leqslant (1+\delta_K)\|v\|_2^2$。通过求解式(7.43)来求解式(7.42)描述的逆问题，即利用信号重构可得系数矢量 E。

$$E = \arg\min \left\{ \|y - \Phi E\|_2^2 + \lambda \|\alpha\|_1 \right\} \tag{7.43}$$

式中，$\lambda > 0$ 为正则化参数。对测量矩阵 Θ 的设计使词典矩阵 $\Phi = \Theta \Psi$ 满足 RIP 条件是 CS 理论的一个基本问题，文献[27]指出，当选择 Θ 为一个随机矩阵时，Φ 能够大概率地满足 RIP 条件。

将 CS 理论应用于雷达高分辨成像领域，首先需要研究雷达回波数据的稀疏性表征，对于小角度观测范围内满足各向同性条件的目标，其雷达图像通常可以看作由若干个散射中心组成，这些散射中心在不同分辨单元的电磁散射回波之和可以等效为雷达回波，因此雷达回波也可认为是稀疏的。目前，雷达回波稀疏词典的选择主要有两种方式：一是根据回波信号模型和发射信号的先验信息设计波形匹配词典；二是通过离散化空间目标，综合每个空间位置的模型数据来生成词典元素。在设计稀疏词典时，参数空间采样间隔选择的大小对参数估计性能有一定影响，采样间隔太小会使矩阵各列之间的相关性增强，进而增加计算量，采样间隔太大会带来较大的量化误差，如何根据目标特性进行自适应的参数空间采样间隔选择是一个重要的研究课题。测量矩阵需要使测量数据既能保持原始信号必要的信息，又能使测量数尽可能少，另外测量矩阵的选择不仅决定了成像质量的好坏，也直接决定了 CS 能否成功实现。

7.5.2　单频方位俯仰成像的稀疏表示模型

1. 方位俯仰成像模型

高分辨雷达成像中的合成孔径和逆合成孔径方式都是通过发射大带宽的信号获得距离高分辨,通过目标和雷达的相对运动产生的多普勒频移获得方位高分辨。近些年来,三维雷达成像技术得到了越来越多的研究,主要源自实验数据获取能力的提高以及对目标场景高分辨监视需求发展的推动。在完全意义上的三维成像雷达系统中,雷达发射宽带脉冲信号并接收回波,通过单个雷达的回波信号可以获得目标距离维度的信息,当雷达在不同方位俯仰获取目标的回波时,基于转台成像原理可以对目标实现横向分辨。这样雷达收集的数据为场景或目标的三维波数域数据。在太赫兹频段,波长很小,所以目标在俯仰或方位上的多普勒分辨能力更强。虽然太赫兹频段载频高,更容易实现大带宽信号的发射,但是受限于调频线性度,目前实现太大带宽信号的发射仍然比较困难。若发射频率为 675GHz,太赫兹成像的分辨率为 4mm,则需要的横向转角为 3.15°,而达到同样分辨率需要大于 30GHz 的信号带宽。若发射信号为单频信号或窄带信号,则仅考虑方位俯仰二维平面的成像,其获得的目标图像符合人眼对目标的直观感受,且太赫兹频段下的图像与目标的光学图像更加类似,使得目标的散射点分析与识别更加容易。一直以来,方位俯仰成像受到数据采集困难的限制,一直未能得到进一步的研究与应用,同时在太赫兹频段,随着成像分辨率的提高,对于同样大小的目标,相比微波雷达的回波采样数据,太赫兹雷达回波所需采样点数大大增加,给信号处理带来了困难。CS 理论为基于少数姿态角的观测数据进行目标图像重建提供了理论基础。这一理论充分利用了目标信号结构的稀疏特性来实现高维稀疏信号的感知。因此,基于目标在方位俯仰平面不同姿态角的随机采样回波或无规则运动路径获得的回波数据即可实现对目标的重建,而不需要在方位俯仰平面进行完全均匀的观测。

本节假定雷达发射单频信号或窄带信号,并且假定雷达发射机与目标足够远,平面波的波前曲率可以忽略不计,这一条件在目标尺寸远小于雷达与目标之间的距离时认为成立。基于转台成像原理建立目标在方位俯仰上存在转动时的成像几何与回波模型如图 7.39 所示。

在图 7.39 中,$O\text{-}XYZ$ 为目标坐标系,O 为目标的等效相位中心,雷达与目标等效相位中心 O 的距离为 R_0。当目标在俯仰和方位上同时存在转动时,等效于目标不动,雷达围绕目标在俯仰和方位上发生转动。因此,对固定目标坐标系 $O\text{-}XYZ$ 进行研究,若某一时刻雷达的观测视角为 (θ, φ),则雷达视线在目标坐标系中的方向矢量为 $(\cos\theta\sin\varphi, \cos\theta\cos\varphi, \sin\theta)$,其中 θ 为视线的俯仰角,φ 为视线的方位角。

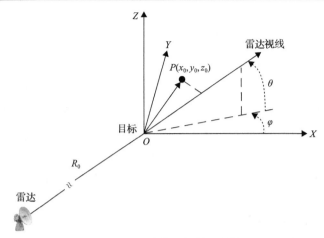

图 7.39 雷达成像几何与回波模型

假设雷达发射信号为 $s(t) = \exp(\mathrm{j}2\pi f_0 t)$，目标坐标系中目标上一点 P 的坐标为 (x_0, y_0, z_0)。点 P 反射回来的雷达回波经相干混频处理得到的基带信号为

$$S_r(f, \theta, \varphi) = S_p \cdot \exp\left[-\mathrm{j}2\pi k(R_p - R_0)\right] \qquad (7.44)$$

式中，S_p 为点 P 的回波散射强度；R_p 为雷达到目标上点 P 的距离；R_0 为雷达到点 O 的距离；$k = 2f/c$，c 为光速。

假设为远场情况，则式 (7.44) 中的 R_p 可近似表示为

$$R_p = R + r = R_0 + x_0 \cos\theta \sin\varphi + y_0 \cos\theta \cos\varphi + z_0 \sin\theta \qquad (7.45)$$

式中，r 为目标坐标系中点 P 在雷达视线方向上的投影长度。当目标上存在多个散射点时，用 $f(x, y, z)$ 表示目标的三维电磁散射特性分布函数，则在不同观测位置接收到的相干雷达回波为

$$S_r(f, \theta, \varphi) = \iiint\limits_{x\,y\,z} f(x, y, z) \exp[-\mathrm{j}2\pi k(x \cos\theta \sin\varphi + y \cos\theta \cos\varphi + z \sin\theta)]\mathrm{d}x\mathrm{d}y\mathrm{d}z$$

$$\qquad (7.46)$$

本节考虑雷达发射信号为单频信号，此时对目标同一距离向上前后位置不同的点无法进行分辨。因此，成像后获得的目标散射特性分布函数为三维散射分布函数在方位俯仰平面的投影。

当目标上点 P 转过一定姿态角时，该点的回波相位将发生变化，可以看出相位是雷达频率与点 P 在雷达视线方向上投影长度的函数：

$$\phi = \frac{4\pi f}{c} x \tag{7.47}$$

当目标散射点围绕等效相位中心 O 旋转时，散射点相位变化将随其在方位向上位置的变化而变化，因此可以利用标准多普勒技术进行处理，通过傅里叶变换可以实现对多普勒频率的分辨，进而实现对方位向不同散射点的分辨。太赫兹频段载频极高，因此方位向上微小的位置变化也会引起相位的较大变化，即多普勒分辨能力更强。

2. 回波信号稀疏表示模型

方位俯仰成像是对目标在方位俯仰上进行的分辨，而在距离向上不能实现分辨。因此，方位俯仰成像将目标的三维散射中心投影在由中心视角确定的方位俯仰平面上。然而，CS 恢复时需要对实际目标场景进行网格划分，而方位俯仰平面随中心观测姿态角的变化而变化，由式 (7.46) 可以看出，雷达某一姿态角的回波相位由视线角和目标的三维坐标决定，而在构建目标场景词典时，不可能对目标进行三维网格划分，而希望只在方位俯仰平面进行划分。为解决任意中心观测姿态角下成像回波信号的建模问题，下面通过变换目标坐标系建立新的坐标系，使目标空间划分可以在俯仰平面实现，同时变换后构造的稀疏回波词典中回波的相位与实际测量的目标回波相位相对应。

如图 7.40 所示，$O\text{-}XYZ$ 为目标坐标系，雷达方位俯仰观测范围分别为 $[\varphi_a, \varphi_b]$ 和 $[\theta_a, \theta_b]$，方位俯仰中心角分别为 φ_c 和 θ_c。其目的是将目标坐标系变换为雷达坐标系，以方位俯仰观测孔径的中心雷达视线的逆方向为雷达坐标系的 X 轴，表示为 X'，$X'OZ'$ 平面为目标坐标系中心方位角观测平面 $(\varphi = \varphi_c)$，Z' 轴由 X' 轴在

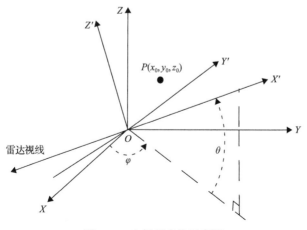

图 7.40　坐标系变换示意图

该平面内逆时针旋转 90°得到，Y' 轴根据右手定则确定。这一定义使得目标坐标系中的点投影到雷达坐标系中，且进行了观测视角的中心化变换。当 θ_c 和 φ_c 均为 0 时，目标坐标系与雷达坐标系完全重合。目标坐标系中点 P 的坐标与雷达坐标系中坐标 P' 之间的关系满足

$$\begin{bmatrix} x_0' \\ y_0' \\ z_0' \end{bmatrix} = \begin{bmatrix} \cos\varphi\cos\theta & \sin\varphi\cos\theta & \sin\theta \\ -\sin\varphi & \cos\varphi & 0 \\ -\cos\varphi\sin\theta & \sin\varphi\sin\theta & \cos\theta \end{bmatrix} \begin{bmatrix} x_0 \\ y_0 \\ z_0 \end{bmatrix} = T \begin{bmatrix} x_0 \\ y_0 \\ z_0 \end{bmatrix} \tag{7.48}$$

假定式 (7.48) 中坐标系变换矩阵用 T 表示，则坐标变换后在雷达坐标系中方位俯仰观测孔径的角度范围变为 $[\varphi_a - \varphi_c, \varphi_b - \varphi_c]$ 和 $[\theta_a - \theta_c, \theta_b - \theta_c]$。设 LOS 为目标坐标系中的雷达观测视线方向矢量，则雷达坐标系中对应观测视线的方向矢量变为 $T \cdot \text{LOS}$，且变换前后满足以下关系：

$$\langle \text{LOS}, P \rangle = \langle T \cdot \text{LOS}, P' \rangle = \langle T \cdot \text{LOS}, T \cdot P \rangle \tag{7.49}$$

式中，$\langle \, , \, \rangle$ 表示求内积，对应目标上一点在雷达视线方向上的投影长度。根据以上关系可以将式 (7.46) 描述的雷达回波等效成雷达坐标系下的回波，且在这一条件下，目标成像场景可以选取为雷达坐标系的 $Y'OZ'$ 平面进行网格划分，因为雷达发射单频信号，所以不能分辨 X' 轴方向上位于不同位置的两个点，并认为这两个点位于 $Y'OZ'$ 平面划分的同一网格单元中。

设 $Y'OZ'$ 平面成像场景的长度为 L_{scene}，宽度为 K_{scene}，将成像场景范围离散化为 L 点和 K 点，在成像场景中每点的坐标值为 $(0, y_l, z_k)$，构建矩阵 Φ_m，即

$$\Phi_m = \begin{bmatrix} \Phi_{1,1} & \Phi_{1,2} & \cdots & \Phi_{1,K} \\ \vdots & \vdots & & \vdots \\ \Phi_{L,1} & \Phi_{L,2} & \cdots & \Phi_{L,K} \end{bmatrix} \tag{7.50}$$

式中，$\Phi_{l,k} = \exp\left[-\mathrm{j}4\pi f r(\varphi, \theta, \varphi_c, \theta_c)/c\right]$，$r(\varphi, \theta, \varphi_c, \theta_c) = \langle T(\varphi_c, \theta_c) \cdot (\cos\theta\sin\varphi, \cos\theta$ $\cos\varphi, \sin\theta)^{\mathrm{T}}, (0, y_l, z_k)^{\mathrm{T}} \rangle$，写成向量形式为 $\Phi_m' = (\Phi_{1,1}, \Phi_{2,1}, \cdots, \Phi_{L,1}, \Phi_{2,1}, \cdots, \Phi_{L,K})$。同时，定义列向量 $\sigma = (\sigma_1, \sigma_2, \cdots, \sigma_{LK})^{\mathrm{T}}$ 为 Φ_m' 的系数向量，σ 中的元素取布尔量，1 表示对应网格有目标，0 表示对应网格没有目标。雷达接收信号为单频回波信号，则在任意姿态角 (θ, φ) 下目标的回波 $S_r(f, \theta, \varphi)$ 可表示为

$$S_r(f, \theta, \varphi) = \Phi_m' \sigma, \quad \sigma \in \mathbb{R}^{LK} \tag{7.51}$$

设在俯仰向和方位向雷达总随机观测采样次数为 M 次,则整个数据的获取过程可表示为以下矩阵形式:

$$\begin{bmatrix} s_{r,1} \\ s_{r,2} \\ \vdots \\ s_{r,M} \end{bmatrix} = \begin{bmatrix} \Phi'_1 \\ \Phi'_2 \\ \vdots \\ \Phi'_M \end{bmatrix} \sigma \tag{7.52}$$

即 $s = \Phi\sigma$,当考虑噪声时,最终回波模型可表示为

$$s = \Phi\sigma + \varepsilon \tag{7.53}$$

式中, Φ 为 $M \times LK$ 矩阵; ε 为雷达系统在发射和接收过程中引入的高斯白噪声。由式(7.51)可知,方位俯仰二维成像的过程即为在已知回波 s 和词典矩阵 Φ 的情况下,求解目标反射系数 σ 的逆问题。

3. 观测数据采集方式

在给出方位俯仰二维成像的稀疏重建模型之前,讨论一下方位俯仰二维成像回波数据的稀疏观测方式。一般常用的有三种雷达稀疏观测方式。第一种是方位俯仰孔径分别进行随机采样,即分别在方位俯仰上进行随机观测,假定随机观测数目分别为 N_a 和 N_e ,则恢复整幅图像获得的可用观测数据为 $N_a \times N_e$ 个;第二种是对观测视角的随机采样,将在方位俯仰平面内随机获取雷达少量观测姿态角的回波作为稀疏恢复的观测数据;第三种是方位俯仰孔径中的曲线采样。这种情况对应雷达在方位俯仰中的某一维进行转动扫描的同时,目标在另一维存在运动,相当于固定目标时形成曲线观测孔径。三种雷达稀疏观测方式作为俯仰角与方位角的函数可以用图 7.41 表示。在 7.5.3 节的实验验证中,选用第一种方位俯仰随机采样方式。

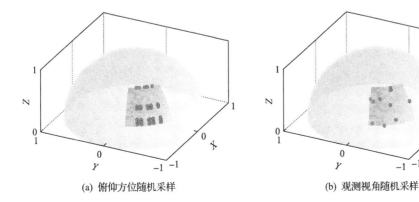

(a) 俯仰方位随机采样　　　　　　　　　(b) 观测视角随机采样

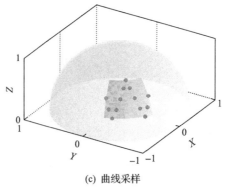

(c) 曲线采样

图 7.41　稀疏观测方式

7.5.3　实验验证

根据实验设定场景，假设弹头进动角为 10°，用电磁计算软件得到的载频为 340GHz，图 7.42 为弹头模型在俯仰角为 50°～70°、方位角为 0°～45°的数据，由于弹头模型为对称结构，根据这些数据可以得到微动过程中各个角度范围的回波数据。弹头模型在一个进动周期内方位角、俯仰角的变化如图 7.43 所示，观测孔径如图 7.44 所示。利用计算数据进行二维快速傅里叶变换，成像结果如图 7.45 所示，基于稀疏贝叶斯的方位俯仰成像结果如图 7.46 所示。通过比较可以看出，快速傅里叶变换成像需要目标在转角范围内的所有数据，而基于稀疏贝叶斯的方位俯仰成像只需要观测孔径内的个别稀疏角度数据，所需数据量更少，且基于稀疏贝叶斯的方位俯仰成像较为清晰，能够看出弹头的锥顶、尾翼等结构。

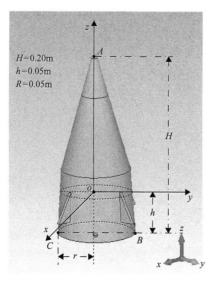

图 7.42　弹头模型

A、B、C 分别为锥顶散射中心和锥底散射中心，r 为锥底圆半径

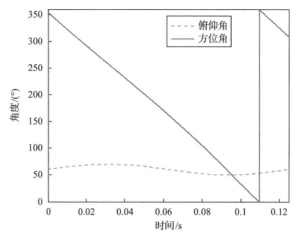

图 7.43　进动过程中角度变化

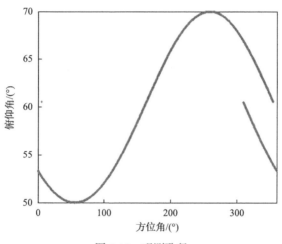

图 7.44　观测孔径

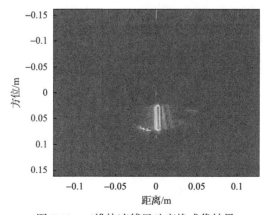

图 7.45　二维快速傅里叶变换成像结果

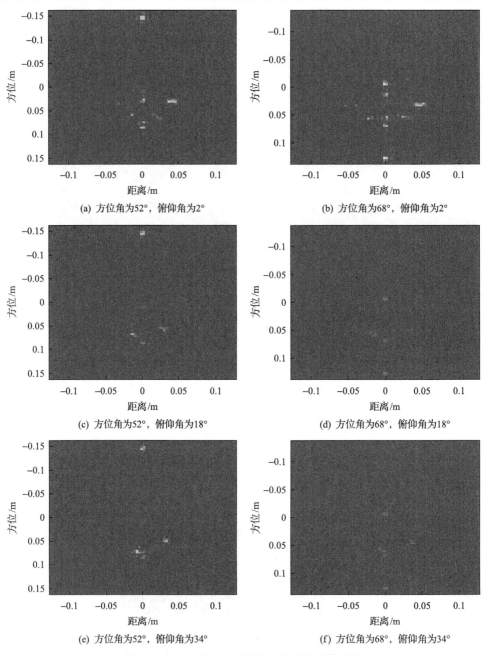

(a) 方位角为52°，俯仰角为2°

(b) 方位角为68°，俯仰角为2°

(c) 方位角为52°，俯仰角为18°

(d) 方位角为68°，俯仰角为18°

(e) 方位角为52°，俯仰角为34°

(f) 方位角为68°，俯仰角为34°

图 7.46 基于稀疏贝叶斯的方位俯仰成像结果

通过实验仿真可以看出，基于稀疏贝叶斯的方位俯仰成像算法适用于太赫兹频段微动目标，能够得到较好的微动目标二维像，且通过与直接二维快速傅里叶变换成像结果进行对比发现，方位俯仰成像较为清晰，能够看出弹头的锥顶、尾翼等结构，具有较高的分辨率。此外，二维快速傅里叶变换成像需要目标在转角范围内的所有数据，而基于稀疏贝叶斯的方位俯仰成像只需要观测孔径内的个别稀疏角度数据，所需数据量更少，便于实时成像。然而，本章的方位俯仰成像采用单频信号体制，所成目标像具有类似目标光学像的性质，损失了目标的距离信息。

7.6　本章小结

鉴于太赫兹雷达在微动目标高分辨成像方面的优势，本章首先进行了微动目标高分辨/高帧频成像研究，提出了一种基于微动角的滑窗距离多普勒成像算法。该算法充分利用了目标微动带来的相对雷达的姿态变化，实现了微动模型高分辨/高帧频成像。为了验证算法性能，本章设计实施了 320GHz 下进动弹头模型成像实验，获得了约 2cm 的成像分辨率和大于 10Hz 的成像帧率，验证了本章算法的有效性。此外，针对进动目标的特殊性，还提出了一种基于高分辨/高帧频成像的微动参数估计算法，根据目标高分辨/高帧频成像以及运动几何关系，建立了方程组，解算得到了目标进动角等重要参数，为目标识别提供了支持。本章针对粗糙表面微动目标，采用 CBP 算法进行了成像实验，得到了目标高分辨成像结果，并分析了目标表面粗糙特性及其对成像的影响。本章最后针对振动干扰情况下的高分辨成像问题，从理论上分析了振动干扰的影响，并提出了 PGA 算法和基于特显点的振动补偿算法，且利用实验数据进行了验证。

参 考 文 献

[1] Long G N, Zhang J, Tong N N, et al. Ballistic target ISAR imaging based on time-frequency analysis[J]. Journal of Air Force Engineering University, 2015, 16(1): 42-45.

[2] Xie D H, Zhang W. Simulation and analysis of inverse synthetic aperture radar(ISAR) imaging of ballistic target in midcourse[J]. Telecommunication Engineering, 2009, 49(1): 67-71.

[3] Yin Z P, Chen W D. Imaging of boost phase ballistic target using FRFT both in range and azimuth compression[J]. Systems Engineering & Electronics, 2013, 35(10): 2074-2079.

[4] Lei T, Liu J M, Wang G, et al. A new ISAR imaging method of ballistic midcourse target[J]. Applied Mechanics & Materials, 2011, 65: 485-490.

[5] An F, Xu X. Real-time ISAR image synthesis of ballistic targets[C]. IEEE International Symposium on Microwave, Antenna, Propagation and EMC Technologies for Wireless Communications, Beijing, 2005.

[6] 李耀国. 飞行器末制导雷达成像目标识别技术研究[J]. 飞航导弹, 2014, (12): 58-61.

[7] Luo Y, Zhang Q, Qiu C W, et al. Micro-motion feature extraction of target in inverse synthetic

aperture radar imaging with sparse aperture[J]. Journal of Electromagnetic Waves & Applications, 2013, 27 (14) : 1841-1849.

[8] Choi I O, Kim S H, Jung J H, et al. An efficient method to extract the micro-motion parameter of the missile using the time-frequency image[J]. Journal of Korean Institute of Electromagnetic Engineering & Science, 2016, 27 (6) : 557-565.

[9] 孙慧霞, 邱峰, 苏世栋. 基于一维距离像序列的雷达目标微动参数估计[J]. 电讯技术, 2013, 53 (4) : 389-394.

[10] 杨建辉. 基于一维距离像序列的弹道目标微动参数估计方法研究[D]. 成都: 电子科技大学, 2012.

[11] 邵长宇. 基于 HRRP 序列的空间锥体目标微动参数估计方法研究[D]. 西安: 西安电子科技大学, 2016.

[12] Peng X, Tan W, Wang Y, et al. Convolution back-projection imaging algorithm for downward-looking sparse linear array three dimensional synthetic aperture radar[J]. Progress in Electromagnetics Research, 2012, 129 (7) : 287-313.

[13] Desai M D. A new method of synthetic aperture radar image reconstruction using modified convolution back-projection algorithm[D]. Urbana: University of Illinois at Urbana-Champaign, 1986.

[14] 高敬坤. 阵列三维成像及雷达增强成像技术研究[D]. 长沙: 国防科技大学, 2018.

[15] Yang Q, Deng B, Zhang Y, et al. Parameter estimation and imaging of rough surface rotating targets in the terahertz band[J]. Journal of Applied Remote Sensing, 2017, 11 (4) : 1-15.

[16] Wahl D E, Eichel P H, Ghiglia D C, et al. Phase gradient autofocus—A robust tool for high resolution SAR phase correction[J]. IEEE Transactions on Aerospace & Electronic Systems, 1994, 30 (3) : 827-835.

[17] Luo Y X, Dao-Xiang A N, Huang X T. The phase gradient autofocus approach for time-domain method of circular SAR[J]. Journal of Signal Processing, 2017, 33 (9) : 1153-1161.

[18] Jie Z, Ran W, Keshu Z. Application and improvement of phase gradient autofocus algorithm in synthetic aperture lidar[J]. Laser & Optoelectronics Progress, 2016, 53 (6) : 62801.

[19] 陈琦, 李景文. 相位梯度自聚焦算法的性能分析及改进[J]. 北京航空航天大学学报, 2004, 30 (2) : 131-134.

[20] 李燕平, 邢孟道, 保铮. 一种改进的相位梯度自聚焦算法[J]. 西安电子科技大学学报(自然科学版), 2007, 34 (3) : 386-391.

[21] Yang Q, Qin Y, Zhang K, et al. Experimental research on vehicle-borne SAR imaging with THz radar[J]. Microwave and Optical Technology Letters, 2017, 59 (8) : 2048-2052.

[22] 保铮, 邢孟道, 王彤, 等. 雷达成像技术[M]. 北京: 电子工业出版社, 2005.

[23] Donoho D. Compressed sensing[J]. IEEE Transactions on Information Theory, 2006, 52 (4) :

1289-1306.

[24] Candes E, Wakin M. An introduction to compressive sampling[J]. IEEE Signal Processing Magazine, 2008, 25(2): 21-30.

[25] Donoho D, Tsaig Y. Extensions of compressed sensing[J]. Signal Processing, 2006, 86(3): 533-548.

[26] Candes E, Romberg J, Tao T. Robust uncertainty principles: Exact signal reconstruction from highly incomplete frequency information[J]. IEEE Transactions on Information Theory, 2006, 52(2): 489-509.

[27] Candes E J. The restricted isometry property and it's implications for compressed sewing[J]. Academie des Sciences, 2008, 1(346): 589-592.

第8章 太赫兹雷达微动目标三维成像

8.1 引 言

在实际场景中，微动目标上散射点不一定绕同一个转动中心旋转，而是绕某一个固定轴旋转。由于目标的整体性，其转动角速度矢量是相同的，具体地，当雷达投影方向上目标散射点所绕的转动中心距离不同时，二维特征不足以描述目标。这时，需要引入目标三维特征来准确刻画目标结构特征，并以此丰富目标特征来增大目标识别的准确率[1, 2]。以前研究较多集中在双站或干涉式三维成像[3]，本章工作主要集中在单站雷达信号回波的处理上。

在空间中，如果三维微动目标自身相对雷达还有平动，那么这些平动也会改变目标与雷达之间的相关距离，对微距离和微多普勒特征产生调制。平动具有平稳非周期性特征，与目标在空间中的微动在观测时间窗口内产生耦合，给微动特征提取提出了很大挑战[4-7]。如何实现对平动成分的处理，是实现三维微动特征提取的关键。另外，若三维目标在雷达观测时间窗口内发生相互遮挡，则会破坏雷达回波的连续性。在无平动条件下，基于曲线检测的方法可以有效提取微动特征[8,9]。但是，在平动或考虑散射中心滑动等条件下，微动曲线不再是标准的正弦曲线，这也给三维微动特征的提取带来了巨大困难[10]。

本章以空间旋转目标为例，从两个角度提出三维微动特征提取与成像算法，其中"干涉+时频分析"方法利用多个接收通道之间的关系进行三维参数提取，对雷达体制提出一定的要求；基于"改进 viterbi 算法+位置差值变换"的算法针对单发单收雷达，所受制约较大，成像条件较为苛刻。两种算法各有其适应条件，均可作为微动目标三维特征提取与成像的有效途径。

8.2 微动目标三维微动特征提取

目前，关于旋转目标三维微动特征提取的研究方法大致可分为两类：一类方法是基于单部雷达的多个通道或多部雷达获得的不同多普勒曲线，联立方程求解所需的微动参数，该方法通常需要多个收发阵元；另一类方法是干涉法。其中，干涉法通常采用 L 形天线，即 3 个接收通道组成相互垂直的两条基线，通过垂直基线上相邻通道的回波数据进行干涉处理，从干涉回波数据中获得目标的干涉相位信息，再对提取的干涉相位信息进行相位解缠，转换成距离信息后经过远场的几何近似，便可实现对应维度方向的微动信息提取。目前，已有方法都处于仿真阶段，尚未应用到实验处理阶段，且仿真集中在微波频段。

另外，现有的基于多通道雷达的干涉处理方法，在提取空间旋转目标三维微动特征时要经过干涉相位提取与相位解缠。该方法最重要的步骤就是相位解缠，而相位解缠极易受到相位中噪声的干扰，相位解缠的结果会直接影响微动特征提取的精度，并且大量相位噪声是不可避免的，相位解缠是干涉式逆合成孔径雷达中的难题之一，通常需要降低相位噪声，当相位中含有大量复杂的噪声时，相位解缠结果依然不够理想。

一方面，针对上述相位噪声影响相位解缠精度的问题，本节提出干涉法和时频分析相结合的空间旋转目标三维微动特征提取算法。通过干涉处理获取干涉数据，避免了相位提取与相位解缠的过程，直接对干涉数据进行时频分析，经过速度曲线积分处理和远场几何近似后，便可得到对应干涉维度的微动信息，有效避免了相位解缠过程易受相位噪声影响的问题。根据本节方法进行理论分析、公式推导和仿真实验验证，仿真实验验证结果证实了本节方法的正确性和有效性。另一方面，本节最后基于太赫兹多通道雷达进行旋转目标三维微动特征提取的实验，验证干涉法的有效性和太赫兹频段的精确性。

8.2.1　干涉法原理

利用多通道雷达的多视角特性进行干涉处理，首先构建 L 形天线，之所以要构建 L 形天线，是为了保证有互相垂直的两对雷达基线，以在干涉处理后获取对应方向维度的微动信息，在干涉式逆合成孔径雷达中，接收天线之间的连线称为基线，其间距称为基线长度。多通道雷达构型及其与观测空间旋转目标的几何关系示意图如图 8.1 所示。

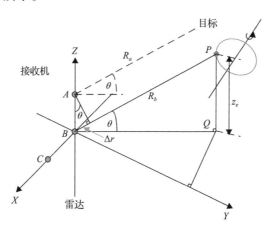

图 8.1　多通道雷达构型及其与观测空间旋转目标几何关系示意图

如图 8.1 所示，首先基于雷达接收端构建坐标系，A、B 和 C 均为构成 L 形天线的接收端，接收端 B 作为三维坐标系原点，线段 AB 和 BC 均为等长的雷达基线，记为 l。观测的旋转目标为点 P，在空间中沿着直线 L 做旋转运动，轨迹为圆，θ 为目标与坐标系原点连线和 XBY 平面的夹角。

这里以接收端 A 和接收端 B 进行干涉处理为例，获得接收端 A 和接收端 B 的目标回波信号之后，对回波信号进行干涉处理，即共轭相乘，则对基带回波进行干涉处理的表达式为

$$s_A(t)s_B^{\ *}(t) = \sigma_A\sigma_B^* \exp\left\{ j\frac{4\pi}{c} f_c \left[L_A(t) - L_B(t) \right] \right\} \tag{8.1}$$

式中，旋转目标点 P 到接收端 A 和接收端 B 的距离分别记为 L_A 和 L_B，在远场条件下，其距离之差可近似为图中的 Δr，即 $\Delta r = L_A - L_B$。围绕天线的场可分为两个区域：接近天线的区域，称为近场或菲涅耳(Fresnel)区，离天线较远的区域，称为远场或夫琅禾费(Fraunhofer)区，两个区域的分界线可取为半径 $R = 2D^2 / \lambda$，其中 D 为天线最大尺寸，λ 为波长。

根据图 8.1 中的几何关系，可知

$$\Delta r = l \cdot \sin\theta = l \cdot \frac{z_e}{L_B} \tag{8.2}$$

式中，z_e 为 Z 轴方向上目标的坐标信息，根据此关系可推导出对应干涉方向的微动信息，即 $z_e = \frac{\Delta r L_B}{l}$。因此，要想获得干涉方向精确的微动信息，从干涉回波数据中获得较准确的距离差信息至关重要。

8.2.2　基于干涉法结合时频分析的三维微动特征提取

得到相邻通道的目标回波信号之后，对回波信号进行干涉处理，即共轭相乘。假设 L 形天线上某两个相邻通道分别记作通道 A 和通道 B，则对基带回波进行干涉处理的表达式为

$$\begin{aligned}
s_{rA}(\hat{t}, t_m)s_{rB}^{\ *}(\hat{t}, t_m) &= \sigma_A\sigma_B^* \exp\left\{ j\frac{4\pi}{c} f_c \left[R_A(t_m) - R_B(t_m) \right] \right\} \\
&= \sigma_A\sigma_B^* \exp(j\Delta\varphi_{AB})
\end{aligned} \tag{8.3}$$

式中，$\Delta\varphi_{AB}$ 为干涉相位；R_A 和 R_B 分别为旋转目标到接收端 A 和接收端 B 随慢时间变化的距离信息。根据距离信息与相位信息的关系，干涉数据中相邻通道回波的距离差可表示为

$$\Delta r_{AB} = \frac{\lambda}{4\pi} \Delta \varphi_{AB} = R_A(t_m) - R_B(t_m) \tag{8.4}$$

根据以上过程，在获得干涉数据并提取其中的干涉相位之后，进行相位解缠，根据式(8.4)可获得距离差信息。

根据远场情况下的几何近似关系可得到接收端 A 和接收端 B 构成基线方向上旋转目标的微动信息，假设该基线对应 Z 轴，则该维度上微动信息的表达式为

$$z(t_m) = \frac{R_0}{l} \Delta r_{AB}(t_m) = \frac{R_0}{l} \left[R_A(t_m) - R_B(t_m) \right] \tag{8.5}$$

式中，l 为相邻接收端构成的雷达基线长度。此时，便可获得一个维度上的微动信息分量。

然而，从干涉处理后的回波数据中获取干涉相位的过程中，相位解缠的精度极易受到相位噪声的干扰，而相位噪声又是无法避免的，因此本章提出干涉法与时频分析相结合的方法，避开了干涉相位提取与相位解缠的过程，即使有相位噪声的干扰，也可精确获取对应维度的微动信息。

根据多普勒的定义，可得干涉数据微多普勒的表达式为

$$f_{m\text{-}d} = \frac{1}{2\pi} \frac{\mathrm{d}\Delta\varphi_{AB}}{\mathrm{d}t_m} = \frac{2f_c}{c} \frac{\mathrm{d}\left[R_A(t_m) - R_B(t_m) \right]}{\mathrm{d}t_m} \tag{8.6}$$

在对干涉数据进行时频分析获得微多普勒曲线之后，由分析可知，微多普勒曲线呈正弦曲线的形式，对其进行积分处理即可得到距离差信息，即

$$\Delta r_{AB}(t_m) = \frac{c}{2f_c} \int f_{m\text{-}d} \mathrm{d}t_m = R_A(t_m) - R_B(t_m) \tag{8.7}$$

同样，根据远场情况下的几何近似关系可得到接收端 A 和接收端 B 构成基线方向即 Z 轴方向上旋转目标的微动信息，该维度上的微动信息表达式与式(8.5)相同。

按照相同的方法，对另外一组基线对应的两个相邻接收通道获得的回波数据进行干涉处理，再对干涉数据进行时频分析提取出微多普勒曲线，通过积分处理获得对应的距离差信息，经过远场的几何近似后，便可得到另一个干涉方向的微动信息分量。若对接收端 B 和接收端 C 进行干涉处理，则可获得 X 轴方向上的微动信息的表达式为

$$x(t_m) = \frac{R_0}{l} \Delta r_{BC}(t_m) = \frac{R_0}{l} \left[R_B(t_m) - R_C(t_m) \right] \tag{8.8}$$

径向上的微动信息分量可近似为距离像的变化信息，即可获得 $y(t_m)$，最后获得旋转目标在三维空间中的全部微动信息，根据其三维运动轨迹即可估计出所有微动参数，详细的求解过程将在 8.2.3 节进行阐述，本节方法的流程图如图 8.2 所示。

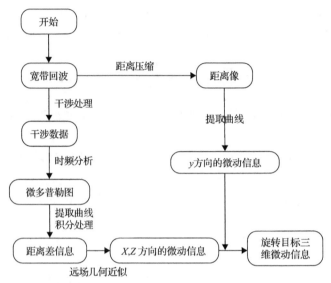

图 8.2　基于干涉法结合时频分析的三维微动特征提取算法流程图

8.2.3　三维微动参数求解

根据三维微动曲线，旋转目标的旋转半径、旋转速度、空间方位角和俯仰角都可以求得，在三维空间中完整微动信息的提取全部得以实现。在获得三维微动曲线后，旋转速度或旋转周期的求解可通过任意一条微动曲线进行自相关处理来获得，因为都是标准的正弦形式，且正弦的周期都是一致的。求解其他微动参数的过程如下。

在三维空间中绘制随时间变化的三维微动曲线，理论上是一个标准的圆形轨迹，其示意图如图 8.3 所示。

图 8.3 中，首先建立坐标系 $O\text{-}XYZ$，为了便于描述目标的旋转运动，这里的坐标系是与雷达坐标系平行的参考坐标系，旋转目标为点 P，实线 $EFDG$ 为旋转轨迹，线段 DE 和 FG 为圆的两条互相垂直的直径，点 O 也是旋转轨迹的中心。圆形轨迹在 XOZ 平面上的投影为椭圆 $GHFJ$，点 D 和点 E 在 XOZ 上的投影分别为点 H 和点 J，点 E 和点 F 为圆形轨迹与投影的交点，也是圆形轨迹与 XOZ 平面的交点。线段 HJ 和 FG 分别为椭圆的短轴与长轴，注意线段 FG 不仅是椭圆的长轴，也是空间目标旋转轨迹的直径。短轴 HJ 与 X 轴正方向的夹角记为 α，称为

方位角，短轴对应的圆形轨迹上的直径 DE 与 Y 轴正方向的夹角记为 β，称为俯仰角。

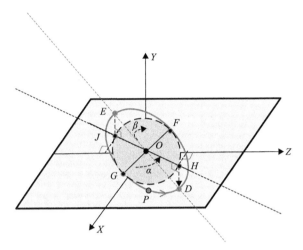

图 8.3 空间目标旋转轨迹及其在 XOZ 平面上的投影示意图

在获得旋转目标的三维微动曲线后，对应圆形轨迹在 XOZ 平面上的投影即为 X 轴和 Z 轴方向上的微动信息分量组成的椭圆曲线，因此首先要进行椭圆曲线的拟合，以获取椭圆曲线的参数信息。假设拟合出的椭圆曲线的一般方程为 $Ax^2 + Bxz + Cz^2 + Dx + Ez + 1 = 0$，该椭圆曲线的几何中心可表示为 $X_c = \dfrac{BE - 2CD}{4AC - B^2}$ 以及 $Z_c = \dfrac{BD - 2AE}{4AC - B^2}$，则椭圆的长轴与短轴的求解方程表示如下：

$$a^2 = \frac{2\left(AX_c^2 + CZ_c^2 + BX_cZ_c - 1\right)}{A + C - \sqrt{(A-C)^2 + B^2}} \tag{8.9}$$

$$b^2 = \frac{2\left(AX_c^2 + CZ_c^2 + BX_cZ_c - 1\right)}{A + C + \sqrt{(A-C)^2 + B^2}} \tag{8.10}$$

获得的长轴 a 即为旋转半径的 2 倍，即估计得到的旋转半径为 $r_e = a/2$，方位角 α 可直接根据椭圆曲线的参数求解，俯仰角 β 的求解需要上述估计的长、短轴数值，空间夹角的求解方程如下：

$$\alpha = \frac{1}{2}\arctan\left(\frac{B}{A - C}\right) \tag{8.11}$$

$$\beta = \arcsin\left(\frac{b}{a}\right) \tag{8.12}$$

最终，根据 8.2.2 节中获取的旋转目标三维微动曲线、三维微动信息的所有参数全部求解完毕，8.2.4 节将利用仿真实验来验证微动信息提取算法与参数求解方法的正确性。

8.2.4　仿真验证

1. 仿真实验设计

仿真实验仍采用一部载频为 220GHz 的多通道宽带雷达系统，以空间旋转的理想点为探测目标。仿真带宽为 5GHz，脉冲重复周期为 0.4ms，每个脉冲内采样点数为 4096，观测时间为 1.6s，多通道雷达采用解线频调接收方式，雷达构型为1 个发射端和 3 个接收端，3 个接收端分别记为 A、B 和 C，3 个接收通道构成 L 形天线，相邻通道间距为 2cm，即干涉过程中的雷达基线长度。目标放置在距离雷达 4.3m 的位置，满足远场条件的定义（>0.58m），转速为 11.75rad/s，旋转半径为 7.81cm，点目标在空间中旋转的方位角为 0°，俯仰角为 45°。

多通道雷达观测旋转目标的仿真场景如图 8.4 所示。图中位于坐标系原点处的实心圆点代表雷达，椭圆实线表示运动轨迹，运动轨迹内的粗圆圈表示运动轨迹中心，椭圆实线上的粗圆圈表示目标的初始位置，初始位置左边的较细圆圈表示运动中的旋转目标。

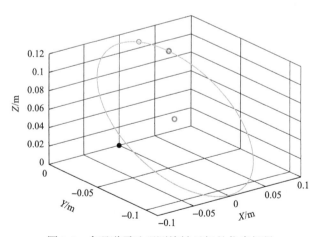

图 8.4　多通道雷达观测旋转目标的仿真场景

现实中，相位噪声是不可避免的，因此在仿真实验中加入相位噪声对本节方法和相位解缠的方法进行对比，以证明本节方法的抗噪性和有效性。在仿真实验中, 仅在接收端 A 的前半段回波数据中加入 100 个随机噪声点作为相位噪声, 其他接收端不加入噪声。接下来对接收端 A 和接收端 B 的雷达回波数据进行干涉处理, 直接从干涉回波数据中提取相位, 获得的缠绕的干涉相位曲线如图 8.5(a) 所示, 经过相位解缠后获得的干涉相位曲线如图 8.5(b) 所示。

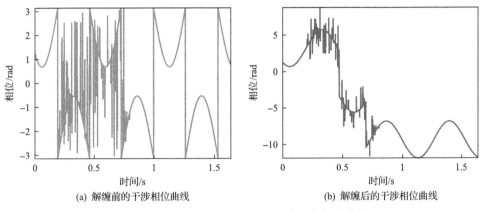

(a) 解缠前的干涉相位曲线　　　　　　(b) 解缠后的干涉相位曲线

图 8.5　存在相位噪声的情况下干涉相位提取结果

由图 8.5 的解缠结果来看, 当回波信号中存在相位噪声干扰时, 相位解缠后的结果明显恶化, 前半段回波信号的解缠结果出现严重的"断层"现象, 不再是标准的正弦曲线, 即除了曲线上有毛刺噪声之外, 相邻曲线是不连续的, 而后半段回波信号由于没有加入相位噪声, 解缠结果为标准的正弦曲线形式, 若整个回波信号中都含有相位噪声, 则相位解缠结果无法应用。由此可知, 目前常用的相位提取和相位解缠的抗噪性能较差, 解缠后的结果直接影响微动参数的有效提取。

相反, 对于上述含有相位噪声的干涉回波信号, 当采用本节方法进行微动特征提取时, 不会受到该相位噪声的影响, 下面将利用本节方法对上述含有噪声的仿真数据进行处理, 并详细分析仿真实验的结果。

2. 仿真结果与分析

按照本节方法, 首先对接收端 A 含有相位噪声的回波信号和接收端 B 的雷达回波信号进行干涉处理, 然后进行时频分析, 得到的微多普勒曲线如图 8.6 所示。

可见, 由接收端 A 和接收端 B 通过干涉处理获得的干涉回波信号的多普勒曲线不受相位噪声的干扰, 仍然是标准的正弦曲线, 不存在相位解缠过程中的"断层"现象。这也说明, 相邻接收端到旋转目标的距离差信息符合正弦曲线或多个正弦曲线组合的形式。

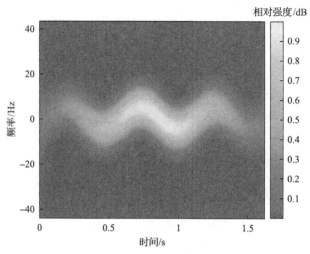

图 8.6　干涉回波信号的时频分析微多普勒曲线

　　通过多普勒曲线的峰值提取以及相应的坐标变换，即可获得干涉回波信号中的速度信息，如图 8.7 所示。在后续的远场几何近似时，仅需要微动的正弦部分，因此不需要考虑积分时的初值问题，即从零开始进行积分，以获得相邻接收端到旋转目标的距离差信息。

　　实际上，干涉处理后的回波信号完全可以看作单个雷达接收端对某一特殊微动目标的雷达回波信号，只不过该微动目标的运动形式是相对复杂的两个微动的组合，即微动曲线为两正弦曲线之差，因此后续把干涉数据中提取出的距离差信息当作某一正弦曲线，也是一种近似处理。

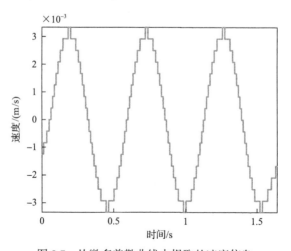

图 8.7　从微多普勒曲线中提取的速度信息

对获得的速度信息进行积分处理和远场几何近似，便可得到通道 A 和通道 B 干涉方向 Z 轴方向上的微动信息，如图 8.8 所示。

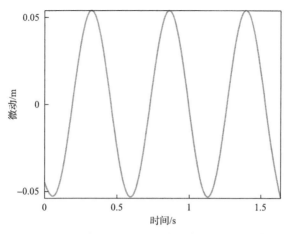

图 8.8　经过积分处理和远场几何近似后的距离差信息

同时，为对比验证本节方法的准确性和有效性，在所有接收端无相位噪声的情况下，利用干涉相位解缠方法获得 Z 轴方向上的微动信息，如图 8.9 中虚线所示，而在有相位噪声的情况下，本节方法获得的微动信息如图 8.9 中实线所示。

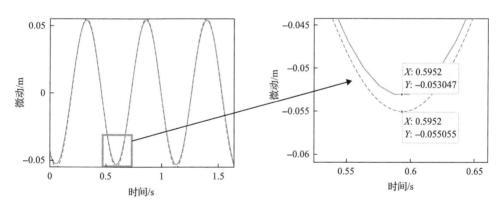

图 8.9　本节方法(有相位噪声)和干涉法(无相位噪声)获得的微动信息及其局部放大图

对比两种方法获得的微动信息曲线发现，在有相位噪声的情况下，利用本节方法获得的对应干涉方向的微动信息不受相位噪声的干扰，且其仿真结果和无相位噪声情况下利用相位解缠方法获得的仿真结果基本一致，偏差在 3mm 以内，结果表明本节方法是准确有效的。

对于 X 轴方向的微动信息，其获取方式和上述方法相同，通过对接收端 B 和接收端 C 的干涉处理进行时频分析、积分处理和远场几何近似，可得到对应 X 轴方向上的微动信息，如图 8.10 所示。图 8.10(a) 表示接收端 B 和接收端 C 的干涉回波信号时频分析的多普勒曲线，图 8.10(b) 表示最终估计出的 X 轴方向的微动信息。

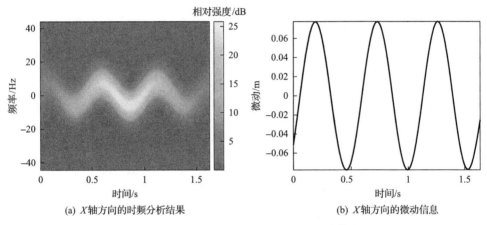

(a) X轴方向的时频分析结果　　　　　　　　　(b) X轴方向的微动信息

图 8.10　X轴方向的时频分析结果和微动信息

径向上的微动信息可直接从接收端的回波距离像中提取得到，这里采用通道 B 的回波距离像，接收端 B 获得雷达回波的距离像以及提取的微动信息分别如图 8.11(a) 和图 8.11(b) 所示。

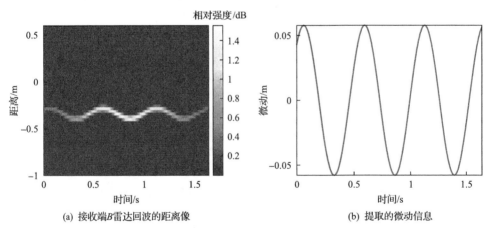

(a) 接收端B雷达回波的距离像　　　　　　　　(b) 提取的微动信息

图 8.11　接收端 B 雷达回波的距离像和提取的微动信息

旋转目标的三维微动曲线如图 8.12 所示。图中，X 轴、Y 轴和 Z 轴方向的微动信息曲线分别用实线、虚线和点画线表示。

提取图 8.12 中三条正弦曲线的参数，包括幅度、初始相位与角速度，具体参数如表 8.1 所示。

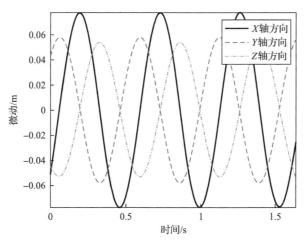

图 8.12　最终估计得到的旋转目标三维微动曲线

表 8.1　旋转目标提取的三维微动正弦曲线参数

参数	X 轴方向	Y 轴方向	Z 轴方向
幅度/cm	0.07741	0.05783	0.05353
初始相位/rad	−0.679	0.837	−2.24
旋转角速度/(rad/s)	11.73	11.81	11.73

根据三维微动曲线以及 8.2.2 节中所述的参数求解方法，获得旋转目标三维微动参数，如表 8.2 所示。

表 8.2　旋转目标三维微动参数

参数	旋转半径/m	旋转角速度/(rad/s)	方位角/(°)	俯仰角/(°)
估计值	0.0773	11.7567	0.4538	46.1380
理论值	0.0781	11.7548	0	45
绝对误差	0.0008	0.0019	0.4538	1.1380

根据上述参数及微动参数计算方法，旋转半径的估计值为 0.0773m，与旋转半径的理论值 0.0781m 相比，估计相对误差为 1.02%，估计精度达到了毫米级。同样，旋转角速度的估计精度也非常高，估计相对误差低于 0.016%。此外，方位角和俯仰角的绝对误差均小于 2°。由分析可知，上述参数估计相对误差的主要来源是几何近似关系，包括远场条件下的几何近似与提取曲线过程的拟合近似，这些都会影响参数估计的准确性。

8.2.5 实测验证

1. 实验设计

实验仍采用载频为 220GHz 的多通道雷达系统。观测目标为一个固定在长条木板上的角反射器，长条木板中心固定在转台转轴处，使得角反射器随着转台的自转一同旋转，旋转半径设置为 16cm，转台旋转速度为 π/2rad/s，方位角 α 为 30°，俯仰角 β 为 10°。

在雷达开始观测目标之前，固定在长条木板上的角反射器开始跟随转台旋转。雷达与角反射器的初始距离约为 4m。为了获得完整的微多普勒正弦曲线，观测时间需要超过旋转周期。整个实验系统放置在布满吸波材料的雷达暗室，以降低背景噪声的影响，太赫兹多通道雷达观测旋转角反射器的实验场景如图 8.13 所示。

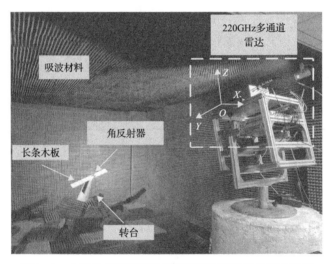

图 8.13 太赫兹多通道雷达观测旋转角反射器的实验场景

微动模拟装置采用的是二维精密转台，可精确控制转台的俯仰角和自转速度，转动参数由控制终端设定，可设置匀速旋转或加速旋转，在本实验中采用匀速旋转，还可以设置旋转时间、旋转加速度等参数。此外，后续的数据采集和干涉处理过程仍使用接收端 A、B 和 D 的回波数据。

在实验中，旋转的角反射器可以近似为某一强散射点，四个接收通道回波数据的时频分布如图 8.14(a) 所示。根据来自四个接收器的多普勒曲线，得到旋转周期约为 4s，与理论周期基本一致。接收端 B 回波数据的距离像如图 8.14(b) 所示，可以发现时频分布和距离像均是标准的正弦形式。

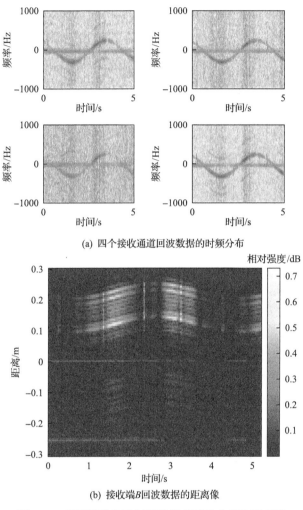

(a) 四个接收通道回波数据的时频分布

(b) 接收端B回波数据的距离像

图 8.14 观测旋转角反射器的微多普勒曲线和距离像

2. 实验结果与分析

对相邻通道的回波数据进行干涉处理后，可以从干涉回波数据中获得干涉相位信息。可以通过接收端 A 和 B 的回波数据的干涉处理来获得 Z 轴方向上的干涉相位信息。同理，对接收端 B 和 D 的回波数据进行干涉处理可以获取 X 轴方向上的干涉相位信息。X 轴和 Z 轴方向上未解缠的干涉相位如图 8.15(a) 所示。解缠的干涉相位如图 8.15(b) 所示。

受相位噪声影响，解缠的相位曲线不是标准的正弦形式，但是不规则部分可以通过平滑和拟合方法解决，这说明干涉法对相位噪声比较敏感，相位解缠过程易受相位噪声的干扰，解缠精度比较低。

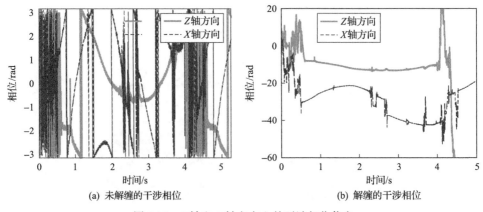

(a) 未解缠的干涉相位　　　　　　　　　(b) 解缠的干涉相位

图 8.15　X 轴和 Z 轴方向上的干涉相位信息

　　根据远场条件下的几何近似关系，得到 X 轴和 Z 轴方向上的微动信息曲线如图 8.16 所示。Y 轴方向上的微动信息曲线可近似为径向上的距离像曲线，可以从任意接收端回波数据的距离像中提取径向上的微动信息分量，如图 8.16 所示。

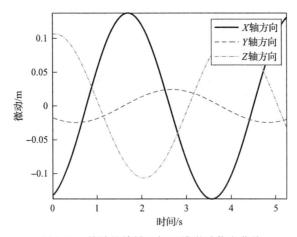

图 8.16　估计的旋转目标三维微动信息曲线

图 8.16 中三维微动信息曲线对应的正弦曲线参数如表 8.3 所示。

表 8.3　旋转角反射器实测数据提取的三维微动正弦曲线参数

微动分量参数	X 轴方向	Y 轴方向	Z 轴方向
幅度/cm	13.76	2.45	10.65
初始相位/(°)	−1.27	85.67	−11.07
旋转角速度/(rad/s)	1.68	1.57	1.46

根据 8.2.3 节中的微动参数计算方法，提取的三维微动参数估计值及其估计

相对误差如表 8.4 所示。

表 8.4　旋转角反射器实测数据微动参数估计值及其估计相对误差

参数	旋转半径/cm	旋转角速度/(rad/s)	方位角/(°)	俯仰角/(°)
实际值	16	$\pi/2$	30	10
估计值	16.30	1.51	25.53	11.19
估计相对误差/%	1.875	4.20	14.90	11.92

　　旋转半径的估计值为 16.30cm。与实际值 16cm 相比,估计相对误差为 1.875%。方位角、俯仰角和旋转角速度的估计相对误差分别为 14.90%、11.92%和 4.20%。其中,方位角和俯仰角的估计相对误差较大,其主要原因是回波数据中的噪声会严重影响干涉相位的解缠精度。然而,来自雷达系统和环境的噪声是不可避免的。

　　上述实验结果是采用提取相位信息的干涉法得到的。当利用本节方法进行实测数据处理时,角反射器的旋转角速度较慢,导致单通道的多普勒值较小,相应地,旋转目标到相邻接收端的距离差信息随时间变化很慢,对应的干涉回波数据的多普勒曲线幅度也非常小,再加上背景噪声的影响,较难直接提取出多普勒曲线,进而难以提取距离差信息。因此,本节方法适合旋转速度较快的目标,但是多普勒值的观测范围有限,当超出–PRF/2～PRF/2 范围时,需要拼接的方法做进一步处理。因此,本节方法目前只能通过仿真实验验证其正确性,若想应用到实验实测数据中,还需更深入的研究。

8.3　微动目标三维成像

8.3.1　微动目标三维成像模型

　　考虑到目标运动惯性和较短的观测时间,目标的旋转角速度矢量可以看作是相同的,因此目标旋转加速度可以忽略。另外,目标平动不会太复杂,可以用低阶多项式来描述。本节建立的匀速旋转目标的三维成像模型如图 8.17 所示。

　　假设三维成像模型绕一个主轴旋转,如图 8.17(a)所示,这是一个目标经过平动补偿的成像模型。XYZ 和原点 O 构成笛卡儿坐标系。目标绕 Z 轴旋转,转动矢量和有效转动矢量分别是 Ω 和 Ω_e。雷达视线沿着矢量 R,与 Ω 的夹角是 φ。在该成像模型中,三维成像模型可以按照不同的二维转动平面进行划分。如图 8.17(a)所示,两个实线圆圈表示目标的不同转动平面,两个虚线圆圈表示相应的成像平面。对于一个散射点 $P(x_k, y_k, z_k)$,它在成像平面上的投影坐标是 $P'(x_k', y_k', z_k')$,且满足以下关系:

$$\begin{cases} x'_k = x_k \sin\varphi \\ y'_k = y_k \sin\varphi \\ z'_k = z_k \sin\varphi \end{cases} \tag{8.13}$$

式中，假设角度 φ 在成像时间内保持不变，转动角速度大小为 ω。对于散射点 $P'\left(x'_k, y'_k, z'_k\right)$，它在相应成像平面上的二维成像模型如图 8.17(b) 所示，其中 θ 表示转动角度。

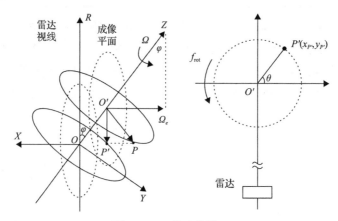

图 8.17　三维成像模型

当旋转目标相对雷达有平动存在时(平动表示为 $R_k(t_m)$)，散射点 $P'\left(x'_k, y'_k, z'_k\right)$ 与雷达之间的斜距变化可表示为

$$\begin{aligned} r(t_m) &= R_k(t_m) + z'_k + x'_k \cos(\omega t_m) + y'_k \sin(\omega t_m) \\ &= R_k(t_m) + z_k \cos\varphi + x_k \sin\varphi\cos(\omega t_m) + y_k \sin\varphi\sin(\omega t_m) \end{aligned} \tag{8.14}$$

在雷达发射 LFM 信号后，若目标可以等效为 K 个散射点，则目标回波信号可表示为

$$\begin{aligned} E_n(f_c, t_m) = &\sum_{k=1}^{K} \sigma_k(t_m) \\ &\cdot \exp\left\{-\mathrm{j}\frac{4\pi f_c}{c}\Big[R_k(t_m) + z_k \cos\varphi + x_k \sin\varphi\cos(\omega t_m) + y_k \sin\varphi\sin(\omega t_m)\Big]\right\} \end{aligned} \tag{8.15}$$

式中，$\sigma_k(t_m)$ 为第 k 个散射点的后向散射系数，且随着时间的推移目标姿态发生变化，散射系数也会发生变化；f_c 和 c 分别为雷达信号的载频和光速；$R_k(t_m)$ 为目标的平动。沿着 f 做傅里叶变换之后，可以得到距离-慢时间 (r, t_m) 上的雷达数据，其可表示为

$$E(r,t_m) = \sum_{k=1}^{K} \sigma_k(t_m)$$

$$\cdot \text{sinc}\left\{\frac{2B\left[r - R_k(t_m) - z_k\cos\varphi - x_k\sin\varphi\cos(\omega t_m) - y_k\sin\varphi\sin(\omega t_m)\right]}{c}\right\}$$

$$\cdot \exp\left\{-\mathrm{j}\frac{4\pi f_c}{c}\left[r - R_k(t_m) - z_k\cos\varphi - x_k\sin\varphi\cos(\omega t_m) - y_k\sin\varphi\sin(\omega t_m)\right]\right\}$$

$$(8.16)$$

式中，B 为雷达的信号带宽。根据式(8.14)中的参数关系，式(8.16)可简写为

$$E(r,t_m) = \sum_{k=1}^{K} \sigma_k(t_m)$$

$$\cdot \text{sinc}\left\{\frac{2B\left[r - R_k(t_m) - z_k' - x_k'\cos(\omega t_m) - y_k'\sin(\omega t_m)\right]}{c}\right\} \quad (8.17)$$

$$\cdot \exp\left\{-\mathrm{j}\frac{4\pi f_c}{c}\left[r - R_k(t_m) - z_k' - x_k'\cos(\omega t_m) - y_k'\sin(\omega t_m)\right]\right\}$$

在小转角 ISAR 成像中，目标在平动补偿后可看作绕雷达做小角度转动。因此，可以进行如下近似：

$$\begin{cases} \cos(\omega t_m) \approx 1 \\ \sin(\omega t_m) \approx \omega t_m \end{cases} \quad (8.18)$$

则式(8.16)可简化为

$$E(r,t_m) = \sum_{k=1}^{K} \sigma_k(t_m) \cdot \text{sinc}\left[\frac{2B\left(r - z_k' - x_k'\right)}{c}\right]$$

$$\cdot \exp\left[-\mathrm{j}\frac{4\pi f_c}{c}\left(r - z_k' - x_k' - y_k'\omega t_m\right)\right] \quad (8.19)$$

在处理过程中发现，小转角的近似可以使距离像上 $y_k'\omega t_m$ 近似为 0。为了对散射点在 y_k' 方向进行分辨，对式(8.19)沿 t_m 方向进行快速傅里叶变换，可以得到二维 ISAR 图像。但是，当目标在做快速旋转时，在观测时间内发生了好几个周期的转动。在此场景下，ω 主要是由目标自身转动产生的，雷达与目标之间的相关转动相对较小，可以忽略。因此，式(8.18)的近似条件不满足，且转动使每个散射点在距离-慢时间平面上对应的峰值位置不能看作是不变的，而是发生周期性变化的，该变化可以用正弦函数来表示。

该正弦函数由三个参数 x_k、y_k 和 z_k 决定。因此，在确定正弦函数的三个参数后，就可以得到散射点的三维坐标信息：

$$\begin{aligned} r &= z'_k + x'_k \cos(\omega t_m) + y'_k \sin(\omega t_m) \\ &= z_k \cos\varphi + x_k \sin\varphi \cos(\omega t_m) + y_k \sin\varphi \sin(\omega t_m) \end{aligned} \tag{8.20}$$

由式(8.20)发现，实际的三维坐标与正弦曲线决定的三维坐标不完全吻合。这是由雷达视线方向与转动轴之间存在夹角 φ 造成的，它使得三维成像结果在沿转动轴方向的尺寸是真实尺寸的 $\cos\varphi$，在垂直转动轴方向的尺寸是真实尺寸的 $\sin\varphi$。因此，夹角 φ 越小，沿着转动轴方向的尺寸越接近真实尺寸。若 $\varphi = 0$，则可以在转动轴方向得到最高的距离分辨率，但是在转动轴垂直方向距离分辨率为 0，也即在 XOY 平面上是没有散射点分辨能力的。此外，若 $\varphi = \pi/2$，则在转动轴垂直方向得到最高的距离分辨率，但是在转动轴方向距离分辨率为 0。

8.3.2　改进 viterbi 算法结合位置差值变换的三维成像

1. 微距离特征提取

在介绍改进 viterbi 算法之前，本节首先回顾传统 viterbi 算法的基本内容。viterbi 算法大部分应用在信号时频面上来提取瞬时频率(instantaneous frequency，IF)点[11-15]。当含噪声的时频信号转化到二维时频面上时，噪声也同时分布在时频面上。在时频面上，信号能量主要集中在 IF 点附近的时频(time-frequency，TF)点上，且 IF 点的分布轨迹在短时间内可看作是光滑的。此时，噪声随机地分布在整个时频面上，能量分散且幅度较小。

因此，从信号的时频表示上用 viterbi 算法提取 IF 点基于两个假设：①待估计的 IF 点应该尽可能多地穿过较强的 TF 点；②IF 点在两个相邻时间点上的变化不太大。根据这两个假设，可以设置两个相应的惩罚函数，且 IF 点的估计可以看作惩罚函数之和最小的线估计问题：

$$\begin{aligned} \hat{f}(n) &= \mathop{\arg\min}_{k(n)\in K}\left[\sum_{n=n_1}^{n_2-1} g(k(n),k(n+1)) + \sum_{n=n_1}^{n_2} h(\mathrm{TF}(n,k(n)))\right] \\ &= \mathop{\arg\min}_{k(n)\in K} p(k(n);n_1,n_2) \end{aligned} \tag{8.21}$$

式中，$\mathrm{TF}(n,k(n))$ 为在时间单元 n、频率单元 k 上的 TF 点；$h(\cdot)$ 为对应第一个假设的非增函数；$g(k(n),k(n+1))$ 为关于 $k(n)$、$k(n+1)$ 差的绝对值的非降函数，对应第二个假设；$p(k(n);n_1,n_2)$ 为惩罚函数 $h(x)$ 和 $g(x,y)$ 沿着线 $k(n)$ 的和，时间从 n_1 到 n_2；K 为该时间内所有的路径。

假设一个信号的时频表示含有 M（频率）× N（时间）个 TF 点，其中 $n_1 = 1$、$n_2 = N$，则该时间内所有路径数目为 M^N。如果从时频表示中提取一个 IF 点，那么 IF 点的估计可以看作从 M^N 个路径中选择一条路径线 $k(n)$，使得惩罚函数式(8.21)的值最小。

为了在时间点 n 上对 TF 值进行惩罚，定义函数 $h(x)$ 如下：将该时间点上的 TF 值从大到小排列为

$$\text{TF}(n, f_1) \geqslant \text{TF}(n, f_2) \geqslant \cdots \geqslant \text{TF}(n, f_j) \geqslant \cdots \geqslant \text{TF}(n, f_M) \tag{8.22}$$

式中，$j = 1, 2, \cdots, M$ 表示该序列中不同位置的点。因为较大幅度的 TF 点对应较小的惩罚函数，所以 $h(x)$ 可定义为

$$h(\text{TF}(n, f_j)) = j - 1 \tag{8.23}$$

在该定义下的时间点 n 上，$h(\text{TF}(n, f_1)) = 0, h(\text{TF}(n, f_2)) = 1, \cdots, h(\text{TF}(n, f_M)) = M - 1$。也就是说，最大幅度的 TF 点对应最小的惩罚函数，第二大幅度的 TF 点对应第二小的惩罚函数，以此类推。

同时，$g(x, y)$ 的常用定义为

$$g(x, y) = \begin{cases} 0, & |x - y| \leqslant \Delta, \quad c, \Delta > 0 \\ c(|x - y| - \Delta), & |x - y| > \Delta, \quad c, \Delta > 0 \end{cases} \tag{8.24}$$

式中，c、Δ 为固定常数。

但是，传统 viterbi 算法在频率交叉点处容易发生关联错误[16]，原因如下：在式(8.21)中，当信号包含两个时频成分时，这两个 IF 点对应两条惩罚函数最小的路径，而且在两条路径交叉点 TF 处，该点的幅度惩罚项对两个时频成分来说是相同的。如果在路径上 IF_1 点连接 IF_2 点的路径惩罚函数 $g(x, y)$ 更小，那么会出现关联错误。因此，路径惩罚函数只能保证两个相邻时刻的 IF 点变化不要太大，并不能保证 IF 点变化的连续性趋势。为了保证 IF 点变化的连续性趋势以及在交叉点处关联结果的正确性，添加第三个惩罚函数来求解最佳路径：相邻时刻 IF 点的变化趋势不能太大，因此第三个惩罚函数可表示为

$$r(x, y, z) = u|(z - y) - (y - x)| \tag{8.25}$$

式中，u 为惩罚函数 $r(x, y, z)$ 的线性参数；x、y、z 为三个相邻的时间点，该惩罚项决定了 IF 点估计结果的光滑度，也即趋势。改进 viterbi 算法的惩罚函数可写为

$$\hat{f}(n) = \underset{k(n) \in K}{\arg\min} \left[\sum_{n=n_1}^{n_2-1} g(k(n), k(n+1)) + \sum_{n=n_1}^{n_2-2} r(k(n), k(n+1), k(n+2)) \right.$$

$$\left. + \sum_{n=n_1}^{n_2} h(\mathrm{TF}(n, k(n))) \right] \tag{8.26}$$

$$= \underset{k(m) \in K}{\arg\min} \, p\big(k(m); m_1, m_2\big)$$

式中，IF 点的估计路径由三个惩罚函数确定。这样，某个 IF 点的估计转换为在 K 条路径中寻找最小惩罚函数路径，而且时频成分的光滑度可以在一定程度上得到保证，尽可能地减小关联错误。当参数 u 为 0 时，改进 viterbi 算法等效于传统 viterbi 算法。如果某个信号中含有 $L_{\max}$ 个 IF 成分，那么改进 viterbi 算法可以按照前后顺序将其一一提取出来。在求解过程中，为满足实时处理的要求，可在 $n \geqslant 3$ 时将惩罚函数 $g(k(n), k(n+1))$ 的要求替换为 $r(k(n), k(n+1), k(n+2)) + g(k(n), k(n+1))$。

如果在距离-慢时间上的采样点数分别是 N、M，那么式 (8.26) 可写成以下离散形式：

$$E(n,m) = \sum_{k=1}^{K} \sigma_k(m)$$

$$\cdot \mathrm{sinc}\left\{ \frac{2B\big[n\Delta r - R_k(m \cdot \mathrm{PRI}) - z_k' - x_k' \cos(\omega m \cdot \mathrm{PRI}) - y_k' \sin(\omega m \cdot \mathrm{PRI})\big]}{c} \right\}$$

$$\cdot \exp\left\{ -\mathrm{j}\frac{4\pi f}{c}\big[r - R_k(m \cdot \mathrm{PRI}) - z_k' - x_k' \cos(\omega m \cdot \mathrm{PRI}) - y_k' \sin(\omega m \cdot \mathrm{PRI})\big] \right\}$$

$$\tag{8.27}$$

式中，PRI 为脉冲采样的时间间隔。利用改进 viterbi 算法根据惩罚函数的特性与旋转目标在距离像上的特征，可以得到 K 条距离像的特征，包括轨迹 $I_k(m)$ 和幅度 $A_k(m)$。

$$I_k(m) = z_k' + x_k' \cos(\omega m \cdot \mathrm{PRI}) + y_k' \sin(\omega m \cdot \mathrm{PRI}) = z_k' + A_k \sin(\omega t_m + \varphi_k) \tag{8.28}$$

式中

$$\begin{cases} A_k = \sqrt{x_k^2 + y_k^2} \\ \varphi_k = \arctan(x_k / y_k) \end{cases} \tag{8.29}$$

2. 位置差值变换

本节提出一种新的方法来消除 z'_k 的影响,将原来三维位置参数搜索过程转换为先求二维位置参数,后求第三维位置,这样可以有效降低计算量。之前针对三维目标的参数化成像,首先使用广义 Radon 变换实现三维坐标参数的粗估计,然后使用 CLEAN 算法对参数进行精细校正[17, 18]。在成像模型中,参数 z'_k 表示成像平面 $z = z'_k$,由该平面上是否有明显的二维散射点来判断 z'_k 的可能值。因此,它需要在高分辨成像中沿着 z 轴进行搜索,搜索一个 z 值并判断该 z 值确定的平面上是否有由散射点后向广义 Radon 变换积累得到的峰值,这样带来的计算量将是巨大的,而且峰值点没有一个具体的判断标准,也可以说在 $z = z'_k$ 附近的平面上可能出现峰值。

前面已经得到了各散射点的一维像幅度和轨迹特征,本节期望通过算法移除 z'_k 并使得各散射点落在同一个成像平面,具体实施方案如下:

假定第 k 条距离像幅度和轨迹组成新图像 $\mathrm{NH}_k(\xi, \zeta), \zeta = 1, 2, \cdots, N, \xi = 1,$ $2, \cdots, M$,M、N 分别为方位和距离上的采样数,其也可表示为一个正弦轨迹在二维图像域 (ξ, ζ) 中。第 k 条距离像表示为 $\sigma_k(m)\delta(\xi - m)\delta[\zeta - I_k(m)], m = 1, 2, \cdots,$ M,其中 σ_k 为第 k 个散射点的散射系数。使用位置差值变换(location difference transfrom,LDT)移除每条距离像的 z'_k,可以将距离像移动到同一成像平面上 $(z'_k = 0)$。因此,该映射定义如下:

$$\sigma_k(m)\delta(\xi - m)\delta[\zeta - I_k(m)] \xrightarrow{\mathrm{LDT}(\tau)} \sigma_k(m_1)\delta(\xi - m_1)\delta[\zeta - \mathrm{NI}_k(m_1)] \quad (8.30)$$

式中

$$\mathrm{NI}_k(m_1) = I_k(m_1 + \tau) - I_k(m_1), \quad m_1 = 1, 2, \cdots, M - \tau$$

式中,τ 为两个数据点间的时间差值。在变换后的新图像中,$\mathrm{NI}_k(m)$ 和 $\sigma_k(m_1)$ 分别为第 k 条距离像在 m 时间下的位置和幅度。因此,该变换前后都发生在二维图像域 (ξ, ζ) 上,在实现特征点位置差值的同时保持了距离像幅度不变。若变换前图像在 (ξ, ζ) 上是一个正弦图像,则变换后仍是 (ξ, ζ) 上的正弦图像,只是正弦调制幅度和相位会发生变化。

下面具体介绍该变化与时间差值 τ 的关系,根据式(8.30)计算得到距离像在新图像中的轨迹为

$$\mathrm{NI}_k(m_1) = I_k(m_1 + \tau) - I_k(m_1) = 2A_k \sin\left(\frac{\omega\tau \cdot \mathrm{PRI}}{2}\right) \sin\left(\omega m_1 \cdot \mathrm{PRI} + \varphi_k + \frac{\omega\tau \cdot \mathrm{PRI}}{2} + \frac{\pi}{2}\right)$$

$$(8.31)$$

式中,$a = 2\sin\left(\dfrac{\omega\tau \cdot \mathrm{PRI}}{2}\right)$ 为缩放系数。值得注意的是,一次位置差值变换前后都

是正弦函数。只是变换后常数项 z_k' 被移除，且幅度被扩大 a 倍，相位变为 $\left(\dfrac{\omega\tau\cdot\mathrm{PRI}}{2}+\dfrac{\pi}{2}\right)$。当观测时间满足 $(p-0.5)T_{\mathrm{ro}}+3\mathrm{PRI}\leqslant T_{\mathrm{obs}}<(p+0.5)T_{\mathrm{ro}}+3\mathrm{PRI}, p\in\mathbb{N}^{+}$ 时，$\tau=(p-0.5)T_{\mathrm{ro}}/\mathrm{PRI}$ 能够使缩放系数达到最大值 2，这里，T_{ro} 表示旋转周期，T_{obs} 表示观测时间，p 表示任意正整数。为了尽可能地保证数据长度，一般取 $\tau=T_{\mathrm{ro}}/2\mathrm{PRI}$。

3. 基于 LDT 的目标三维成像

在 LDT 处理后，散射点在距离像上的轨迹发生了变换，调制幅度由 $a=2\sin\left(\dfrac{\omega\tau\cdot\mathrm{PRI}}{2}\right)$ 决定，调制相位变为 $\left(\dfrac{\omega\tau\cdot\mathrm{PRI}}{2}+\dfrac{\pi}{2}\right)$。一般情况下，对于微动目标，三维成像都由广义 Radon 变换来实现，而且散射点转动平面不同，需要对平面参数 z_k' 进行搜索。但是，LDT 使得所有散射点的平面参数 z_k' 被移除，因此所有散射点相当于被移动到同一个平面 $z=0$。在 $z=0$ 上对所有散射点进行成像，这样不用考虑对成像平面进行搜索确定，而是先确定目标的二维位置参数。

如果将 LDT 处理后的所有散射点特征放在一个二维图像上（它们的 z_k' 都是 0），则经一次逆 Radon 变换即可实现目标的二维成像。但是，散射点的旋转平面信息 z_k' 发生丢失，可以对 8.3 节提取的轨迹进行简单处理得到 z_k' 的粗估计。具体的成像算法步骤如下：

（1）基于改进 viterbi 算法提取微距离特征，对每一个轨迹位置进行快速傅里叶变换以提取参数 z_k'，然后对每一条轨迹进行 LDT 处理。

（2）将 LDT 处理后的散射点特征绘制在一个二维图像上。

（3）对二维图像进行逆 Radon 变换，在变换后的参数域上检测峰值位置，利用式（8.29）估计原始微动参数 x_k'、y_k'。

（4）根据估计得到的微动参数构造点扩散函数：

$$X_k(r,t)=\mathrm{sinc}\left\{\frac{2B\left[r-z_k'-x_k'\cos(\omega t_m)-y_k'\sin(\omega t_m)\right]}{c}\right\}$$
$$\cdot\exp\left\{-\mathrm{j}\frac{4\pi f_c}{c}\left[r-z_k'-x_k'\cos(\omega t_m)-y_k'\sin(\omega t_m)\right]\right\} \tag{8.32}$$

（5）估计散射点的反射系数 σ_k。散射点的散射系数表示为

$$\hat{\sigma}=\frac{\sum \mathrm{EX}_k^{*}}{\sum |X_k|^2} \tag{8.33}$$

（6）对各散射点参数进行精估计。

在实际应用中,逆 Radon 变换估计的 x_k'、y_k' 以及轨迹快速傅里叶变换估计的 z_k' 可能出现误差。原因有三:其一是距离分辨率的限制使得快速傅里叶变换估计结果与真实值有一定的差距;其二是逆 Radon 变换积累正弦轨迹上的单元幅度值,该幅度值是在该距离单元格点处的幅度采样,而非真正的峰值;其三是其他散射点的交叉影响,该影响实际很小。因此,为了提高参数的估计精度,在粗估计值附近小区域的参数搜索是必要的,而且每次位置参数发生变换时,需要用步骤(5)的方法重新估计散射点的散射强度 $\hat{\sigma}_k$ 和 $\hat{\sigma}_k X_k(r,t)$。在粗估计值附近较小的区域内搜索:

$$
\begin{aligned}
\min_{\sigma_k,x_k,y_k,z_k} I(\hat{\sigma}) &= \min_{\sigma_k,x_k,y_k,z_k} \left\| E - \sigma_k X_k \right\| \\
&= \min_{\sigma_k,x_k,y_k,z_k} \sum_{r,t} \left| E(r,t) - \sigma_k X_k(r,t) \right|^2
\end{aligned}
\tag{8.34}
$$

由此搜索得到散射点的位置参数和反射系数将会比粗估计参数更加准确。值得注意的是,在式(8.31)精估计模型中,假设散射点的散射系数在成像时间内是一个不随时间变化的常数。然而,在实际应用中,在较宽的转动角度下反射系数在一个动态范围内变化。因此,本节算法估计的散射点的反射系数相当于观测时间内反射系数的平均值,而不是随时间变化的真实值。其实,随时间变化的反射系数可以在任意时刻反映散射点的反射强度,但是它很难通过现有模型进行估计。尽管如此,散射系数的平均值仍是一个有意义的变量,可以用来描述反射系数的相对强弱。

4. 分析成像算法的复杂度和性能

1)算法的复杂度

假定距离上采样数目为 N_r,方位上采样数目为 N_θ,脉冲重复频率为 PRF。根据4.6.2节的分析,逆Radon变换需要的计算复杂度为 $O(N_\theta + N_\theta N_r + 2N_\theta N_r \lg N_r) \cdot N_r \mathrm{PRF}/4$。

对于广义 Radon 变换,旋转平面 z 的估计需要在所有距离上进行搜索。假设粗估计在 z 平面的搜索每个步长设定为一个距离分辨单元,则粗估计的计算复杂度为 $O(N_\theta + N_\theta N_r + 2N_\theta N_r \log_2 N_r) N_r^2 \mathrm{PRF}/4$。

对于本节算法,首先由改进 viterbi 算法得到第 k 条距离像的位置参数,然后对位置参数进行快速傅里叶变换得到该距离像的直流参数(也即旋转平面 z)。改进 viterbi 算法与传统 viterbi 算法基本相同,计算量分析也是大同小异,计算复杂度为 $O(N_\theta N_r^2)$,快速傅里叶变换的计算复杂度为 $O(N_\theta \lg N_\theta)$。最后,需要进行一次逆 Radon 变换,计算复杂度为 $O(N_\theta + N_\theta N_r + 2N_\theta N_r \lg N_r) N_r \mathrm{PRF}/4$。根据时延$\tau$按比例缩放以及相位调整的计算量较小，基本可以忽略不计。因此，本节算法粗估计的计算复杂度为$O\left(N_\theta + N_\theta N_r + 2N_\theta N_r \lg N_r\right) N_r \mathrm{PRF}/4$。

精估计需要在距离单元内搜索确定，该部分计算量与设定步长和估计精度都相关，实际分析时需要考虑的问题较多，但是这两种算法都需要经历这一过程。因此，精估计的具体计算量不再考虑在这两种算法的计算量比较中。

综上所述，本节算法与传统广义 Radon 变换相比，计算复杂度大大降低。

2) 算法的性能

为了评估本节算法在参数估计上的性能，可以用成像结果的分辨率来衡量。为了直观比较本节算法的性能，假定 LDT 处理前后的图像单元格是相同的。

一般情况下，三条线的交叉点坐标就是逆 Radon 变换的结果。如图 8.18 所示，三条线的交点一定是两条线的交点，就以两条线为例来说明分辨率问题。若同一条距离像上有两个观测点分别位于t_1和t_2时刻，则逆 Radon 变换可表示为

$$
\begin{cases}
\mathrm{ITF}(t_1, r) \sim \delta(r - r_1) \\
\mathrm{ITF}(t_2, r) \sim \delta(r - r_2)
\end{cases}
\tag{8.35}
$$

在逆 Radon 变换后的域(x, y)中，式(8.35)可表示为

$$
\begin{cases}
x\cos(\omega t_1) + y\sin(\omega t_1) = r_1 \\
x\cos(\omega t_2) + y\sin(\omega t_2) = r_2
\end{cases}
\tag{8.36}
$$

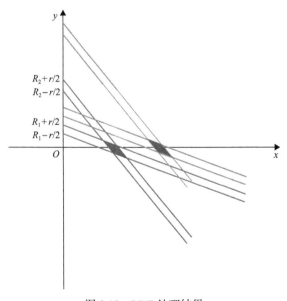

图 8.18　LDT 处理结果

若 r_1 和 r_2 分别为一个定值，则式 (8.36) 中两个等式分别在域 (x, y) 中对应一条直线。但是，根据距离像的特点，r_1 和 r_2 是单元格点上的采样，实际上是一个距离范围，因此式 (8.36) 的两个等式分别对应一个线状区域。经过 LDT 处理发现，正弦曲线的调制幅度增大了 $a = 2\sin\left(\dfrac{\omega\tau\mathrm{PRI}}{2}\right)$，域 (x, y) 也增大了 $a = 2\sin\left(\dfrac{\omega\tau\mathrm{PRI}}{2}\right)$。

这样使得散射点之间的距离增大，邻近点之间的影响减小。因此，本节算法一方面能够提高成像的分辨率；另一方面能够将散射点之间的距离增大，降低邻近散射点之间的影响。相比广义 Radon 变换，在精估计之前得到的参数估计更准确，有利于后面精估计结果的获取。

3) 最佳差值延迟 τ 的选取

逆 Radon 变换能将二维图像中的正弦模型转换为二维冲击函数，且冲击所在位置是由正弦参数决定的。逆 Radon 变换要求变换前二维图像的正弦信号至少有三个采样点，这样才能保证正弦参数被冲击函数位置唯一确定。从另一个角度来说，正弦函数至少有三个采样点，才能唯一确定该正弦参数 (与正弦的三参数相对应)。若总观测时间满足

$$(p - 0.5)T_{\mathrm{ro}} + 3\mathrm{PRI} \leqslant T_{\mathrm{obs}} < (p + 0.5)T_{\mathrm{ro}} + 3\mathrm{PRI}, \quad p \in \mathbb{N}^+ \tag{8.37}$$

则根据式 (8.37) 的描述，$\tau = (p - 0.5)T_{\mathrm{ro}}/\mathrm{PRI}$ 能使缩放系数达到最大值 $a = 2$。为了保证差值后数据尽可能长，本节选取最小的差值延迟 $\tau = T_{\mathrm{ro}}/(2\mathrm{PRI})$。总观测时间满足

$$T_{\mathrm{ro}}/6 + 3\mathrm{PRI} < T_{\mathrm{obs}} \leqslant T_{\mathrm{ro}}/2 + 3\mathrm{PRI}$$

为了使缩放系数达到最大值，取差值延迟 $\tau = T_{\mathrm{obs}}/\mathrm{PRI} - 3$。因此，可以使 $a > 1$ 且新图像中正弦的调制幅度大于原始图像，同时使新图像在逆 Radon 变换后的参数域中的分辨率得到提高。但是，当总观测时间满足

$$T_{\mathrm{obs}} \leqslant T_{\mathrm{ro}}/6 + 3\mathrm{PRI} \tag{8.38}$$

时，位置差值变换不能使新图像在逆 Radon 变换后的参数域中的分辨率得到提高。

8.3.3　实验验证

为了评估本节算法的有效性，这里利用仿真实现三维点目标的成像，并在特殊情况下对本节算法性能进行分析。仿真实验中，雷达带宽为 800MHz 且脉冲重复频率为 1400Hz。三维点目标的模型如图 8.19 所示，其中旋转目标由 9 个散射

点组成，分别占据 3 个不同的平面。其中，4 个散射点位于目标底部，坐标分别为[0 0.5657 0]、[0.5657 0 0]、[0 –0.5657 0]和[–0.5657 0 0]，散射系数分别为 0.3、0.3、0.3 和 0.6。另外 4 个散射点位于目标中部且与目标底部散射点的相位差为 $\pi/4$，坐标分别为[0.2 0.2 1.1314]、[0.2 –0.2 1.1314]、[–0.2 –0.2 1.1314]和[–0.2 0.2 1.1314]，散射系数分别为 0.3、0.6、0.6 和 0.6。顶点位于 Z 轴上的 2.2627 处，散射系数是 1。目标的旋转频率为 6.67Hz，绕 Z 轴旋转，它与雷达视线方向的夹角为 45°。

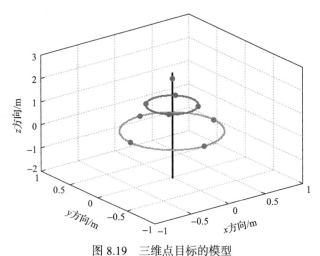

图 8.19　三维点目标的模型

经过解调等处理可以得到目标的距离像，为了说明本节算法的过程以及有效性，取出散射点 3 和散射点 4 的距离像，如图 8.20(a)所示，经过 LDT 处理的新图像如图 8.20(b)所示。

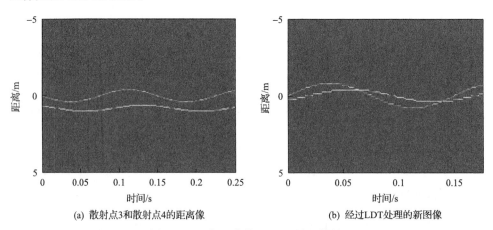

(a) 散射点3和散射点4的距离像　　　　　　(b) 经过LDT处理的新图像

图 8.20　目标距离像及 LDT 处理结果

LDT 处理后新图像中散射点 3 和散射点 4 对应距离像的中心对称点都在 $z=0$

上。对新图像进行逆 Radon 变换即可得到二维图像，如图 8.21 所示，其中峰值的位置决定了新图像中距离像特征的参数。

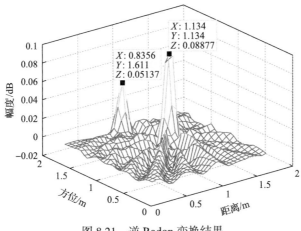

图 8.21　逆 Radon 变换结果

利用广义 Radon 变换对图 8.20(a)散射点 3 的距离像进行变换，在 $z = z_k$、$z = z_k + \rho_r$ 和 $z = z_k - \rho_r$ 上的变换结果如图 8.22 所示(其中 ρ_r 为距离分辨率)。

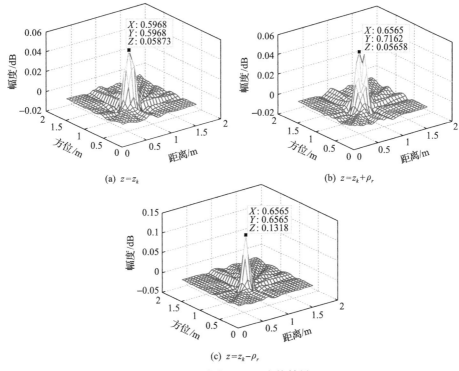

图 8.22　广义 Radon 变换结果

在这三个平面上都会出现明显的峰值，这对 z_k 的估计会有较大的影响，进而影响 x_k、y_k 的估计结果。相比之下，经过 LDT 处理的图像中 z_k 会被抵消，不会影响 x_k、y_k 的估计结果，这样会得到更准确的 x_k、y_k 值。

1. 理想状态下的成像结果

本节中理想状态是指所有的散射点都能被雷达照射到，且在观测时间内目标旋转了 2π rad。利用本节算法得到的目标三维成像结果如图 8.23 所示，其对应的三维参数估计结果如表 8.5 所示。

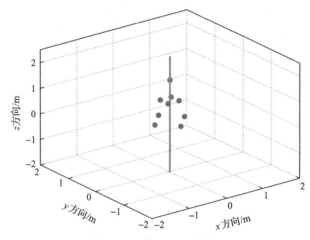

图 8.23　目标三维成像结果

表 8.5　三维参数估计结果

x/m	y/m	z/m	散射系数
0	0	0.3200	1.0023
−0.1414	−0.1414	0.1600	0.6012
0.1414	−0.1414	0.1600	0.6010
−0.1414	0.1414	0.1600	0.5998
−0.4000	0	0	0.6012
0	0.4000	0	0.2991
0	−0.4000	0	0.2992
0.1414	0.1414	0.1600	0.3001
0.4000	0	0	0.3005

2. 目标在平动下的成像

当目标平动并未得到完全补偿时，剩余平动的存在会导致 HRRP 中散射点的轨迹不是标准的正弦曲线，进而影响最后的三维成像结果。因此，在成像过程中必须要考虑剩余平动的影响，并去除该影响。

本节考虑在流程图中多加一次 LDT 处理，以此来消除剩余平动的影响。假设剩余平动可以用一阶多项式来表示 $\text{trans}(t) = b_1 t$，各散射点的 z 坐标随时间变化为 $z_k(t) = b_1 t + z_{k0}$，其中 z_{k0} 是各散射点的初始 z 坐标。对距离像 HRRP 使用改进 viterbi 算法和 LDT 处理，新图像的第 m 个列向量 $N\_\text{image1}(m,n)$, $n = 1, 2, \cdots, N$, $m = 1, 2, \cdots, M - \tau$ 可表示为

$$
\begin{aligned}
N_1 I_k(m,\tau) = \text{NI}_k(m) &= I_k(m+\tau) - I_k(m) \\
&= 2 A_k \sin\left(\frac{\omega\tau \cdot \text{PRI}}{2}\right) \sin\left(\omega m \cdot \text{PRI} + \varphi_k + \frac{\omega\tau \cdot \text{PRI}}{2} + \frac{\pi}{2}\right) + b_1 \tau \cdot \text{PRI}
\end{aligned}
\tag{8.39}
$$

$$
H_{2m}\left(N_1 I_k(m)\right) = H_{1m}\left(I_k(m)\right) = 1, \quad m = 1, 2, \cdots, M - \tau
\tag{8.40}
$$

由式 (8.39) 的结果可以看出，新图像中各个散射点对应的曲线轨迹可以看作正弦项和常数项的累加，且该常数项由一阶平动参数决定，对各散射点都是相同的。对比式 (8.39) 和式 (8.41) 可以发现，含一阶平动的目标距离像经过改进 viterbi 算法和 LDT 处理与不含平动的目标距离像经过改进 viterbi 算法的轨迹基本相同，只是前者会多出一项 $b_1 \tau \cdot \text{PRI}$。因此，对新图像再次进行 LDT 处理，得到图像 $N\_\text{image2}(m,n)$, $n = 1, 2, \cdots, N$, $m = 1, 2, \cdots, M - \tau - \tau_1$，它的第 m 个分量可表示为

$$
\begin{aligned}
N_2 I_k(m,\tau,\tau_1) &= N_1 I_k(m+\tau_1,\tau) - N_1 I_k(m,\tau) \\
&= 2^2 A_k \sin\left(\frac{\omega\tau \cdot \text{PRI}}{2}\right) \sin\left(\frac{\omega\tau_1 \cdot \text{PRI}}{2}\right) \cdot \sin\left[\omega m \cdot \text{PRI} + \varphi_k + \frac{\omega(\tau+\tau_1)\text{PRI}}{2} + \pi\right]
\end{aligned}
\tag{8.41}
$$

$$
H_{3m}\left(N_2 I_k(m)\right) = H_{2m}\left(N_2 I_k(m,\tau)\right) = 1, \quad m = 1, 2, \cdots, M - \tau
\tag{8.42}
$$

由式 (8.41) 可以看出，经过两次 LDT 处理，图像中各散射点对应的轨迹已经是标准的正弦曲线。为了估计该曲线的参数，可以在图像 N_image2 中使用逆 Radon 变换来估计各曲线相应散射点的坐标，表示为

$$
f(xI, yI) = \text{IRT}(H_3)
\tag{8.43}
$$

根据式 (8.43)，逆 Radon 变换后的参数域中峰值所在位置与原始正弦曲线对应的散射点坐标关系为

$$
\begin{cases}
xI = 2^2 A_k \sin\left(\dfrac{\omega\tau \cdot \text{PRI}}{2}\right) \sin\left(\dfrac{\omega\tau_1 \cdot \text{PRI}}{2}\right) x_k \\[3mm]
yI = 2^2 A_k \sin\left(\dfrac{\omega\tau \cdot \text{PRI}}{2}\right) \sin\left(\dfrac{\omega\tau_1 \cdot \text{PRI}}{2}\right) y_k
\end{cases}
\tag{8.44}
$$

由 8.3 节可以看出，在 LDT 处理中使用适当的差值延迟可以提高逆 Radon 变换后图像的分辨率。为了证明本节算法的有效性，用一个不对称的三维目标来仿真实验。其中，雷达的参数与 8.3 节基本相同。另外，目标的平动参数表示为 $z_k(t) = 4t + z_{k0}$。

3. 目标在小视角下的成像（微动幅度小）

根据 8.2 节的模型描述，在小视角条件下（α 接近于 $0°$），使得同平面散射点在 HRRP 上的分辨率很小，甚至在该平面上不能分辨。在本节算法中，LDT 可以通过设定适当的差值实现散射点在距离上的有效分辨。

因此，本节的雷达参数和目标参数与 8.3.3 节介绍的雷达参数和目标参数基本相同，只是雷达视线与目标旋转轴的夹角设置为 $\alpha=\pi/12$。目标的原始距离像如图 8.24（a）所示，同平面的散射点因 α 过小在 HRRP 上难以分辨。假设散射点 2、3、4、5 所在的平面已知，广义 Radon 变换的成像结果如图 8.24（b）所示，在参数域中散射点因靠太近而无法分辨。原始 HRRP 经过改进 viterbi 算法和 LDT 处理，散射点在 HRRP 上的动态范围变大，且成像平面移到了 $z = 0$ 上。对新图像进行逆 Radon 变换后，结果如图 8.25 所示，可以明显看到四个峰值（对应四个不同的散射点）。

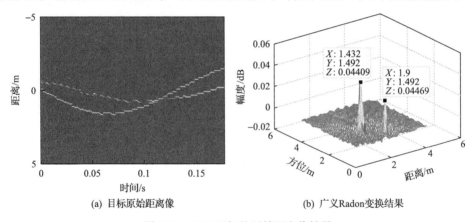

(a) 目标原始距离像　　　　　　　(b) 广义Radon变换结果

图 8.24　LDT 目标的原始距离像结果

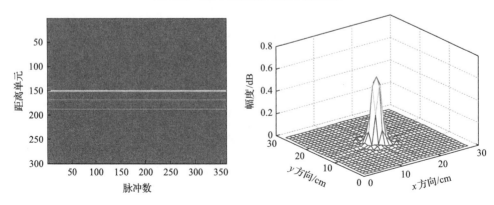

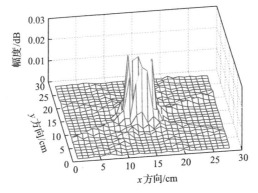

图 8.25　逆 Radon 变换新图像

8.4　本 章 小 结

本章基于干涉原理与时频分析手段，提出了基于太赫兹多通道雷达对空间旋转目标进行三维微动特征提取的方法。首先介绍了干涉法的基本原理，以及目前常用的干涉法对空间旋转目标进行三维微动信息提取的理论推导，即由相邻的接收通道的回波数据进行干涉处理，然后从中提取干涉相位信息并进行相位解缠，将相位信息转换成距离信息后，再利用远场条件下的几何近似，即可获得旋转目标在此干涉方向上的微动信息分量。目前，常用的干涉法在获取干涉相位信息时，相位解缠的过程易受到相位噪声的干扰，因此本章首先提出了一种改进的空间旋转目标三维微动特征提取算法，即干涉法与时频分析相结合的方法，在准确提取微动信息的同时避免了相位解缠的过程，有效避免了相位噪声的干扰。然后对该方法进行了详细的理论推导，即获取相邻接收端的回波数据进行干涉处理，进而直接进行时频分析，提取其微多普勒曲线，接着根据多普勒的定义和通过积分处理获得距离差信息，在远场条件的几何近似关系下，最后获得该干涉方向的微动信息。在获取旋转目标三维微动信息曲线之后，详细推导了微动参数的估计求解过程，并进行了实验设计与结果分析，利用实测数据验证了干涉法的正确性，同时证实了目前常用的干涉法在相位解缠过程中易受相位噪声干扰的影响，解缠精度较低。此外，实验也验证了太赫兹频段的高精度特性，估计得到的旋转半径和角速度的估计相对误差分别为 1.87% 和 0.11%，旋转半径的估计精度可达毫米级，方位角和俯仰角的估计相对误差在 15% 以下，但是微动特征提取精度易受回波数据中噪声的影响。

本章探索了空间旋转目标的三维成像技术。散射点的转动平面并不在同一平面，使得成像算法需要提前对转动平面进行确定。本章算法利用了点散射在距离像上的分布特征，在减小成像计算量的同时提高了成像的分辨率。该算法特点包括：①基于三维转动目标的距离像特征，提出改进 viterbi 算法。它将图像中路径的光滑度作为惩罚项写入惩罚函数，能够解决交叉点处的关联错误问题。②根据散射点在距离像上的运动特征，提出 LDT 抵消相应曲线中的常数项，同时保留了散射点的旋转特征。③当目标中散射点发生遮挡时，调整距离像特征后使用改进viterbi 算法，并且根据惩罚函数的曲线确定发生遮挡的时间点。针对存在中断点的曲线轨迹，进行适当的拼接以保证曲线完整性，然后继续使用 LDT 提取散射点参数。

参 考 文 献

[1] 李东伟, 罗迎, 张群, 等. 组网雷达中旋转目标微多普勒效应分析及三维微动特征提取[J]. 空军工程大学学报(自然科学版), 2012, 13: 45-49, 90.

[2] 罗迎, 张群, 朱仁飞, 等. 多载频 MIMO 雷达中目标旋转部件三维微动特征提取方法[J]. 电子学报, 2011, 39: 1975-1981.

[3] 胡健, 罗迎, 张群, 等. 空间旋转目标窄带雷达干涉式三维成像与微动特征提取[J]. 电子与信息学报, 2019, 41: 270-277.

[4] 顾福飞, 傅敏辉, 凌晓冬, 等. 空间自旋目标平动补偿与微动特征提取方法[J]. 宇航学报, 2018, 39: 1357-1363.

[5] 马启烈, 鲁卫红, 冯存前, 等. 基于微动目标主体信息的平动补偿方法[J]. 现代防御技术, 2013, 41: 143-146, 172.

[6] 束长勇, 黄沛霖, 姬金祖. 进动锥体目标平动补偿及微多普勒提取[J]. 系统工程与电子技术, 2016, (2): 259-264.

[7] 赵园青, 池龙, 马赛, 等. 基于 EMD 算法的空间自旋目标平动补偿与微动特征提取[J]. 空军工程大学学报(自然科学版), 2013, 14: 40-43.

[8] 陈稳, 张智军, 秦占师, 等. 基于 DPCA 和 Radon 变换的多通道 SAR 微动目标检测[J]. 现代防御技术, 2015, 43: 151-157, 164.

[9] 田坤, 李晋. 太赫兹频段微动特征边缘检测及提取方法[J]. 电子科技大学学报, 2018, 47: 19-24, 36.

[10] 徐志明, 艾小锋, 刘晓斌, 等. 基于散射中心滑动特性的双基地雷达锥体目标微动特征提取方法[J]. 电子学报, 2021, 49: 461-469.

[11] Ding Y, Liu R, Li Z, et al. Human micro-Doppler frequency estimation using CESP-based viterbi algorithm[J]. IEEE Geoscience and Remote Sensing Letters, 2022, (19): 1-5.

[12] Khan N A, Mohammadi M, Djurovi I. A modified viterbi algorithm-based IF estimation algorithm for adaptive directional time-frequency distributions[J]. Circuits, Systems, and Signal Processing, 2019, 38(5): 2227-2244.

[13] Li P, Zhang Q. An improved viterbi algorithm for instantaneous frequency extraction of overlapped multicomponent signals[C]. 2019 IEEE 4th Advanced Information Technology, Electronic and Automation Control Conference, Chengdu, 2019.

[14] 韩红霞. 基于时频同步压缩变换的多分量信号分离研究[D]. 西安: 西安电子科技大学, 2018.

[15] 苏小凡. 基于 Viterbi 算法的多分量瞬时频率估计方法研究[D]. 西安: 西安电子科技大学, 2019.

[16] 韩立珣, 田波, 冯存前, 等. 进动弹道目标平动补偿与分离[J]. 北京航空航天大学学报, 2019, 45: 1459-1466.

[17] 任浩田, 廖可非. 基于改进型 Clean 算法三维成像的雷达散射截面积反演[J]. 科学技术与工程, 2021, 21: 4492-4497.

[18] 王会, 巨欢, 方阳, 等. 基于 Grt-Clean 的高速旋转目标快速三维成像方法[J]. 液晶与显示, 2018, 33: 228-237.

第9章　总结与展望

1. 总结

本书紧密围绕太赫兹频段目标微动特征提取这一前沿课题，以弹道导弹防御和空间态势感知等军事应用为背景，采用理论研究和实验验证相结合的方法，对太赫兹频段微动目标特性、微动目标高精度参数估计和微动目标高分辨/高帧频成像等若干问题进行了深入研究，主要工作包括以下五点：

(1)进行了太赫兹频段微动目标特性分析，指出了对微动特征提取影响较大的主要因素：微多普勒模糊和目标表面粗糙。从理论上分析了其产生条件、表现特征和影响机理，并以简化的空间微动弹头目标为例进行了仿真验证。

(2)针对太赫兹频段微多普勒敏感性带来的微多普勒模糊和微小振动干扰等非理想情况，提出了基于脉内干涉的微多普勒解模糊算法和基于时频域滤波的振动干扰情况下的微动参数估计算法。基于脉内干涉的微多普勒解模糊算法的核心在于将dechirp接收的宽带回波信号看作若干单频回波，并根据实际情况选择干涉方案，以缩小微多普勒值来防止模糊。基于时频域滤波的振动干扰情况下的微动参数估计算法在微动目标高精度参数估计的同时，能够实现微小振动干扰的估计和分离，大大提高了微动目标图像重构质量。

(3)针对太赫兹频段微多普勒敏感性带来的微尺度特征分辨能力，进行了粗糙表面微动目标参数估计和微小振动目标微动参数估计研究。对于粗糙表面微动目标，首先从理论上分析了粗糙对散射特性的影响，指出了太赫兹频段对目标表面粗糙较为敏感，然后提出了基于峰值提取的微动参数估计算法，算法利用旋转过程中垂直入射角度所对应的时频峰进行了微动参数估计和目标尺寸反演。对于微小运动目标，提出了相位测距与经验模态分解相结合的太赫兹频段微小振动探测算法，其中相位测距主要实现微小运动的位移测量，而经验模态分解主要实现对该位移的筛选和降噪。

(4)深入开展了太赫兹频段微动目标平动补偿研究。对于"平动+微动"目标，进行平动补偿是参数估计与成像的前提和关键。因此，首先提出了基于多项式拟合的低速目标平动补偿，该方法比较适合SAR成像场景，其核心是在累积相关包络对齐的基础上，对目标平动进行多项式建模并拟合其参数，进而通过二次补偿实现平动补偿。对于ISAR模式下的高速平动目标，提出了基于二次补偿的平动补偿算法和基于多层感知器的平动补偿算法。基于二次补偿的平动补偿算法的主要思想是在相邻相关对齐的基础上，对突跳误差和漂移误差进行校正；基于多层感知器的平动补偿算法则是以多层感知器为预测器，以其预测输出为备选参考脉冲，来提高参考脉冲与当前脉冲的相关性。

(5)在微动目标高分辨成像方面，提出了基于微动角的滑窗距离多普勒太赫兹雷达微动目标高分辨/高帧频成像算法，并以进动弹头目标为例，开展了太赫兹雷达进动目标成像实验，获得了目标高分辨和高帧频序列像。对于粗糙表面目标，采用了卷积逆投影的成像算法，获得了目标高分辨像，为基于高分辨像的目标尺寸反演提供了支撑。进而，对于太赫兹雷达成像中影响比较显著的目标或平台振动问题，提出了基于自聚焦和特显点的振动补偿算法，有效实现了成像中的振动干扰补偿，并以太赫兹频段飞机模型和角反射器实测数据进行了验证。最后，开展了太赫兹频段微动目标三维特征提取与成像的初步探索。

2. 展望

相比传统微波频段，太赫兹频段的微多普勒敏感性使得其在微动目标特征提取方面具有天然优势，可以广泛应用于军用和民用等领域，如雷达目标探测、生命搜救以及步态识别等。但是，微多普勒敏感性的优势从某些角度看也会给微动特征提取带来一些问题，如微多普勒混叠、平台振动影响显著以及目标表面粗糙影响加剧等。为了发挥太赫兹频段的优势，针对这些问题，国内外学者进行了深入研究，本书也从理论、仿真和实验角度进行了研究，提出了相应的解决方案，为太赫兹雷达微动目标特征提取从理论走向实际应用奠定了基础。但是，目前的研究还远远不够，主要存在两个方面的欠缺：一个方面是没有考虑太赫兹频段微多普勒特性综合作用的结果，目前的研究一般只针对某个特性来进行，而实际中往往是若干特性综合作用的结果，这才是微动特征提取最难的地方；另一个方面是目前的研究多停留在算法层面，离具体应用和实际产品还有一段距离，因此需要将软硬件相结合，发挥太赫兹频段的优势。目前还存在很多值得进一步深入研究的技术方向和有待解决的技术难题，主要包括以下方面：

(1)弱小微动特征提取。弱小微动特征提取是太赫兹雷达的优势，也必将是未来太赫兹雷达微动特征提取的一个重要研究方向。该方向的研究成果可直接支撑生命搜救、步态识别、远程医疗以及产品质量控制等具体应用。但是，目前太赫兹雷达弱小微动特征提取还存在很多技术问题，很难从复杂的背景干扰和杂波中准确提取出目标信号。

(2)太赫兹非刚体目标微动特征提取。非刚体目标在军用、民用领域都比较普遍，如直升机、行人等，这些非刚体目标的微动特征提取一直是雷达领域的一个难题。太赫兹雷达较高的多普勒分辨十分有利于进行非刚体目标的检测和成像，该方向的研究成果可以支撑军事侦察、实时安检等具体应用。

(3)粗糙微动目标特征提取。在微波领域研究微动特征提取时是不考虑目标表面粗糙的，因为一般微动目标表面粗糙度远小于信号波长。但是在太赫兹频段，尤其是太赫兹高频段，目标表面粗糙的影响逐渐显现。此时等效散射中心的概念开始失效，反映在微动时频分布上，就是时频图上开始出现块状结构。目标表面粗糙给微动特征提取带来了极大挑战，但是如果能够解决这一难题并对其加以利用，就可以在精确特征提取的同时，利用雷达反演目标表面粗糙度。

随着研究的不断深入，预计太赫兹雷达微动特征提取将在以下方面取得有价值的研究成果或实用的系统产品：

(1)小型阵列化/分布式太赫兹雷达。在现代雷达快速发展的大背景下，单个雷达独立工作已经很难满足需求，阵列化、分布式协同工作已成必然趋势。太赫兹器件的小型化对阵列集成和分布式部署具有十分重要的意义，若将其应用在微动研究方面，则将进一步提升微动特征提取的能力。

(2)片上太赫兹微动测量雷达。随着国内外太赫兹芯片的逐渐发展和成熟，片上太赫兹微动测量雷达具有广阔的应用前景，有望向手机或手环等可穿戴设备上集成，成为真正的传感器式"太赫兹生物雷达"。

(3)微动-成像一体化雷达体制。没有哪一种传感器或哪一种特征能够完全有效地实现全方位、全天时、全天候的目标探测识别，因此多传感器多特征复合是雷达目标探测识别的必然趋势。太赫兹雷达具有高分辨成像和微多普勒敏感等优势，成像和微动这两大特征的结合会大大提升雷达的目标探测与识别能力，因此有必要研究微动-成像一体化雷达体制。